卓越系列·国家示范性高等职业院校特色教材

高级电气综合技能训练

主　编　滕今朝　王　芹
参　编　姜　义　王　浩　王　芳　李松源

内容提要

本书从项目引导、任务驱动的全新理念出发，按照实用为上的原则，以实例展开的方式，深入浅出地介绍了可编程控制技术、交直流调速技术、人机界面（HMI）及组态技术、工业网络技术的应用和操作方法，并以国际著名工控品牌西门子的相关产品为主要载体，介绍了S7－300可编程控制器、MM440变频器、TP177/TP270触摸屏、PROFIBUS－DP现场总线等目前在工业控制领域广泛应用的主流先进技术。

本书可作为高职高专院校工业自动化、机电一体化、机械设计制造及自动化、电气技术及其他相关专业的参考教材，还可作为工程技术人员的参考资料。

图书在版编目（CIP）数据

高级电气综合技能训练／滕今朝，王芹主编. 一天津：天津大学出版社，2009.8
（卓越系列）
国家示范性高等职业院校特色教材
ISBN 978－7－5618－3119－9

Ⅰ.高… Ⅱ.①滕…②王… Ⅲ.电气设备－高等学校：技术学校－教材 Ⅳ.TM

中国版本图书馆CIP数据核字（2009）第151203号

出版发行　天津大学出版社
出 版 人　杨欢
地　　址　天津市卫津路92号天津大学内（邮编：300072）
电　　话　发行部：022－27403647　邮购部：022－27402742
网　　址　www.tjup.com
印　　刷　廊坊市长虹印刷有限公司
经　　销　全国各地新华书店
开　　本　169mm×239mm
印　　张　17
字　　数　363千
版　　次　2009年8月第1版
印　　次　2009年8月第1次
印　　数　1—3 000
定　　价　30.00元

前　　言

近年来可编程控制技术、交直流调速技术、人机界面(HMI)及组态技术和工业网络技术在工业自动化、机电一体化、传统产业技术改造等方面的应用突飞猛进,但是介绍这些综合性知识的实用教材很难找到。有的教材只是阐述上述应用技术的某一方面,有的教材虽然涉及几个方面,但是各部分内容孤立,或者并非主流技术,或者介绍的产品品牌不一,缺乏很好的兼容性。许多生产一线的技术工作人员得不到这方面的实用知识,许多大专院校工业自动化、机电一体化、机械设计制造及自动化、电气技术及其他相关专业的学生难以找到工控领域综合性知识的教材。

由此,我们编写了这本《高级电气综合技能训练》一书。在编写过程中,把握以下两点。

(1)内容的安排旨在从整体上尽量保证知识的连贯。例如,可编程控制技术内容与交直流调速技术、人机界面(HMI)及组态技术和工业网络技术都彼此紧密渗透。本书将可编程控制技术安排在最前面,先讲解 Step7 软件的操作方法及相关概念,这样在后面各章节中,凡涉及这些知识,就会得心应手。最后水到渠成地介绍了基于现场总线的恒压冷热供水系统。

(2)选择主流工控品牌和主流技术。工控品牌繁多,技术各不相同。作为教材,尽量选择社会上普遍使用的主流工控品牌和主流工控技术。本书的各部分知识的介绍,以市场上占据较大份额的工控品牌“西门子”的相关产品为主要载体,突出了其现场总线 PROFIBUS - DP 的应用。由于可编程控制器、变频器、触摸屏以及工业网络技术采用了同一品牌,不会产生兼容性问题。

本书采用实例展开的方式,从使用和操作的角度,深入浅出地介绍了可编程控制技术、交直流调速技术、人机界面(HMI)及组态技术和工业网络技术等方面的主流先进技术。

本书采用模块化的方式编写,共分 5 个模块。模块一可编程控制技术主要介绍 S7 - 300 可编程控制器使用和编程;模块二交直流调速技术介绍目前仍然有较多应用的直流调速系统,以及西门子 MM440 变频器的相关知识和使用方法;模块三人机界面(HMI)及组态技术介绍人机界面设备 TP270 触摸屏以及 Protool 组态实例和 WinCC flexible 组态实例;模块四工业网络技术主要介绍了 PROFIBUS - DP 组态连接和工业以太网组态连接;模块五工业自动化系统的应用介绍自动化系统的基本知识以及基于现场总线的恒压冷热供水系统设计。

本书模块一由王芹编写,模块二由姜义、王芳编写,模块三由李松源编写,模块四由王浩编写,模块五由滕今朝编写。全书由滕今朝策划和统稿。

本书可作为大专院校工业自动化、机电一体化、机械设计制造及自动化、电气技术及其他相关专业学生的参考教材，还可作为工程技术人员的参考资料。

本书在编写的过程中，得到了北京华晟高科有限公司的大力协助，并参考了一些院校的精品课程和网络课程，在此一并表示感谢。

由于时间仓促，加之编者水平有限，书中的缺点和不足之处在所难免，敬请读者批评指正。

编者

2009 年 5 月

目　录

模块一　可编程控制技术

学习目标：

➢ 了解 S7－300 系列 PLC 的系统结构，各模块的性能；

➢ 学会构建 S7－300 PLC 系统、输入输出接线以及扩展模块与 PLC 的连接；

➢ 学会使用 STEP7 编程软件，掌握 S7－300 系列硬件组态和软件编程。

任务一　S7－300 可编程控制器

西门子(SIEMENS)公司的工程控制产品包括可编程序控制器(LOGO，S7－200，S7－300，S7－400)、工业网络、人机界面和工业软件等。西门子公司生产的可编程序控制器在我国应用相当广泛，遍及冶金、化工、印刷等领域。

西门子 S7 系列 PLC 产品的体积小、速度快、标准化，具有网络通信能力，其功能更强，可靠性更高。S7 系列 PLC 产品可分为微小规模性能要求的 PLC(如 S7－200)，中小规模性能要求的 PLC(如 S7－300)和中高规模性能要求的 PLC(如 S7－400)等。下面重点介绍 S7－300。

S7－300 是一种模块化的中小型 PLC 系统，如图 1.1 所示。其优越的性能价格比，使之成为中小规模控制系统理想的选择。

图 1.1　S7－300 PLC

1—电源模块；2—后备电池；3—DC 24 V 连接器；4—模式开关；5—状态和故障指示灯；6—存储卡(CPU313 以上)；7—MPI 多点接口；8—前连接器；9—前盖

SIMATIC S7－300 允许用户选择最适合的 CPU，以满足特殊要求。它可以是有“纯粹”过程控制能力的 CPU，也可以是集成过程控制功能的 CPU 或带有一个集成的PROFIBUS－DP 接口的 CPU。所有这些 CPU 都有一个编程用的 MPI 多点接口。多点接口的优点是：很容易建立一个小型网络，不必附加任何硬件或软件，且不需编程。

用最大存储量为 512 kB 的主存储器，CPU 可最多处理 82 k 条语句，并提供最大 8 192 个标记、512 个定时器和 512 个计数器。较小的 CPU 可扩充到 128 DI/DO 或 32 AI/AO；较大的 CPU 可扩充到 1024 DI/DO 或 128 AI/AO。

对于压力、温度的控制或流量控制，集成的 PID 控制器可作为参数化连续作用控制器，或作为阶跃作用控制器。

所有 CPU 都装有安全系统，能可靠地保护整个数据库，以防偶然操作和越权存取。数据安全的整个对象所以能完全处于控制之下，一方面是用一个钥匙开关，另一方面通过口令保护整个程序或各个程序块。

S7－300 系列的性能出色表现在以下几个方面：

(1)多种规格的处理器，系统采用独特的导轨安装；

(2)高速的指令处理，可满足快速程序控制要求；

(3)浮点数运算，可有效地实现更为复杂的数学运算；

(4)CPU 内置 MPI 接口，多种通信模块能用来连接 AS－I 接口、PROFIBUS 和工业以太网总线系统；

(5)具有时间/中断驱动、开环定位和 PlD 等高级控制功能；

(6)I/O 模块采用前连接器方式，维修或更换十分方便；

(7)系统自行组态，信号或通信模块不受限制地随意安放；

(8)具有满足高速计数、步进电机和伺服定位控制等特殊应用的 I/O 模块；

(9)STEP7 编程语言具有大量的以 STEP5 为基础的指令集，使程序的编制简单快捷。

一、任务提出

如何使用 S7－300 PLC 构建控制系统？一个基本的控制系统都有哪些模块？这些模块的性能和作用是什么？模块之间如何连接成一个系统？以上问题即为本节任务。

二、相关知识

(一)系统硬件构成

SIMATIC S7－300 可编程序控制器采用模块化结构设计。各种单独的模块之间可进行广泛组合以用于扩展。其系统构成框图如图 1.2 所示。它的主要组成部分包括导轨(RACK)、电源模块(PS)、中央处理单元模块(CPU)、接口模块(IM)、信号模块(SM)、功能模块(FM)等。它通过 MPI 网的接口直接与编程器 PG、操作员面板

OP 和其他 S7 系列 PLC 相连。

电源模块(PS)总是安装在机架的最左边,CPU 模块紧靠电源模块,接口模块(IM)放在 CPU 模块的右侧。S7－300 用背板总线将除电源模块之外的各个模块连接起来。背板总线集成在模块上,模块通过 U 形总线连接器相连,每个模块都有一个总线连接器,总线连接器插在各模块的背后,安装时先将总线连接器插在 CPU 模块上,并固定在导轨上,然后依次装入各个模块,如图 1.3 所示。

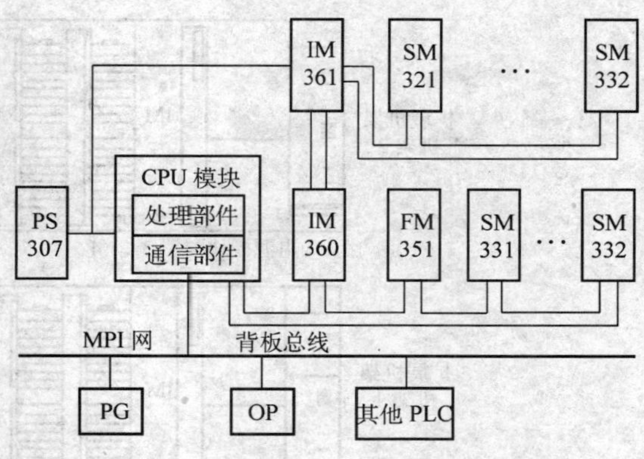

图 1.2　S7－300 系列 PLC 系统构成

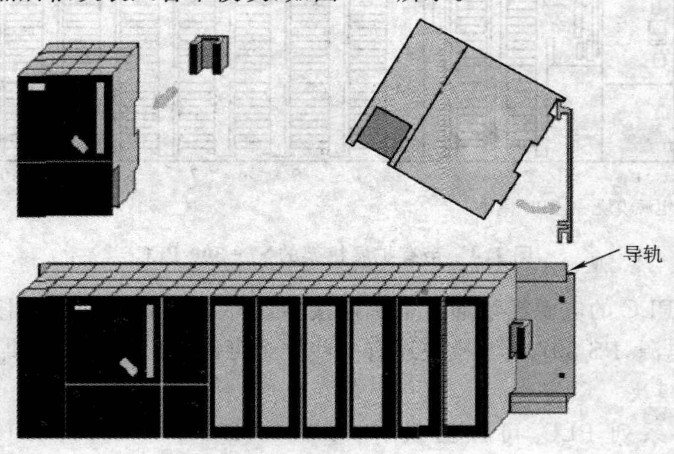

图 1.3　S7－300 的安装

外部接线接在信号模块和功能模块的前连接器的端子上,前连接器用插接的方式安装在模块前门后面的凹槽中,见图 1.1。一般前连接器与模块是分开订货的。

机架的最左边是 1 号槽,最右边是 11 号槽,电源模块总是在 1 号槽的位置,中央机架的 2 号槽上是 CPU 模块,3 号槽上是接口模块。信号模块和通信处理器模块可以不受限制地插到 4～11 的任何一个槽上,系统可以自动分配模块的地址。除了电源模块、CPU 模块和接口模块外,每个机架最多只能安装 8 个信号模块、功能模块或通信处理模块。如果系统任务需要的模块超过 8 块,则可以增加扩展机架。除了带 CPU 的中央机架(CR),最多可以增加 3 个扩展机架(ER),这 4 个机架最多可以安装 32 个模块。

IM360/IM361 接口模块将 S7－300 背板总线从一个机架连接到下一个机架,如图 1.4 所示。

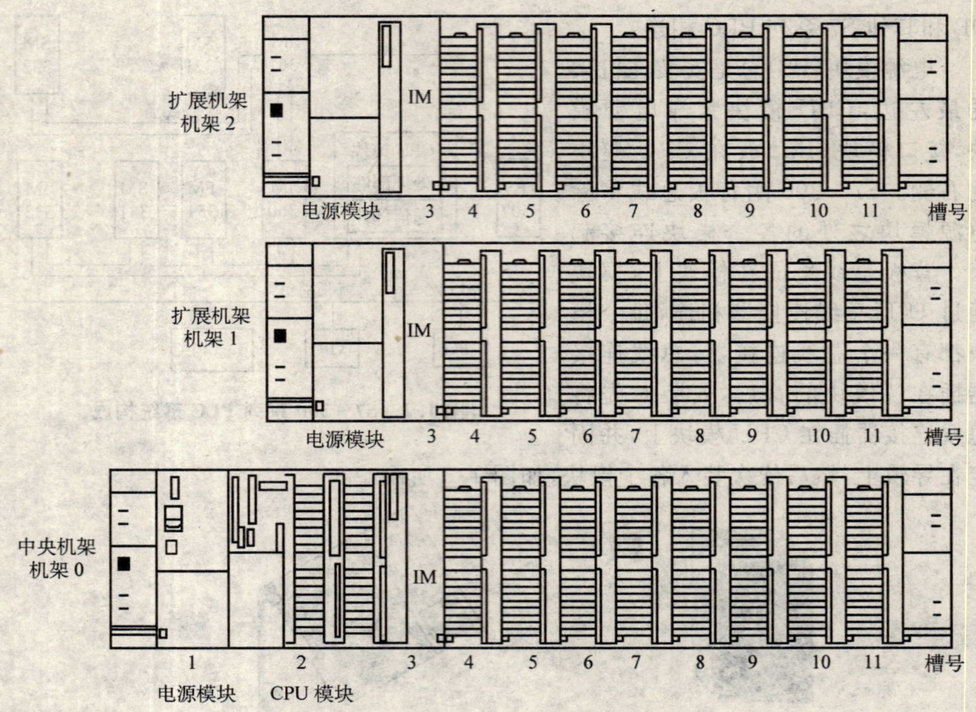

图 1.4　带有扩展机架的 S7 - 300 PLC

S7 - 300 PLC 的电源模块通过电源连接器或导线与 CPU 模块相连，为 CPU 提供 DC 24 V 电源，PS 307 电源模块还有一些端子可以为信号模块提供 24 V 电源。

1. CPU 模块

S7 - 300 系列 PLC，可以提供有 CPU312 IFM、CPU313、CPU314、CPU314 IFM、CPU315/CPU315 - 2DP、CPU316 - 2DP、CPU318 - 2DP 等多种不同的中央处理单元可供选择，分别适用于不同等级的控制要求。有的 CPU 模块集成了数字 I/O 接口，有的同时集成了数字 I/O 接口和模拟 I/O 接口。CPU315 - 2DP、CPU316 - 2DP、CPU318 - 2DP 均具有现场总线扩展功能。CPU 以梯形图 LAD、功能块 FBD 或语句表 STL 进行编程。

S7 - 300 CPU 模块大致可以分为以下几类。

(1)紧凑型 CPU。紧凑型 CPU 包括 CPU 312C、CPU 313C、CPU 313C - PtP、CPU 313C - 2DP、CPU 314C - PtP 和 CPU 314C - 2DP。各 CPU 均有计数、频率测量和脉冲宽度调制功能，有的有定位功能，有的带有 I/O。

(2)标准型 CPU。标准型 CPU 包括 CPU 312、CPU 313、CPU 314、CPU 315、CPU 315 - 2DP 和 CPU 316 - 2DP。

(3)户外型 CPU。户外型 CPU 包括 CPU 312 IFM、CPU 314 IFM、CPU 314 户外型和 CPU 315 - 2DP，可在恶劣的环境下使用。

(4)高端型 CPU。高端型 CPU 包括 CPU 317－2DP 和 CPU 318－2DP。

(5)故障安全型 CPU。故障安全型有 CPU 315F－2DP。

表 1.1 列出了部分 CPU 的主要特性，包括存储器容量、指令执行时间、最大 I/O 点数、各类编程元件(位存储器、计数器、定时器、可调用块)数量等。

表 1.1　CPU 的主要特性

特　性		CPU312 IFM	CPU313	CPU314	CPU315/CPU315－2DP
装载存储器		内置 20 kB RAM 内置 20 kB EPROM	内置 20 kB RAM 最大可扩展 256 kB 存储器卡	内置 40 kB RAM 最大可扩展 512 kB 存储器卡	内置 80 kB RAM 最大可扩展512 kB 存储器卡
随机存储器		6 kB	12 kB	24 kB	48 kB
执行时间	位操作	0.6 μs	0.6 μs	0.3 μs	0.3 μs
	字操作	2 μs	2 μs	1 μs	1 μs
	定点加	3 μs	3 μs	2 μs	2 μs
	浮点加	60 μs	60 μs	50 μs	50 μs
最大数字 I/O 点数		144	128	512	1 024
最大模拟 I/O 通道		32	32	64	128
最大配置		1 个机架	1 个机架	4 个机架	4 个机架
时钟		软件时钟	软件时钟	硬件时钟	硬件时钟
定时器		64	128	128	128
计数器		32	64	64	64
位存储器		1 024	2 048	2 048	2 048
可调用块	组织块 OB	3	13	13	13/14
	功能块 FB	32	128	128	128
	功能调用 FC	32	128	128	128
	数据块 DB	63	127	127	127
	系统数据块 SDB	6	6	9	6
	系统功能块 SFC	25	34	34	37/40
	系统功能块 SFB	2	—	—	—

CPU 内的元件封装在一个牢固且紧凑的塑料机壳内，如图 1.5 所示。面板上有状态和故障显示 LED、模式选择开关和通信接口。

1)状态与故障显示 LED

CPU 模块面板上的 LED 的意义如表 1.2 所示。

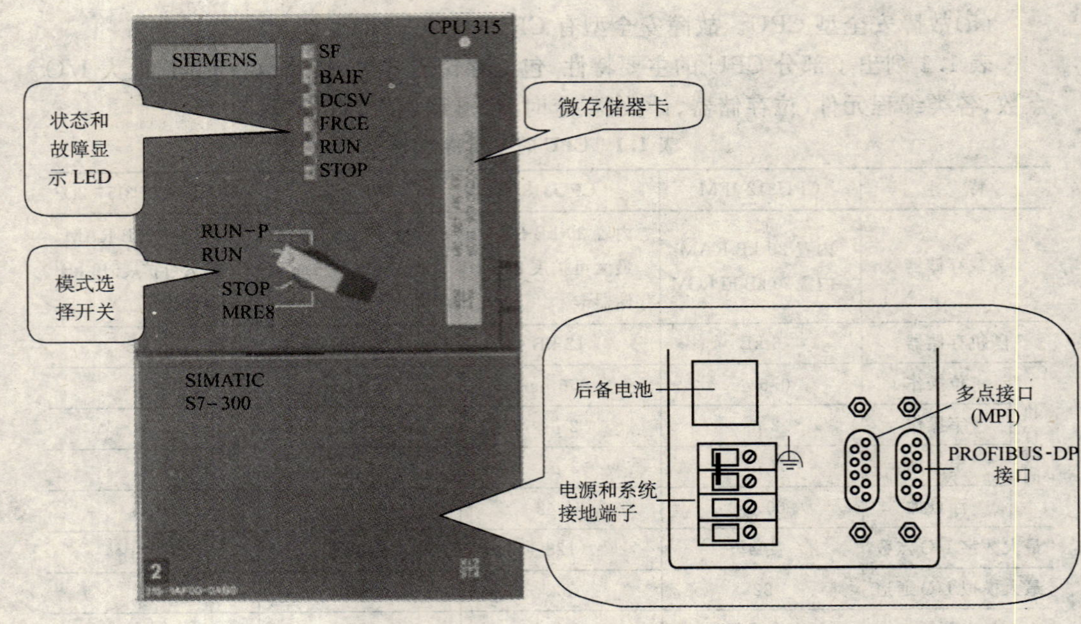

图 1.5　S7－300 CPU

表 1.2　状态和故障显示 LED 的含义

发光二极管 LED	含　义	说　　明
SF(红色)	系统错误/故障	下列事件引起灯亮： • 硬件故障 • 固件出错 • 编程出错 • 参数设置出错 • 算术运算出错 • 定时器出错 • 存储器卡故障(只在 CPU313 和 CPU 314 上) • 电池故障或电源接通时无后备电池(只用于 CPU313 和 CPU 314 上) • 输入/输出的故障或错误(只对外部 I/O) 用编程装置读出诊断缓冲器中的内容，以确定错误/故障的真正原因
BATF(红色)	电池故障	如果电池有下列情况，则灯亮：①失效；②未装人
DC 5 V(绿色)	用于 CPU 和 S7－300 的总线的 DC 5 V 电源	如果内部的 5 V 直流电源正常，则灯亮

续表

发光二极管 LED	含　义	说　明
FRCE(黄色)	强制信号指示	至少有一个 I/O 被强制时亮，部分低序号 CPU 该指示灯功能为保留(未用)
RUN(绿色)	运行方式指示	CPU 处于 RUN 状态时亮；重新启动时以 2 Hz 的频率闪亮；HOLD 状态时以 0.5 Hz 的频率闪亮
STOP(黄色)	停止方式指示	CPU 处于 STOP、HOLD 状态或重新启动时亮，请求存储器复位时，以 0.5 Hz 的频率闪亮，正在执行存储器复位时以 2 Hz 的频率闪亮

CPU315－2DP 和 CPU316－2DP 除具有上述 6 个指示灯外，还有另外两个指示灯 SF－DP 和 BUS－DP，用于指示现场总线及 DP 接口的错误。

2)CPU 运行模式的选择

S7－300 系列的 CPU 模块的方式选择开关都一样，有以下 4 种工作方式，使用可卸的专用钥匙控制选择，如图 1.5 所示。钥匙拔出后，就不能改变操作方式，因而可以防止未经授权的人员非法删除或改写用户程序以及改变运行方式。

(1)RUN－P(可编程运行方式)。CPU 扫描用户程序，既可以用编程装置从 CPU 中读出，也可以由编程装置装入 CPU 中。用编程装置可监控程序的运行，在此位置不能拔出钥匙。

(2)RUN(运行方式)。CPU 扫描用户程序，可以用编程装置读出并监控 CPU 中的程序，但不能改变装载存储器中的程序。在此位置可以拔出钥匙，以防止程序在正常运行时被改变操作方式。

(3)STOP(停止方式)。CPU 不扫描用户程序，可以通过编程装置从 CPU 中读出，也可以下载程序到 CPU。在此位置可以拔出钥匙。

(4)MRE8。该位置瞬间接通，用以清除 CPU 的存储，回到初始状态。这个位置不能保持，松开时，开关将自动返回 STOP 位置。

复位存储器按下述顺序操作：PLC 通电后将钥匙开关从 STOP 位置扳到 MRE8 位置，STOP LED 熄灭 1 s 亮 1 s，再熄灭 1 s 后保持亮，放开开关使它回到 STOP 位置，然后再扳回到 MRE8，STOP LED 以 2 Hz 的频率至少闪动 3 s，表示正在执行复位，最后通牒 STOP LED 一直亮，即可松开模式开关，复位完成。

存储卡被取出或插入时，CPU 会发出系统复位请求，STOP LED 以 0.5 Hz 的频率闪动。此时应将模式选择开关扳到 MRE8 位置，执行复位操作。

3)微存储器卡(MMC)

如果确实需要在断电时保存用户程序或某些数据，可将用户程序存储在存储卡内。存储卡以 FLASH EPROM 提供最大 512 kB 存储器，直接在 CPU 内编程，不需要专用的编程器。将连接 I/O 模块的所有参数化数据都安全地存储在卡上，存储卡在 CPU 上的中央数据管理方面也起到重要作用，当更换模块时，不需要新的编程设

图 1.6　将存储卡插入到 CPU 内

备，甚至不必重新分配参数。作为一种实际的替代办法，在断电时，可用后备电池在内部自动地将所有程序和数据保存在 CPU 上，如图 1.6 所示。

如果在写访问过程中拆下了 SIMATIC 微存储器卡，卡中的数据会被破坏。在这种情况下，必须将 MMC 插入 CPU 中并删除它，或在 CPU 中格式化存储器卡。只有在断电状态和 CPU 处于 STOP 状态时，才能取下存储器卡。

4)后备电池

对于 2002 年 10 月以前生产的 CPU，在 PLC 面板上，有个装后备电池的盒子，当 PLC 断电时，锂电池用来保证实时时钟的正常运行，并可以在 RAM 中保存用户程序和更多的数据。而 2002 年 10 月以后生产的 CPU，则不需要电池。

5)通信接口

所有的 CPU 模块都有一个多点接口 MPI，有的 CPU 模块有 1 个 MPI 和 1 个 PROFIBUS－DP 接口，如图 1.5 所示。

MPI 用于 PLC 与其他西门子 PLC、PG/PC(编程器或个人计算机)、OP(操作员接口)通过 MPI 网络的通信。CPU 通过 MPI 接口或 PROFIBUS－DP 接口在网络上自动地广播其设置的总线参数(即波特率)。PLC 可以自动地“挂到”MPI 网络上。

S7－300CPU 可作为主设备或从设备设置，最多可将 125 个 PROFIBUS－DP 站连接到主设备，数据传输率为 12 Mb/s。分布式 I/O 以与中央 I/O 完全相同的方式(即用 STEP 7)进行配置和编程。作为从设备连接到 PROFIBUS－DP 的 SIMATIC S7－300 单元是实现现场分布式智能的、灵巧的方式最理想的解决方案。也可将 SIMATIC 编程设备和操作员面板连接到集成的 PROFIBUS－DP 接口。

6)电源接线端子

电源模块的 L1、N 端子接 AC 220 V 电源，电源模块的接地端子和 M 端子一般用短路片短接后接地，机架的导轨也应接地。

电源模块上的 L＋和 M 端子分别是 DC 24 V 输入电压的正极和负极，用专用的电源连接器或导线连接电源模块和 CPU 模块的 L＋和 M 端子，如图 1.5 所示。

2. 电源模块(PS)

电源模块用于将 SIMATIC S7－300 连接到 120/230 V 交流电源或 24/48/60/110 V 直流电源。

PS307 是西门子公司为 S7－300 专配的 DC 24 V 电源。PS307 系列模块除输出额定电流不同(有 2 A、5 A、10 A 三种)外，其工作原理和各种参数都相同。

PS307 可安装在 S7－300 PLC 专用导轨上的插槽 1 中，紧靠在 CPU 或扩展机架上 IM361 的左侧，除了给 S7－300 CPU 供电外，也可给 I/O 模块提供负载电源。图 1.7为 PS307 10 A 模块端子接线图。模块的前面板上有以下 4 个功能键。

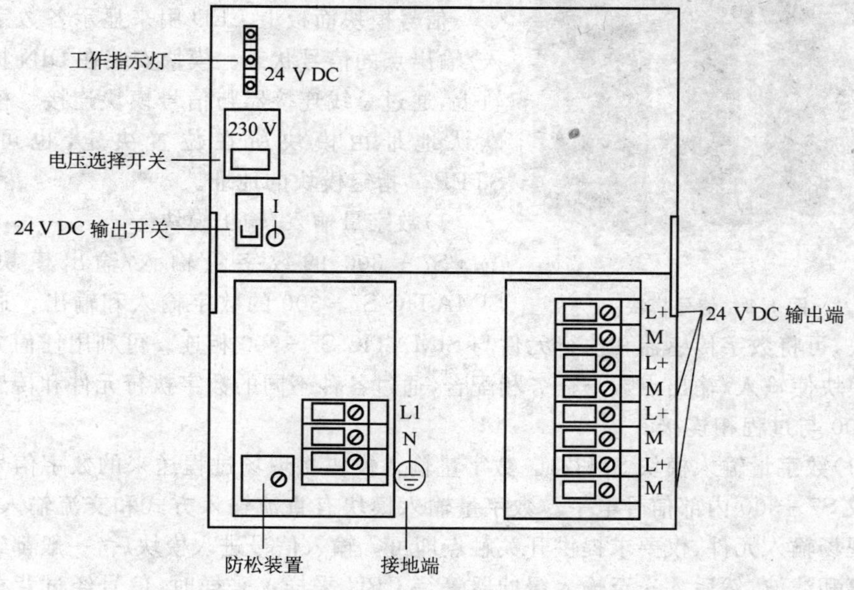

图 1.7　PS307 10 A 模块端子接线图

(1)工作指示灯。用一个 LED 指示 24 V AC 输出。

(2)电压选择开关。一个带有保护罩的开关可用来选择 120 V DC 或 230 V DC 线电压。

(3)24 V 直流的 on/off 开关。

(4)连接端子。线电源电缆、输出电源电缆和保护接地可连接到这些端子上。

S7－300 模块使用的电源由 S7－300 背板总线提供，一些模块还需从外部负载电源供电。在组建 S7－300 应用系统时，考虑每块模块的电流耗量和功率损耗是非常必要的。对于一个实际的 S7－300 PLC 系统，确定所有的模块后，即要选择合适的电源模块。所选定的电源模块的输出功率必须大于 CPU 模块、所有 I/O 模块、各种智能模块等总消耗功率之和，并且留有 30%左右的余量。当同一电源模块既要为主机单元又要为扩展单元供电时，从主机单元到最远一个扩展单元的线路压降必须小于 0.25 V。

3. 信号模块(SM)

信号模块用于数字量和模拟量输入/输出，包括数字量输入模块、数字量输出模拟、数字量输入/输出模块、模拟量输入模块、模拟量输出模块、模拟量输入/输出模块。信号模块如图 1.8 所示。

S7－300 的信号模块的外部接线接在插入式的前连接器的端子上，前连接器插在前盖后面的凹槽内，一个编码元件与之啮合，该连接器只能插入同类模块。不需断

图 1.8　信号模块

开前连接器的外部连线，就可以迅速地更换模块。

信号模块面板上 LED 用来显示各数字量输入/输出点的信号状态。模块安装在 DIN 标准导轨上，通过总线连接器与信号模块连接。模块的默认地址由模块所在位置决定，也可以用 STEP 7 指定模块的地址。

1)数字量输入/输出模块

S7－300 的数字量输入/输出模块用于 SIMATIC S7－300 的数字输入和输出。通过这些模块，可将数字传感器和执行元件与 SIMATIC S7－300 相连。可利用任何方式组合的模块使输入/输出点数与任务相配合，通过各种不同的数字执行元件和传感器使 S7－300 与过程相连接。

(1)数字量输入模块 SM321。数字量输入模块将现场过程送来的数字信号电平转换成 S7－300 内部信号电平。数字量输入模块有直流输入方式和交流输入方式。对于现场输入元件，仅要求提供开关触点即可。输入信号进入模块后，一般都经过光电隔离和滤波，然后才送至输入缓冲器等待 CPU 采样。采样时，信号经过背板总线进入到输入映像区。

数字量输入模块 SM321 有 4 种型号可供选择，即直流 16 点输入、直流 32 点输入、交流 16 点输入和交流 8 点输入模块。图 1.9(a)、(b)分别为直流输入和交流输入对应的端子连接及电气原理图。

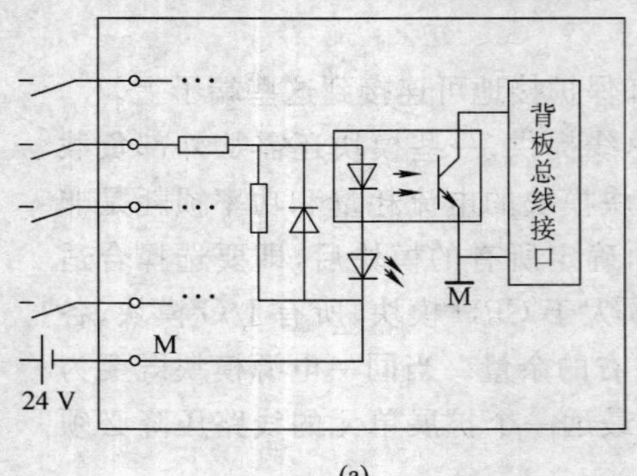

(a)

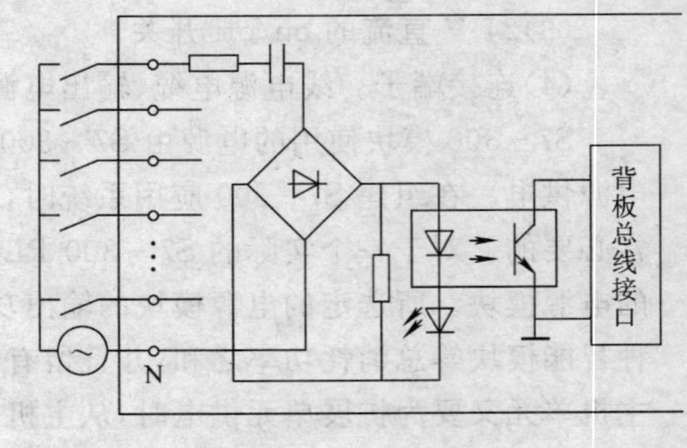

(b)

图 1.9　数字量输入模块

(a)直流输入模块；(b)交流输入模块

M 和 N 为同一输入组内各输入信号的公共点。输入电路一般设有 RC 滤波电路，以防止由于输入触点拉动或外部干扰脉冲引起的错误输入信号。输入电流一般为毫安级。

(2)数字量输出模块 SM322。数字量输出模块 SM322 将 S7－300 内部信号电平转换成过程所要求的外部信号电平，可直接用于驱动电磁阀、接触器、小型电动机、灯和电动机启动器等。

继电器触点输出方式的模块属于交直流两用输出模块，如图 1.10 所示。

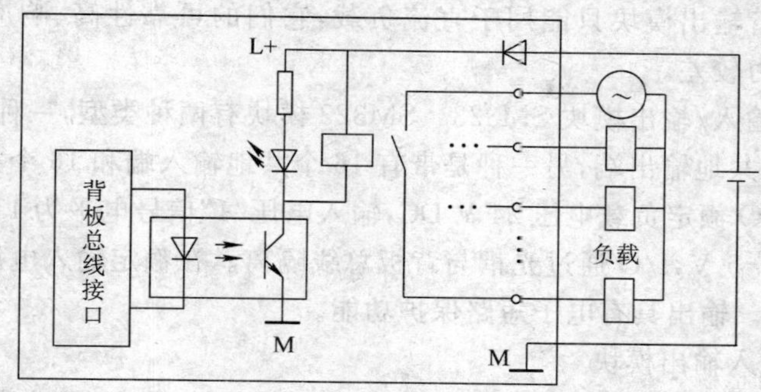

图 1.10 继电器输出电路

晶闸管输出方式(固态继电器)属于交流输出模块，如图 1.11 所示。该模块只用于交流负载。因为是无触点开关输出，所以其开关的速度快，工作寿命长。

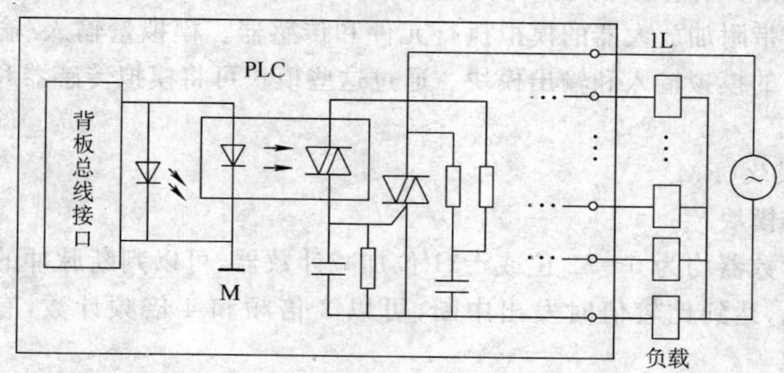

图 1.11 晶闸管输出电路

晶体管或场效应晶体管输出电路只能驱动直流负载，属于直流输出模块，如图 1.12 所示。

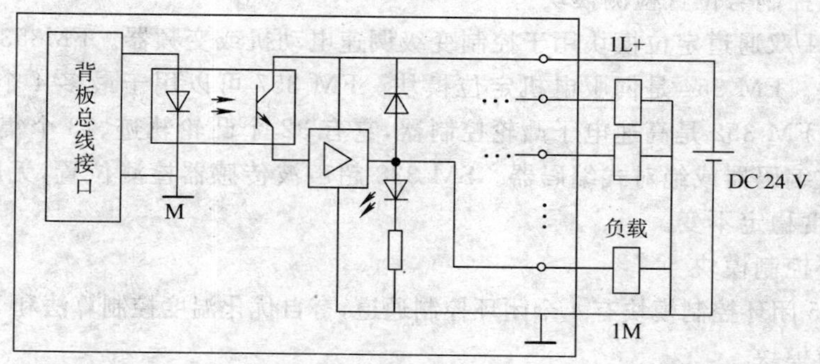

图 1.12 晶体管或场效应管输出电路

继电器输出模块的负载电压范围宽，导通压降小，承受瞬时过电压和过电流的能力较强；但是动作速度较慢，寿命(动作次数)有一定的限制。如果系统输出量的变化不是很频繁，建议优先选用继电器型输出模块。晶闸管输出模块只能用于交流负载，晶体管、场效应管输出模块只能用于直流负载，它们的可靠性高、响应速度快、寿命长，但是过载能力较差。

(3)数字量输入/输出模块 SM323　SM323 模块有两种类型，一种是带有 8 个共地输入端和 8 个共地输出端，另一种是带有 16 个共地输入端和 16 个共地输出端，两种特性相同。I/O 额定负载电压 24 V DC，输入电压“1”信号电平为 11～30 V，“0”信号电平为－3～＋5 V，I/O 通过光耦与背板总线隔离。在额定输入电压下，输入延迟为 1.2～4.8 ms。输出具有电子短路保护功能。

2)模拟量输入输出模块

生产过程中有大量连续变化的模拟量需要用 PLC 进行测量或控制，其中有的是非电量，例如温度、压力、流量、液位、物体的成分(例如气体中的含氧气量)和频率等。

S7-300 的模拟量输入/输出模块主要用于包含模拟过程信号的较复杂任务以及用于连接不带附加放大器的模拟执行元件和传感器。模拟量输入/输出模块包括用于 S7-300 的模拟输入和输出模块。通过这些模块可将模拟传感器和执行元件与 S7-300 相连。

4. 功能模块(FM)

1)计数器模块

模块的计数器均为 0～32 位或±31 位加减计数器，可以判断脉冲的方向。模块给编码器供电，达到比较值时发出中断，可以 2 倍频和 4 倍频计数，有集成的 DI/DO。

FM 350-1 是单通道计数器模块，可以检测最高达 500 kHz 的脉冲，有连续计数、单向计数、循环计数 3 种工作模式。FM 350-2 和 CM 35 都是 8 通道智能型计数器模块。

2)位置控制与位置检测模块

FM 351 双通道定位模块用于控制变级调速电动机或变频器。FM353 是步进电机定位模块。FM 354 是伺服电机定位模块。FM 357 可以用于最多 4 个插补轴的协同定位。FM 352 是高速电子凸轮控制器，它有 32 个凸轮轨迹、13 个集成的 DO，采用增量式编码器或绝对式编码器。SM 338 超声波传感器检测位置，无磨损、保护等级高、精度稳定不变。

3)闭环控制模块

FM 355 闭环控制模块有 4 个闭环控制通道，有自优化温度控制算法和 PID 算法。

4)称重模块

SIWAREX U 称重模块是紧凑型电子秤，测定料仓和贮斗的料位，对吊车载荷进行监控，对传送带载荷进行测量或对工业提升机、轧机超载进行安全防护等。

SIWAREX M 称重模块是有校验能力的电子称重和配料单元，可以组成多料称重系统，安装在易爆区域。

5. ET 200 分布式 I/O

西门子公司的 SIMATIC ET 200 系列分布式 I/O 系统能够快速、方便地与 PROFIBUS－DP 现场总线连接，针对不同的现场环境和电气要求，提供了多种型号的 ET 200 装置。

(1)ET 200S 是分布式 I/O 系统，特别适用于需要电动机启动器和安全装置的开关柜，一个站最多可接 64 个子模块，模块种类丰富，有带通信功能的电动机启动器和集成的安全防护系统（适用于机床及重型机械行业）和 IQ Sense 传感器等，集成有光纤接口。

(2)ET 200M 是模块化的分布式 I/O 系统，采用 S7－300 全系列模块，最多 8 个模块，可以连接 256 个 I/O 通道，适用于大点数、高性能的应用。ET 200M 户外型温度范围为－25 ℃～＋60 ℃。

(3)ET 200is 是本质安全系统，适用于有爆炸危险的区域。

(4)ET 200X 是具有高保护等级 IP65/67 的分布式 I/O，相当于 CPU 314，可用于有粉末和水流喷溅的场合。

(5)ET 200eco 是经济实用的 I/O，IP67。

(6)ET 200R 适用于机器人，能抗焊接火花的飞溅。

(7)ET 200L 是小巧经济的分布式 I/O，像明信片大小的 I/O 模块。

(8)ET 200B 是整体式的一体化分布式 I/O。

全集成自动化概念和 STEP 7 使 ET 200 能与西门子的其他自动化系统协同运行，实现了从硬件配置到共享数据库等所有层次上的集成。所有的 I/O 均在一个软件的控制之下。

【例 1.1】 在一个自动化任务解决方案中，所必需的硬件材料如表 1.3 所示。

表 1.3　系统硬件材料

名　称	数　量	配　置　型　号
电源模块 PS	1	PS 307、6ES7 307－1EA00－0AA0
CPU 模块	1	CPU 313C 或者 6ES7 313－5BE00－0AB0
SIMATIC 微型存储卡 MMC	1	例如 6ES7 953－8LL00－0AA0
扩展模块	根据需要配置	根据需要配置
前连接器	根据模块数量 分为 20 针、40 针	通过螺钉连接的 40 针 6ES7－391－1AM00－0AA0

续表

名　称	数　量	配　置　型　号
固定导轨	1	6ES7 390－1AE80－0AA0
编程软件	1	STEP 7 软件(版本≥5.1＋SP 2)
编程接口	1	PG 电缆 带适当接口卡的 PC(CP5611 卡)

单机架硬件组态最多配置 8 个扩展模块，如图 1.13 所示。

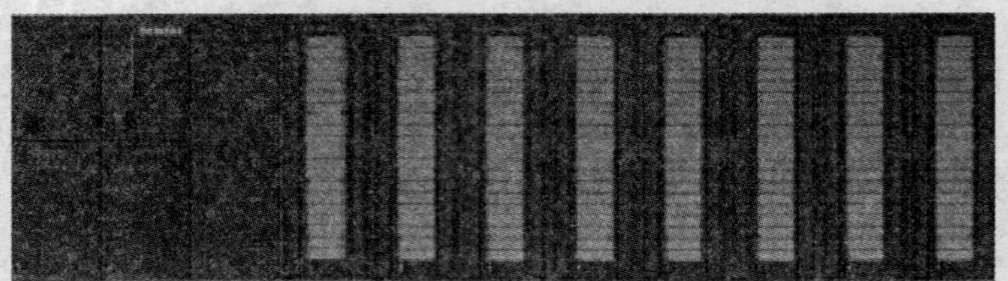

图 1.13　单机架硬件组态

(二)S7－300 系列 PLC 的软件

SIMATIC S7－300 软件与硬件同样出色，S7－300 的软件 STEP7 与硬件一样简洁、方便、易用。这种编程软件基于用标准工具 STEP 7 软件实现 SIMATIC 工业软件功能，并能应用所有新的 S7 硬件的优势。

1. PLC 编程语言的国际标准

IEC 61131 是 PLC 的国际标准，于 1992—1995 年发布了 IEC 61131 标准中的 1～4 部分。我国在 1995 年 11 月发布了 GB/T 15969—1/2/3/4(等同于 IEC 61131—1/2/3/4)。

IEC 61131－3 广泛地应用于 PLC、DCS 和工控机、"软件 PLC"、数控系统、RTU 等产品。以下定义了 5 种编程语言。

(1)指令表 IL(Instruction List)。西门子称为语句表 STL，其功能比梯形图或功能块图强。

(2)结构文本 ST(Structured Text)。西门子称其为结构化控制语言(SCL)，STEP 7 的 S7 SCL(结构化控制语言)符合 EN61131－3 标准。SCL 适用于复杂的公式计算、复杂的计算任务和最优化算法，或管理大量的数据等。

(3)梯形图 LD(Ladder Diagram)。西门子将其简称为 LAD，它直观易懂，适用于数字量逻辑控制。

(4)功能块图 FBD(Function Block Diagram)。标准中称为功能方框图语言，"LOGO!"系列微型 PLC 使用功能块图编程。

(5)顺序功能图 SFC(Sequential Function Chart)。它对应于西门子的 S7 Graph。

2. STEP 7 的编程语言

STEP 7 是西门子公司的 SIMATIC 工业软件中的一员，用于对 SIMATIC S7－

300/400 PLC 进行编程、监控和参数设置。STEP 7 提供了梯形图、语句表和功能块图 3 种基本编程语言。在 STEP 7 编程软件中，如果程序块没有错误，并且被正确地划分为网络，则梯形图、功能块图和语句表之间可以转换。如果部分网络不能转换，则用语句表表示。

语句表可供喜欢用汇编语言编程的用户使用。语句表输入快，可以在每条语句后面加上注释。设计高级应用程序时建议使用语句表。

梯形图适合熟悉继电器电路的人员使用。设计复杂的触点电路时最好用梯形图。梯形图和语句表程序如图 1.14 所示。

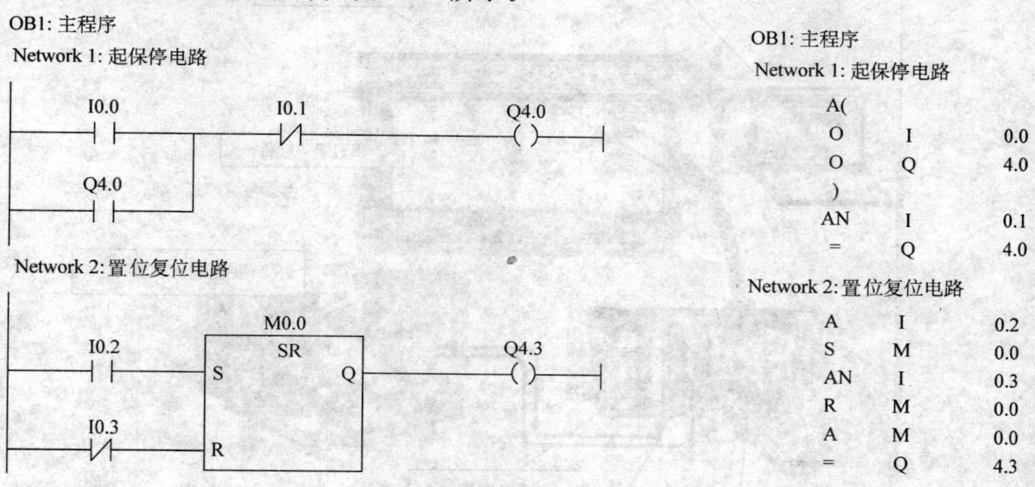

图 1.14　梯形图和语句表

功能块图适合熟悉数字电路的人使用。功能块图程序如图 1.15 所示。

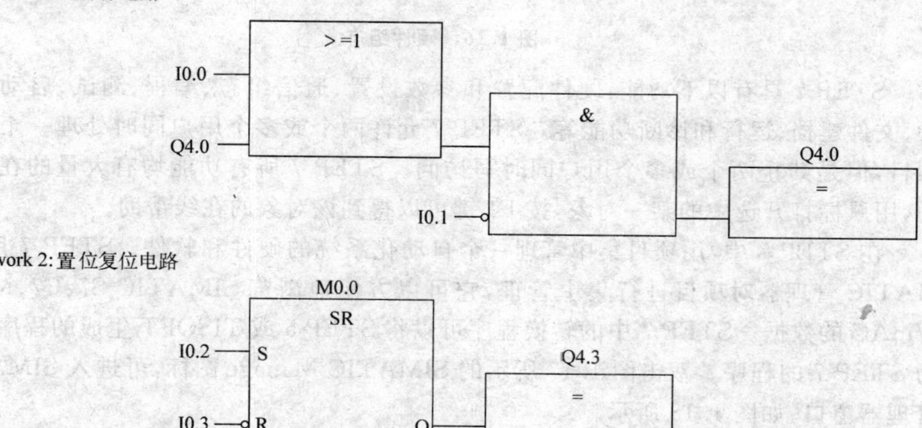

图 1.15　功能块图

3. STEP 7 软件概述

图 1.16 显示了 STEP 7 软件对 PLC 硬件进行组态和编程，图中的编程设备可以是 PG(编程器)或 PC，编程设备通过编程设备电缆与 PLC 的 CPU 模块相连，用户可以在 STEP 7 软件中对硬件进行组态和编程，并将用户程序和硬件组态信息下载到 CPU，或者从 CPU 上传到 PG 或 PC 上。当程序下载、调试完成后，PLC 系统即可执行各种控制任务。

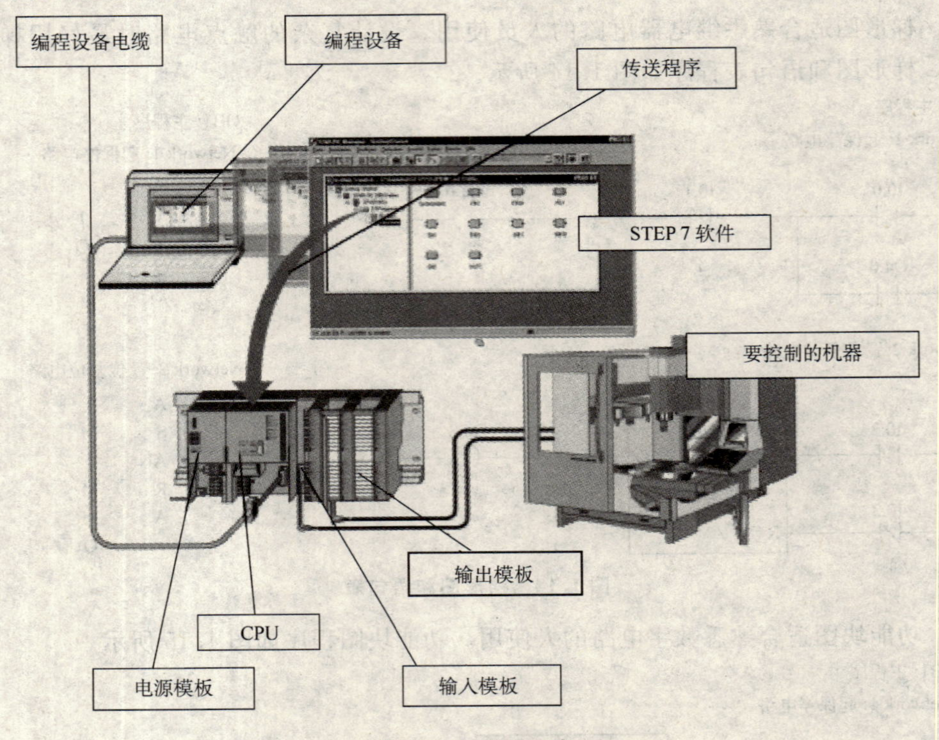

图 1.16　硬件组态

STEP 7 具有以下功能：硬件配置和参数设置、通信组态、编程、测试、启动和维护、文件建档、运行和诊断功能等。STEP 7 允许两个或多个用户同时处理一个工程项目，但是禁止两个或多个用户同时写访问。STEP 7 所有功能均有大量的在线帮助，用鼠标打开选中的某一对象，按 F1 键可以得到该对象的在线帮助。

在 STEP 7 中，用项目集中管理一个自动化系统的硬件和软件。STEP 7 用 SIMATIC 管理器对项目进行集中管理，它可以方便地浏览 SIMATIC S7、C7、M7 和 WinAC 的数据。STEP 7 中的转换程序可以将 STEP 5 或 TISOFT 生成的程序转换为 STEP 7 的程序。双击图 1.17 所示的 SIMATIC Manage 图标，可进入 SIMATIC 管理器窗口，如图 1.18 所示。

STEP 7 软件可以在一个项目下生成 S7 程序，PLC 用 S7 程序监视和控制设备，在 S7 程序中通过地址寻址 I/O 模板。

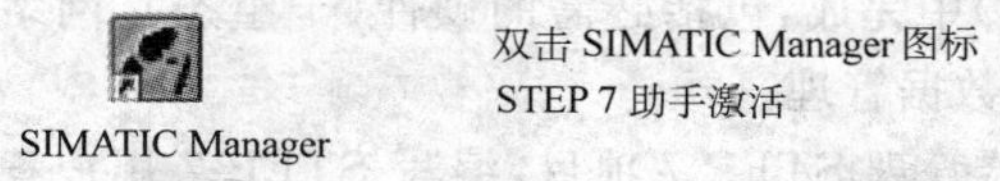

双击 SIMATIC Manager 图标
STEP 7 助手激活

图 1.17　SIMATIC Manager 图标

打开、组织
和打印项目

编辑块
和插入编程组件

下载程序
并监视硬件

设置窗口显示和排列
选择语言并为过程数据作设置

调用 STEP 7
在线帮助

SIMATIC Manager - Getting Started
File Edit Insert PLC View Options Window Help
< No Filter >
Getting Started -- C:\SIEMENS\STEP7\S7proj\Gettin_1
Getting Started
SIMATIC 300 Station
CPU31 4(1)
S7 Prog and(1)
Sounce Files
Elocks
DB1
Proess F1 for help

右侧窗口中的内容显示
左边所选文件夹的对象
和其他文件夹

左侧窗口中的内容显示项目结构

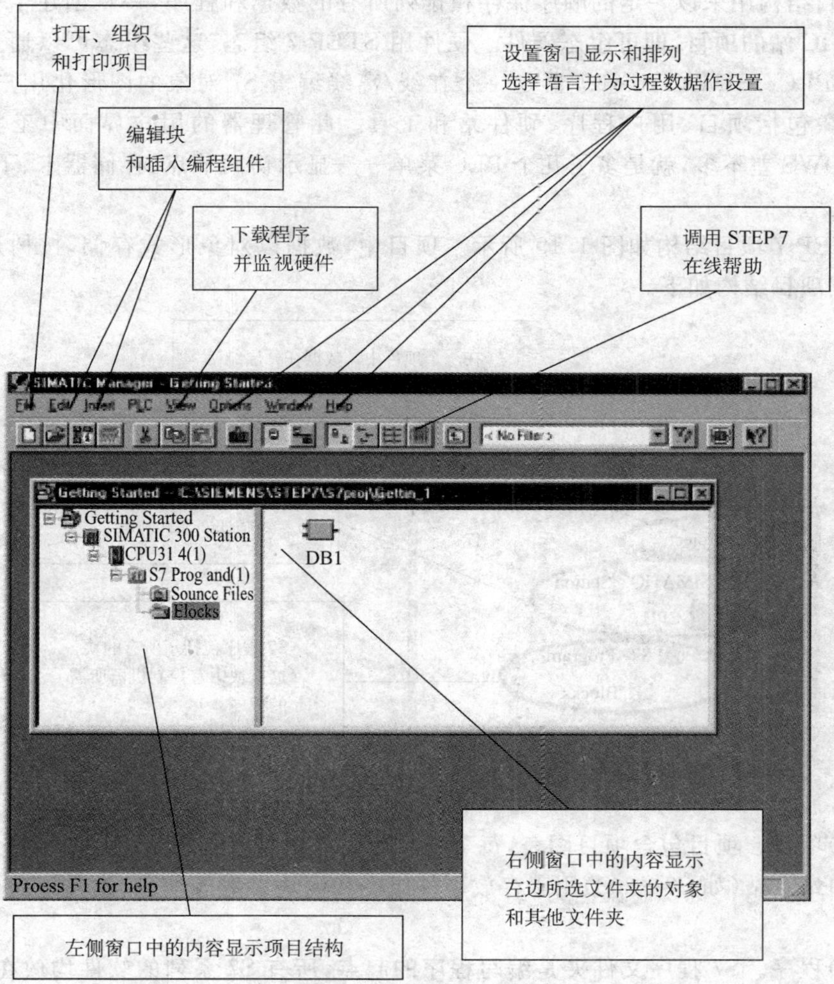

图 1.18　SIMATIC 管理器窗口

4. STEP 7 的项目结构

每个自动化过程都是由许多较小的部分和子过程组成，所以工程建立的第一个任务是分解子任务。每个子任务定义了自动化系统要完成的硬件和软件要求。其中硬件包括输入/输出数目和类型、对应模块序号和类型、所用机架号、CPU 型号和容量、HMI 系统、网络系统。软件方面主要是程序结构、自动化过程中的数据管理、组态数据、通信数据及程序和项目文档。在 SIEMENS 的 S7 中，上述工作都在项目管理(SIMATIC 管理器)中完成，包括必需的硬件(+组态)、网络(+组态)、所有程序和自动化解决方案的数据管理。

SIMATIC 管理器管理 STEP 7 项目，编写 STEP 7 用户程序的工具，利用编程器或外部编程器可以把用户程序保存到 EPROM 卡上。

项目结构用来以一定的顺序保存和排列所有的数据和程序，一旦创建了一个有 SIMATIC 站的项目，即可组态硬件。硬件用 STEP 7 组态，这些组态可以通过下载传送到 PLC。SIMATIC 管理器是一个在线/离线编辑 S7 对象的图形化用户界面，这些对象包括项目、用户程序、硬件站和工具。此管理器的用户界面中工具条与 WINDOWS 差不多，就是多了几个 PLC 菜单——显示访问节点、存储器卡、下载、仿真模块。

STEP 7 项目结构如图 1.19 所示。项目中，数据以对象形式存储，按树形结构组织，其项目结构如下。

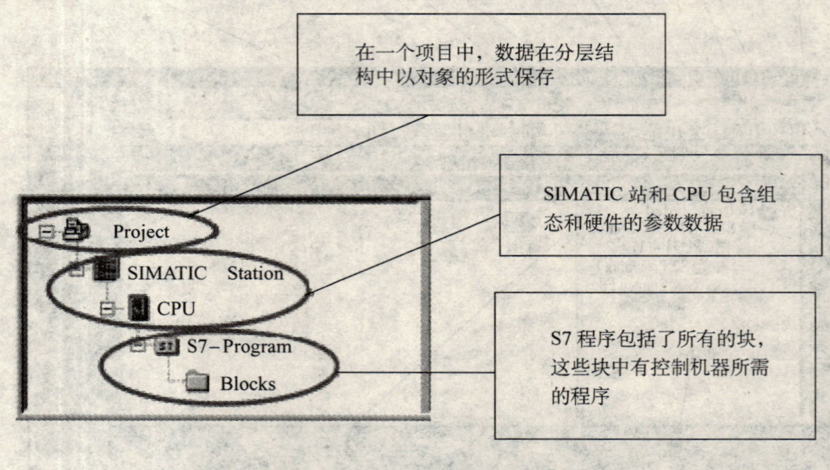

图 1.19 STEP 7 的项目结构

(1)项目。项目包含项目图表，每个项目代表与项目存储有关的一个数据结构。

(2)站。站(如 S7-300)用于存放硬件组态和模块参数等信息，站是组态硬件的起点。

(3)程序。S7 程序文件夹是编写程序的起点，所有 S7 系列的软件均放在 S7 程序文件夹下，它包含程序块文件和源文件夹。

任务二 电机的简单控制

一、任务提出

图 1.20 所示的继电器控制电路可以实现三相异步电动机的单向连续运转。当

按下启动按钮 SB1 后，继电器线圈 KM 通电，主电路中 KM 主触点闭合，电机开始运行，同时控制电路中的 KM 辅助触点闭合形成自锁。当按下停止按钮 SB2 时，继电器线圈 KM 断电，电机停止运行。

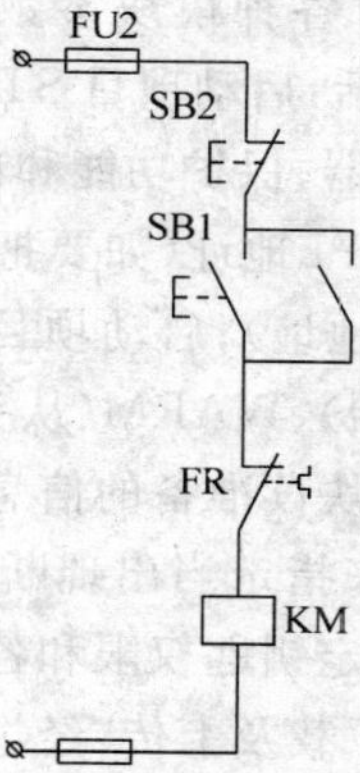

图 1.20　三相异步电动机的自锁运行

如果使用 S7－300 进行控制，即是将图 1.20 中所示的继电器控制的一系列按钮、触点和线圈之间硬件的逻辑组合，通过编程实现。

二、相关知识

1. 硬件组态

一个由 S7－300 PLC 构成的控制系统，在实现了 CPU 与各个扩展模块之间的物理连接之后，需要在 STEP 7 软件中进行硬件组态。硬件组态(Configuring)用于对自动化工程中使用的硬件进行设置和参数分配。

S7－300 PLC 的组态就是指在硬件组态的站窗口中分配机架和可分布式 I/O，从硬件目录中选择部件；参数分配就是建立可分配参数模块的特性，例如启动特性、保持区等；设定组态就是设定好的硬件组态和参数分配；实际组态指已存在的实际组态和参数分配，一般是在已装配的系统中，从 PLC 的 CPU 中读出。

启动硬件组态，指新建一个项目(PROJECT)，选择该项目，并插入(INSERT)一个站(STATION)。在 SIMATIC 管理器中选择硬件站(HARDWARE)，双击 OPEN 即可。同时打开硬件目录——VIEW－CATALOG，如果选择标准硬件目录库，它会提供所有的机架、模块和接口模块。硬件组态主要是选择机架，指定模块如何在机架摆放。

硬件组态的具体内容如下。

(1)机架。在硬件目录中打开一个 SIMATIC300 站的 RACK－300(例如是 300)，双击或拖到左边窗口。于是在左边的窗口中出现两个机架表：上面部分显示一个简表，下面部分显示带有定货号、MPI 地址和 I/O 地址的详细信息。

(2)电源。双击或拖拉目录中的“PS－300”模块，将电源放到表中的一号槽位上。

(3)CPU。从 CPU－300 的目录中选择所配置的 CPU，列入 2 号槽位。

(4)3 号槽。一般为接口模块保留(用于多层组态)。如果这个位置要保留以备安装接口模块，在安装时就必须插入一个占位模块。

(5)信号模块。从 4 号槽位开始最多可以插入 8 块信号模块(SM 卡)，包括通信处理器(CP)和功能模块(FM)。

(6)CP 卡(通信处理卡)，包括以太网卡 CP－343、PROFIBUS CP－341、342 等，当然也可以直接用 CPU 上的 MPI 口，虽省钱但速度相对慢点。

按要求对各种模块参数进行设置。双击模块，打开属性对话框(Properties)。CPU 属性包括：启动项目 START. UP、监视时间、可保存数量 Retentive Memory、循环/时钟存储器、保护功能和诊断/时钟。其中：通用属性 General，主要提供模块的类型、位置和 MPI 地址(如要把几个 PLC 通过 MPI 接口组成网络，则每个 CPU 分配不同的 MPI 地址)；启动项目 START. UP，主要选择三种启动方式——HOT(从程序断电处开始)、WARM(从头，也就是从程序第一步开始)、COLD(冷启动)；监视时间，包括从模块读准备的信息时间和传递参数到模块的时间；可保存数量 Retentive Memory，用来指定当出现断电或从 STOP 到 RUN 切换时需要保持的存储器区域；保护功能，设定钥匙权限和各种级别及口令。

⑦保存下载及上传：经过上述设置以后，通过保存、编译、一致性检查后，把设定组态下载到 PLC 中。对实际运行的 PLC，也可以通过上传把实际组态读到编程器。

2. 程序设计

S7-300 系列 PLC 的编程语言是 STEP 7。用程序块的形式管理用户编写的程序及程序运行所需的数据，组成结构化的用户程序。PLC 的程序组织明确，结构清晰，易于修改。

程序块共有组织块(OB)、功能块(FB)、功能(FC)、系统功能块(SFB)和系统函数块(SFC)5 种，其中系统块是在 CPU 操作系统中预先定义好的功能和功能块，这些块不占用户程序空间。为支持结构化程序设计，STEP 7 用户程序通常由组织块(OB)、功能块(FB)或功能(FC)等 3 种类型的逻辑块和数据块(DB)组成。

各程序块的功能简要说明如下。

(1)组织块 OB。OB 由系统自动调用，并执行用户在 OB 块中编写的程序。OB 的基本作用是调用用户程序。在 OB 块中编写程序的最大容量，S7-300 是 16 kB，S7-400 是 64 kB。除主程序循环 OB1 外，其他 OB 均是由事件触发的中断。

(2)功能 FC。FC 有两个作用：一是作为子程序用；二是作为函数用，函数中通常带形参。函数中程序的最大容量：S7-300 是 16 kB，S7-400 是 64 kB。FC 的形参通常也称为接口区，参数类型分为输入参数、输出参数、输入/输出参数和临时数据区。

(3)功能块 FB。与 FC 相比，FB 每次调用都必须分配一个背景数据块，用来存储接口数据区(TEMP 类型除外)和运算的中间数据。其他程序可以直接使用背景数据区中的数据。FB 中程序的最大容量，S7-300 是 16 kB，S7-400 是 64 kB。FB 的接口区比 FC 多一个静态数据区(STAT)，用来存储中间变量。程序调用 FB 时，形参不像 FC 那样必须赋值，可以通过背景数据块直接赋值。

(4)数据块 DB。DB 用来存储用户数据及程序的中间变量，称为全局变量。DB 的最大容量，S7-300 为 32 kB，S7-400 为 64 kB。DB 可分为共享数据块(Share DB)、背景数据块(Instance DB)和用户自定义数据(UDT)类型的数据块。

共享数据块可作为所有程序使用的全局变量，在 CPU 允许的条件下，一个程序可创建任意多个 DB，每个 DB 的最大容量为 64 kB。默认条件下，共享数据块为掉电保持，在其属性菜单中选中“Non Retain”可以更改为掉电数据丢失。如 CPU 中无足够的内部存储空间保存数据，可将指定的数据保存到共享数据块。存储在共享数据块中的数据可被其他任意一个块调用（全局变量）。与共享数据块不同，背景数据块只能被指定的功能块（FB）使用，保存在背景数据块中的数据只能在这个功能块中有效。

背景数据块与 FB 和 SFB 关联，也是全局变量。与共享数据块相比，背景数据块只保存与 FB 或 SFB 接口数据区（Temp）相关的数据。背景数据块中有一种比较特殊的数据块，称为多重背景数据块。有关多重背景数据块的用法和使用注意事项请参看《怎样使用多重背景数据块》。

基于 UDT 的数据块为全局变量，提供了一个固定格式的数据结构，便于用户使用。

（5）系统函数块（SFC）和系统功能块（SFB）。SFC 和 SFB 集成在 CPU 中，相当于系统提供的可供用户程序调用的 FC 或 FB，实现与 CPU 系统相关的一些功能，如读写 CPU 时钟等功能。调用 SFB 时，需要背景数据块。

一个比较简单的程序可以不用各种子程序块（如 FC、FB），而是把整个程序直接写在一个块上（通常是 OB1 主块上），CPU 逐条地处理指令，称这种方法为线形编程；而对稍微复杂的程序，可以把它分成几个块，每块包含处理一部分任务的程序，在每一个块中可以进一步分解成几个段，可以为相同类型的段生成段模块，组织块 OB1 包含按顺序调用其他块的指令，称这种方法为分块编程；另外，对可重复使用的功能装入单个块中，OB1（或其他块）调用这些块并传递相关参数，称这种方法为结构化编程。用户块（程序块）包括程序代码和用户数据。在结构化程序中，一些块循环调用处理，一些块需要时才调用。

OB1 块是主程序循环块，在任何情况下，它都是需要的，绝对不能改名或删除。它是由操作系统循环调用，可以访问其他的 S7 程序块，它包括自身程序和对其他块的调用。所以，当编辑好 1 个块以后，如 FC1，为了让新块集成在 CPU 中的循环程序中，必须在 OB1 中调用，即在 OB1 中调用 FC1（CALL FC1）。子程序（新块 FC1）执行的条件有以下 3 个：已经下载到 PLC 中，必须在 OB1 调用，PLC 处于运行状态。下载到实际的 PLC 时，可以选择所有块或其中的 1 个或几个，再下载到 PLC 中。

三、任务解决方案

（一）硬件组态

硬件组态步骤如下。

（1）双击“SIMATIC Manager”图标，打开 STEP7 主画面，如图 1.21 所示。

（2）点击菜单“文件\新建”，得到如图 1.22 所示对话框，在“名称”框中输入文件名称（test），在“存储位置”框中输入文件夹地址，然后点击“确定”按钮，系统将自动生成 test 项目，如图 1.23 所示。

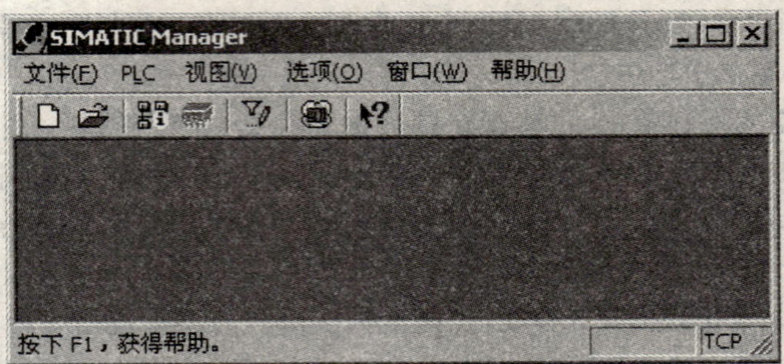

图 1.21　STEP 7 主画面

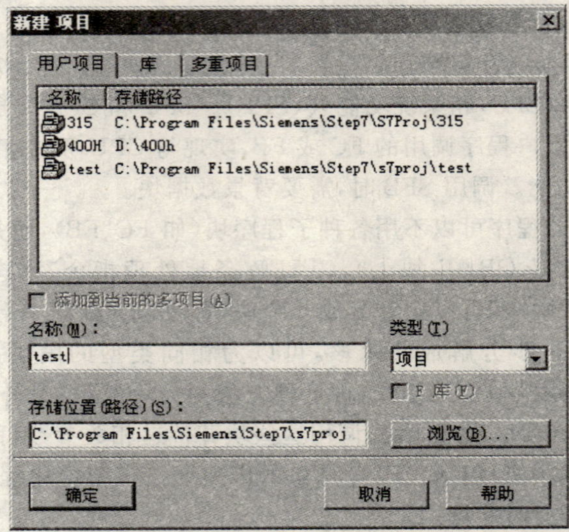

图 1.22　New 对话框

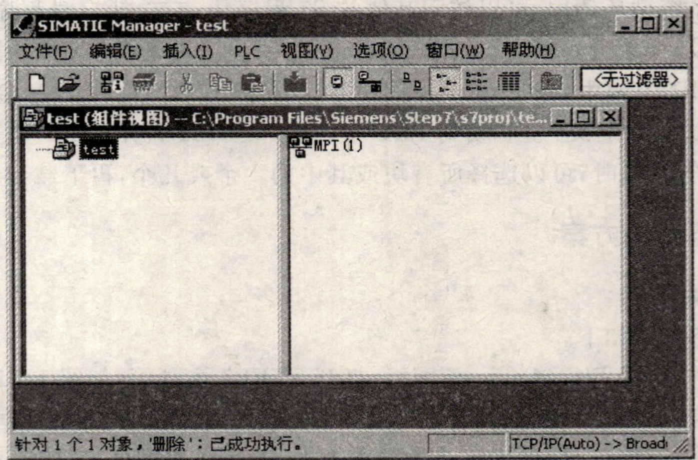

图 1.23　生成 test 项目

(3)选中 test 项目,点击右键,选中“插入新对象”,点击“SIMATIC 300 站点(Station)”,将生成一个 S7 - 300 的站,如图 1.24 所示。如果项目 CPU 是 S7 - 400,那么选中“SIMATIC 400 站点”,即可得到如图 1.25 所示的窗口。

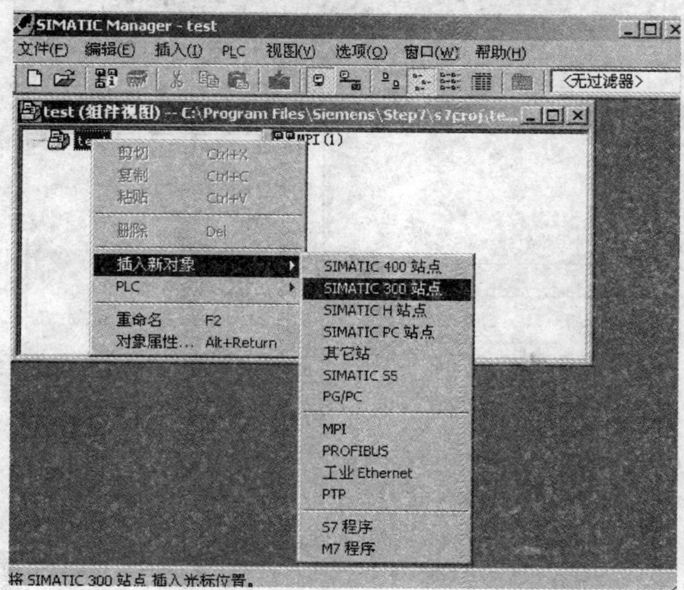

图 1.24　生成一个 S7 - 300 的项目

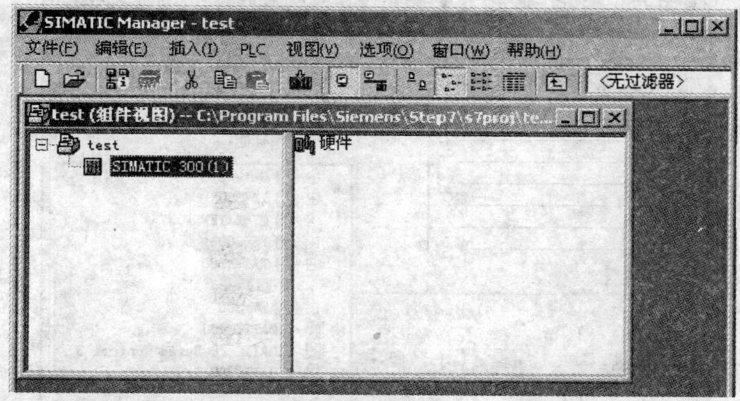

图 1.25　打开站点

(4)在图 1.25 所示的窗口,将 test 左面的十点开,选中“SIMATIC 300(1)”,然后选中“硬件”并双击或右键点“OPEN OBJECT”,打开硬件组态画面,如图 1.26 所示。

(5)双击图 1.26 窗口中“SIMATIC 300\RACK - 300”文件夹,将“Rail” 拖到左边空白处,生成空机架,如图 1.27 所示。

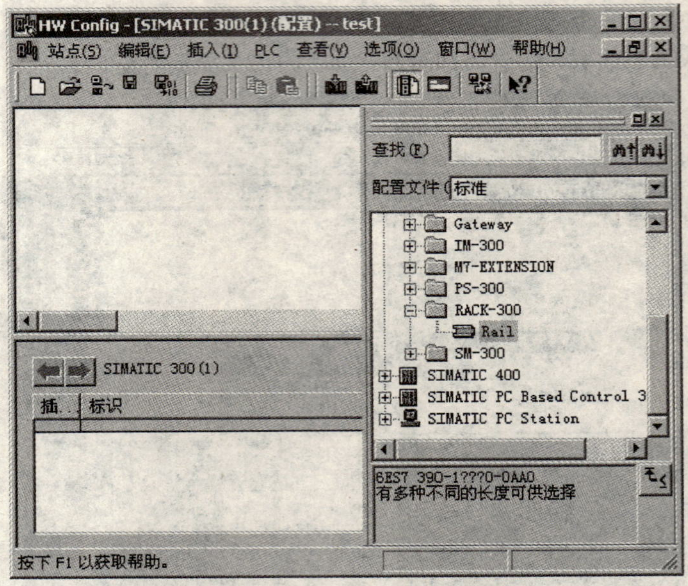

图 1.26　打开的硬件组态画面

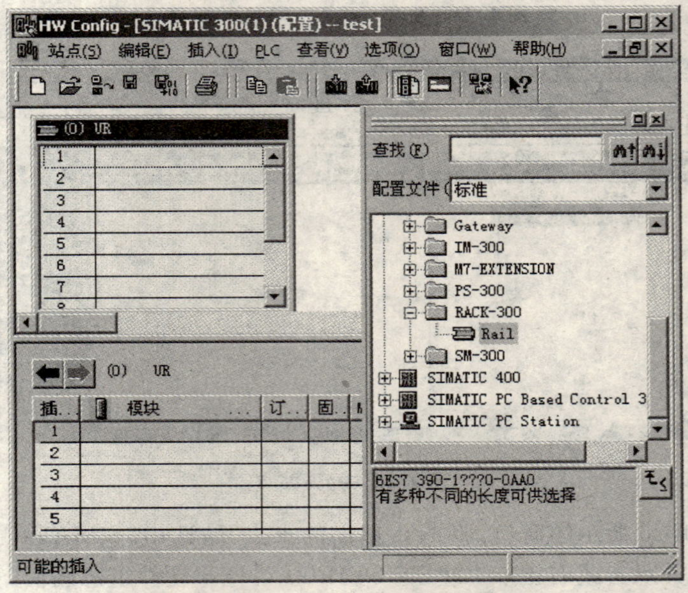

图 1.27　生成空机架

(6)双击“PS－300”文件夹，选中电源模块“PS 307 5A”，将其拖到机架的第一个插槽，如图 1.28 所示。

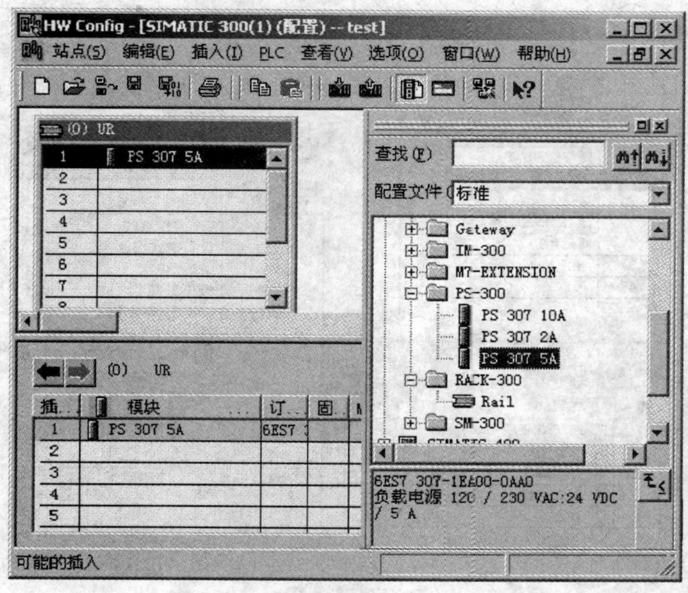

图 1.28　添加电源模块

(7)双击“CPU - 300”,再双击“CPU 313C - 2 DP”,接着双击“6ES7 313 - 6CF03 -0AB0”,选中“V2.6”,将其拖到机架的第 2 个插槽;弹出组态 PROFIBUS - DP 窗口,如图 1.29 所示,在“地址”中选择分配的 DP 地址,默认为 2,添加 CPU 模块对话框,如图 1.30 所示。

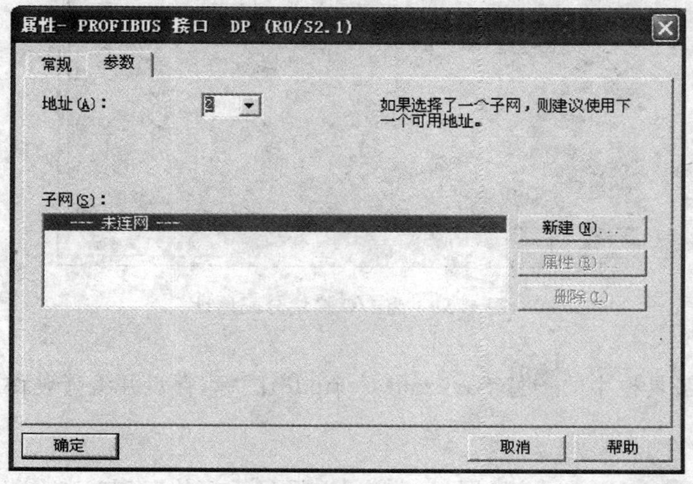

图 1.29　PROFIBUS - DP 窗口

(8)双击机架上 2.2 插槽的“DI16/DO16”模块给 I/O 模块分配地址,如图 1.31 所示,在开始框中输入起始地址,无特殊情况使用系统自动分配的地址即可。

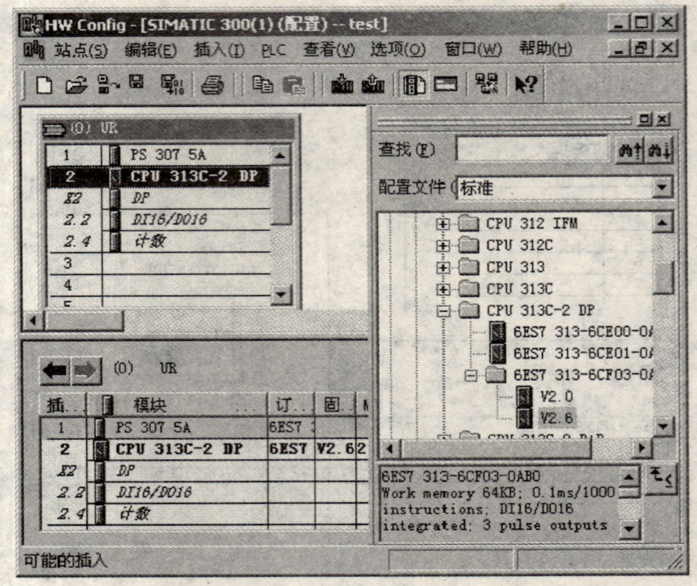

图 1.30　添加 CPU 模块对话框

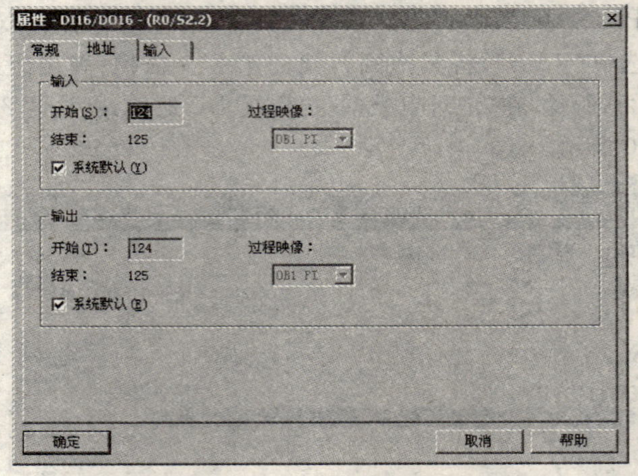

图 1.31　为 I/O 模块分配地址

(9)点击工具栏中的(Save and Compile)图标，存盘并编译硬件组态，完成硬件组态工作。

(10)点击(Download)图标，弹出"选择目标模块"窗口，如图 1.32 所示，再点击"确定"按钮即可下载硬件组态。

(二)程序设计

通过对电动机自锁运行的继电器控制系统的分析可知：系统的输入是启动按钮

和停止按钮，输出则是继电器 KM。要把这些输入/输出与 PLC 联系起来，就要进行如表 1.4 所示的 I/O 地址分配。

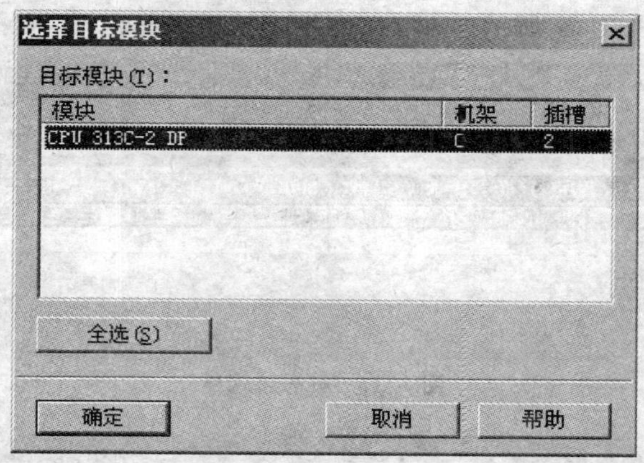

图 1.32　“选择目标模块”窗口

表 1.4　I/O 分配表

输　　入		输　　出	
I124.1	启动按钮 SB1	Q124.0	电机运行输出 KM
I124.2	停止按钮 SB2		

程序设计的步骤如下。

(1)点击 CPU 下的 S7 程序，在 S7 程序窗口右侧空白处会出现符号图标，如图 1.33 所示。点击符号图标进入符号编辑器，如图 1.34 所示。使用符号表，可以给变量指定符号，使程序易于理解，符号表中定义的变量是全局变量，可供所有的逻辑块使用。

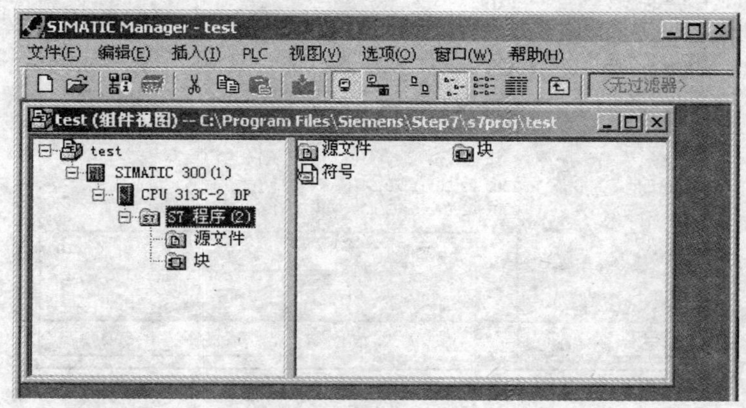

图 1.33　S7 程序窗口

(2)在符号编辑器中定义符号，如图 1.35 所示，保存并退出。

(3)点击图 1.33 中 S7 程序下的“块”,右侧出现块 OB1,双击“OB1”出现如图 1.36 所示组织块 OB1 的属性对话框,将“创建语言”选择 LAD,点击“确定”按钮,进入程序编辑器,如图 1.37 所示。

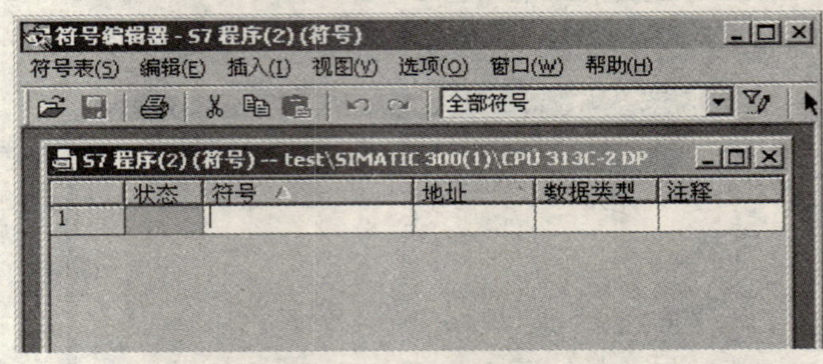

图 1.34　符号编辑器

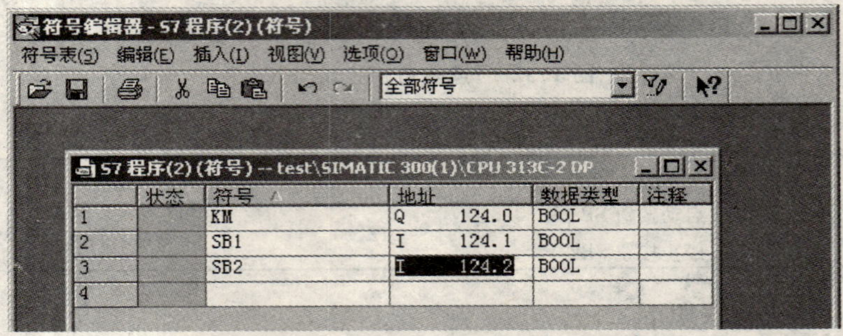

图 1.35　在符号表中定义符号

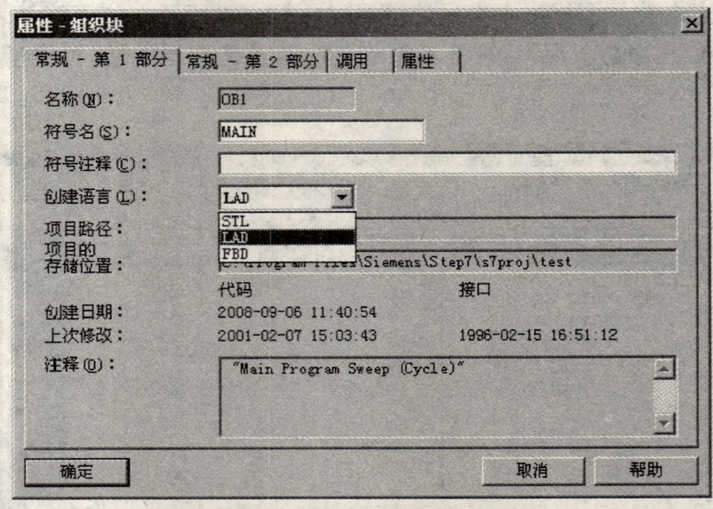

图 1.36　OB1 属性对话框

(4)添加如图 1.38 所示程序段,保存后点击(Download)图标,即可实现整个程序块(包括 System Data 以及所有 OB、FB、DB)的下载。

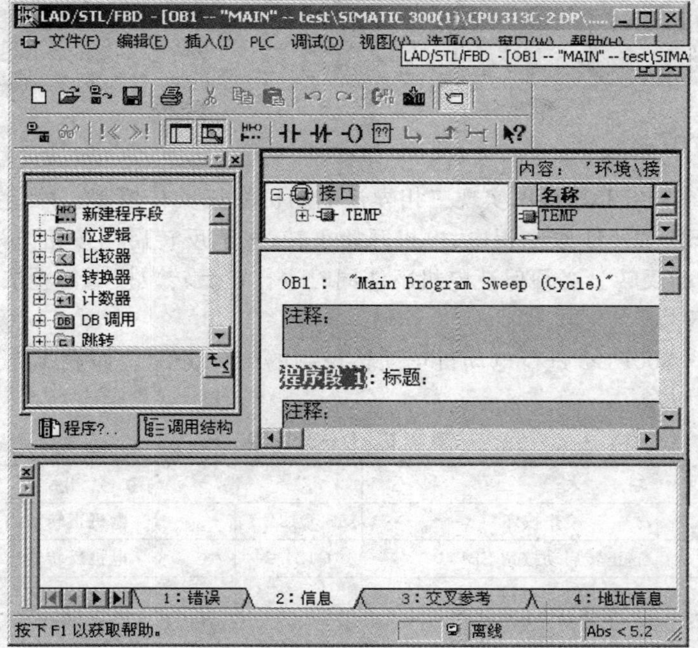

图 1.37　程序编辑器

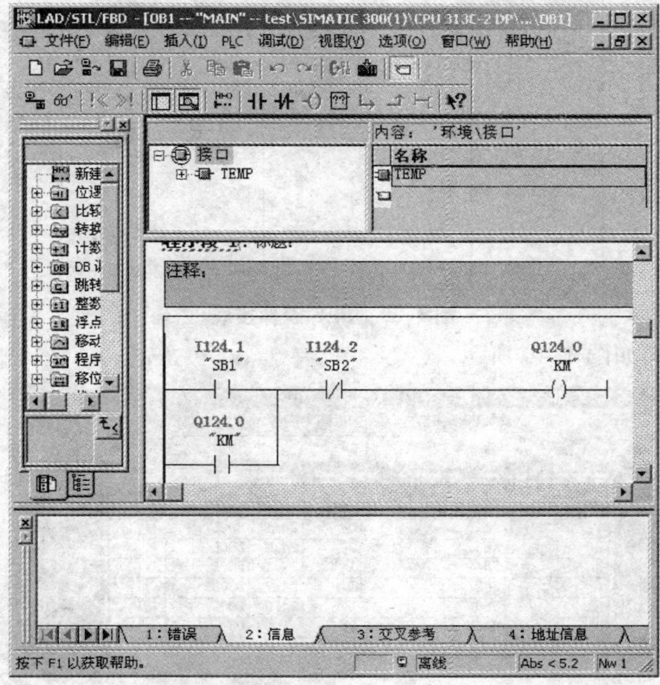

图 1.38　程序段

注意：下载前最好先清除 CPU。如果 CPU 出现不容易了解的停机和故障，也可以先清除 CPU 重新下载。

四、试一试

使用 S7－300PLC，可以实现三相异步电动机的正反转控制。控制要求：按下正转启动按钮 SB1，KM1 线圈得电，电机开始正转；按下反转启动按钮 SB2，KM2 线圈得电，电机开始反转。必须保证电机不能同时进行正反转。按下停止按钮 SB3，电机立即停止运行。

使用 S7－300PLC 进行电动机正反转控制的 I/O 分配表如表 1.5 所示，硬件接线如图 1.39 所示。

表 1.5　I/O 分配表

输　入		输　出	
I124.0	停止按钮	SB3Q124.1	电机正转输出 KM1
I124.1	正转启动按钮 SB1	Q124.2	电机反转输出 KM2
I124.2	反转启动按钮 SB2		

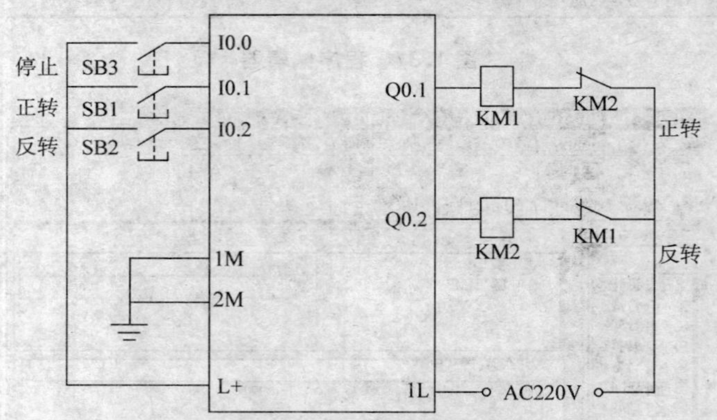

图 1.39　PLC 硬件接线

符号表定义如图 1.40 所示。

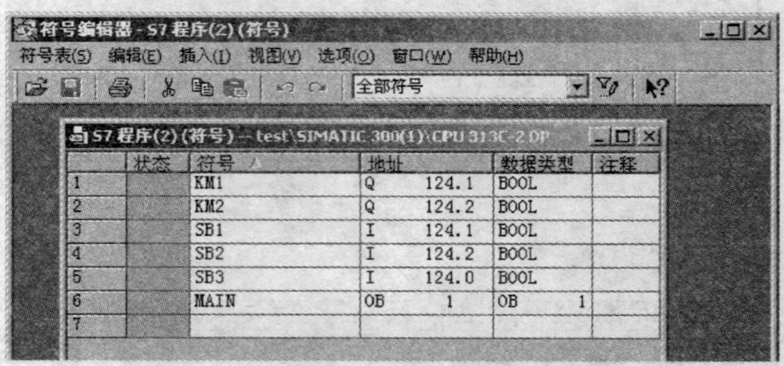

	状态	符号	地址		数据类型		注释
1		KM1	Q	124.1	BOOL		
2		KM2	Q	124.2	BOOL		
3		SB1	I	124.1	BOOL		
4		SB2	I	124.2	BOOL		
5		SB3	I	124.0	BOOL		
6		MAIN	OB	1	OB	1	
7							

图 1.40　定义符号表

编写的程序如图 1.41 所示。

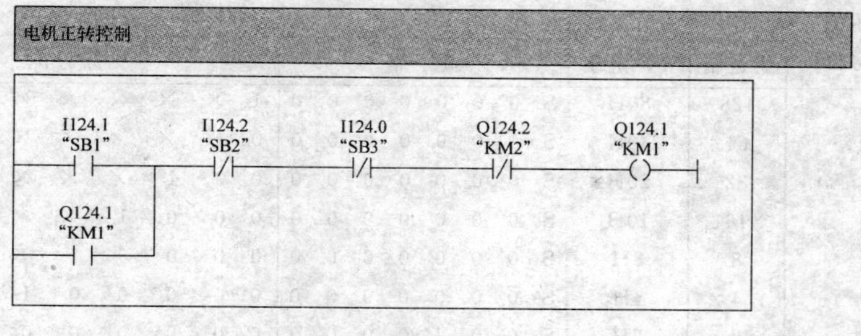

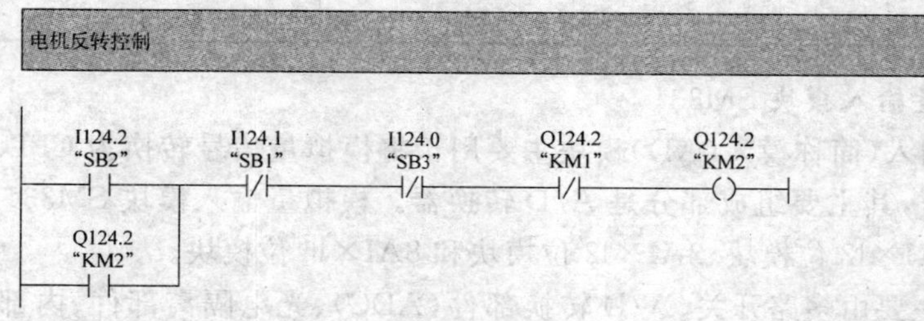

图 1.41　电机正反转程序

请读者思考：上述电路是如何实现电机正反转控制的？如何实现互锁的？

任务三　电机的多转速控制

一、任务提出

在实际工程中，根据控制要求，将电机转速分为低速、中速、高速三挡，分别由三个按钮控制。用 S7-300 构建一个控制系统，以实现上述控制任务。电机的控制是用一个模拟量模块输出控制电压，通过变频器实现对电机转速的设定。

二、相关知识

1. 模拟量值的表示方法

S7-300 的 CPU 用 16 位的二进制补码表示模拟量值。其中最高位为符号位 S，"0"表示正值，"1"表示负值，被测值的精度可以调整，取决于模拟量模块的性能和设定参数，对于精度小于 15 位的模拟量值，低字节中幂项低的位不用。表 1.6 表示 S7-300 模拟量值所有可能的精度，标有"×"的是不用的位，一般填入"0"。

S7-300 模拟量输入模块可以直接输入电压、电流、电阻、热电偶等信号，模拟量输出模块可以输出 0～10 V，1～5 V，-10～10 V，0～20 mA，4～20 mA，-20～20 mA 等模拟信号。

表 1.6　模拟量值可能的精度

以位数表示的精度(带符号位)	单位		模拟值															
	十进制	十六进制	高字节								低字节							
8	128	80H	S	0	0	0	0	0	0	0	1	×	×	×	×	×	×	×
9	64	40H	S	0	0	0	0	0	0	0	0	1	×	×	×	×	×	×
10	32	20H	S	0	0	0	0	0	0	0	0	0	1	×	×	×	×	×
11	16	10H	S	0	0	0	0	0	0	0	0	0	0	1	×	×	×	×
12	8	8H	S	0	0	0	0	0	0	0	0	0	0	0	1	×	×	×
13	4	4H	S	0	0	0	0	0	0	0	0	0	0	0	0	1	×	×
14	2	2H	S	0	0	0	0	0	0	0	0	0	0	0	0	0	1	×
15	1	1H	S	0	0	0	0	0	0	0	0	0	0	0	0	0	0	1

2. 模拟量输入模块 SM331

模拟量输入(简称模入(AI))模块主要用于将模拟量信号转换为 CPU 内部处理用的数字信号,其主要组成部分是 A/D 转换器。模拟量输入模块 SM331 有 3 种规格型号,即 8AI×12 位模块、2AI×12 位模块和 8AI×16 位模块。

SM331 主要由多路开关、A/D 转换部件(ADC)、光电隔离部件、内部电源和逻辑电路等组成,如图 1.42 所示。8 个模拟量输入通道共用一个 A/D 转换器,通过多路开关切换到被转换的通道。A/D 转换部件是模块的核心,其转换原理采用积分方法,被测模拟量的精度是所设定的积分时间的正函数,也即积分时间越长,被测值的精度越高。SM331 可选四挡积分时间:2.5 ms、16.7 ms、20 ms 和 100 ms,相对应的以位表示的精度为 8、12、12 和 14。

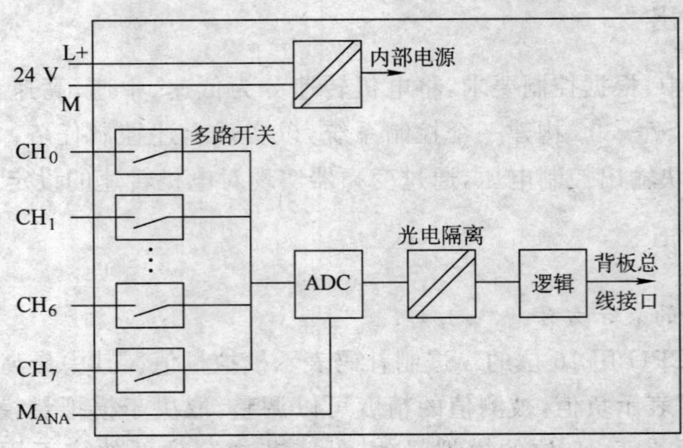

图 1.42　模拟量输入模块

模拟量输入模块的输入信号种类用安装在模块侧面的量程卡(或称量程模块)设置,如图 1.43 所示。量程卡安装在模拟量输入模块的侧面,每两个通道为一组,共用一个量程卡。量程卡有 4 个位置,如表 1.7 所示,供货时,量程卡被设置在默认的 B

位置。如果需要，必须重新设置量程卡，以更改测量方法和测量范围。各位置对应的测量方法和测量范围都标在模拟量模块上。设置量程卡时，根据要设置的量程，确定量程卡的位置，再按新的设置将量程卡插入到模拟量输入模块中，如图 1.43 中的步骤 1 和 2。

表 1.7　模拟量输入模块的量程卡默认设置

量程卡设置	测量方法	量　程
A	电压	±1 000 mV
B	电压	±10 V
C	4 线变送器电流	4～20 mA
D	2 线变送器电流	4～20 mA

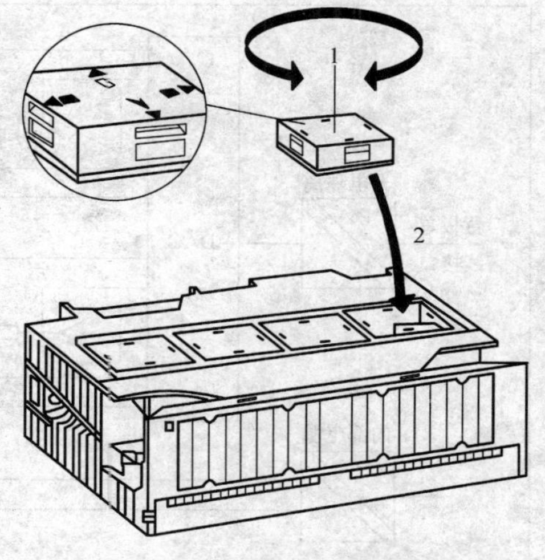

图 1.43　模拟量输入模块的量程卡

如果测量的信号不是标准的直流电流或直流电压信号，例如电动机组的电流、电压、有功功率和无功功率、功率因数等，便需要用变送器将传感器信号提供的电量或非电量转换为标准的直流电流或直流电压信号，例如 DC 0～10 V 和 DC 4～20 mA。

3. 模拟量输出模块 SM 332

模拟量输出(简称模出(AO))模块用于将 CPU 传送的数字信号转换为成比例的电流信号或电压信号，对执行机构进行调节或控制。模拟量输出模块 SM 332 有 3 种规格型号，即 4AO×12 位模块、2AO×12 位模块和 4AO×16 位模块，分别为 4 通道的 12 位模拟量输出模块、2 通道的 12 位模拟量输出模块、4 通道的 16 位模拟量输出模块。

SM 332 可以输出电压，也可以输出电流，其主要组成部分是 D/A 转换器，如图 1.44 所示。模拟量输出模拟为负载和执行器提供电流和电压，模拟信号应使用屏蔽电缆或双绞线电缆传送。QV 和 S_+ 、M_{ANA} 和 S_- 应分别经电缆线到达负载端后绞接在一起，且与负载相连，以减轻干扰的影响，并将电缆两端的屏蔽层接地。

4. 模拟量输入/输出模块 SM 334

模拟量输入/输出模块 SM 334 有两种规格：一种是有 4 模入/2 模出的模拟量模块，其输入、输出精度为 8 位；另一种是有 4 模入/2 模出的模拟量模块，其输入、输出精度为 12 位。SM 334 模块输入测量范围为 0～10 V 或 0～20 mA，输出范围为0～10 V 或 0～20 mA。它的 I/O 测量范围的选择是通过恰当的接线而不是通过组态软件编程设定的。

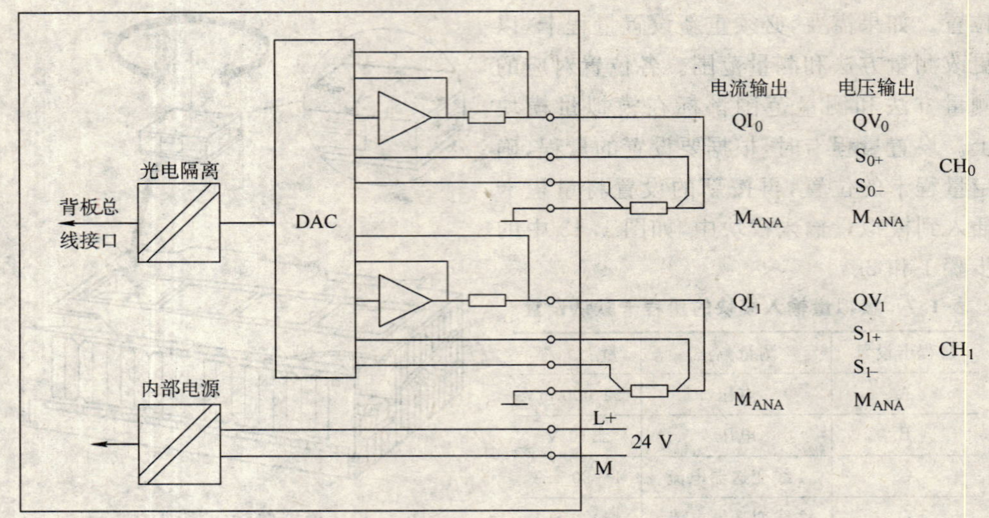

图 1.44 模拟量输出模块

三、任务解决方案

(一)硬件组态

参照任务二硬件组态的有关步骤,进行 S7－300 的硬件组态。模拟量的硬件组态步骤如下。

(1)双击“SM－300”,再双击“AI/AO－300”,接着双击“6ES7 334 -0CE01－0AA0”,将其拖到机架的第 4 个插槽,如图 1.45 所示,完成添加 SM 334 模块。

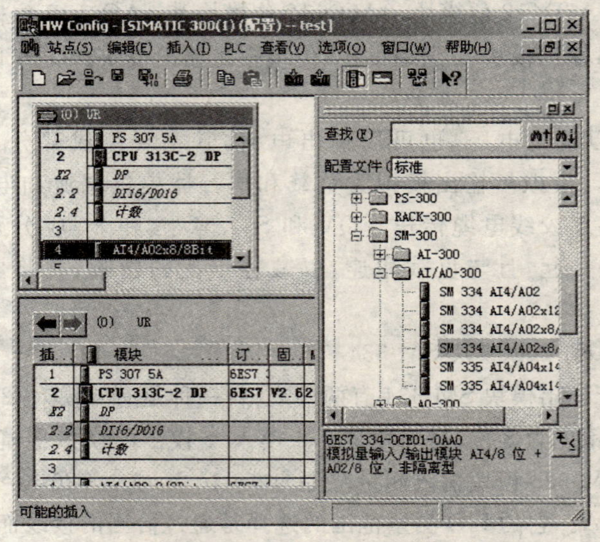

图 1.45 添加 SM 334 模块

(2)双击机架上的 AI4/AO2×8/8Bit 设备给 I/O 模块分配地址，其设置如图 1.46 所示。无特殊情况用系统自动分配的地址即可。

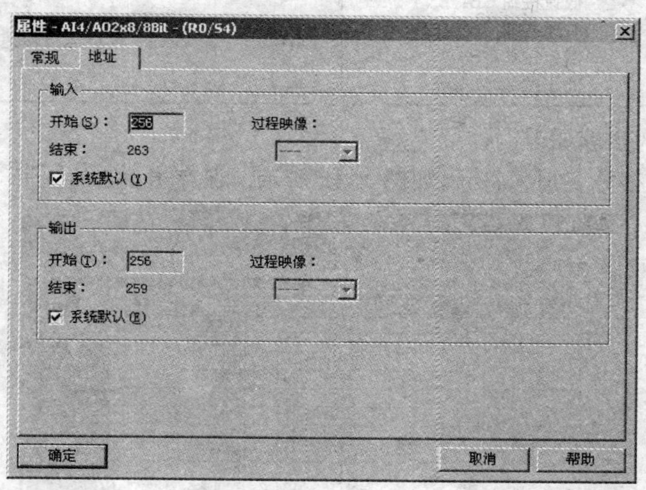

图 1.46　分配 I/O

(3)点击工具栏中的(Save and Compile)图标，存盘并编译硬件组态，完成硬件组态工作。

(4)点击(Download)图标，弹出“选择目标模块”窗口，点击“确定”按钮即可下载硬件组态，窗口如图 1.47 所示。

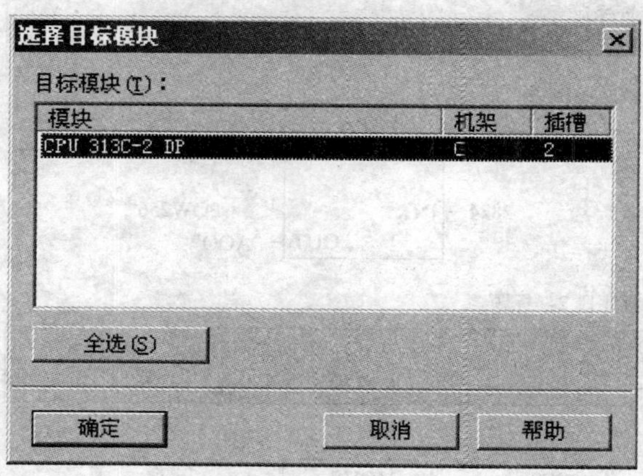

图 1.47　“选择目标模块”窗口

(二)程序设计

通过分析可知，系统的输入是低速、中速、高速 3 个启动按钮和 1 个停止按钮；系统的输出则是电机运行转速控制输出。I/O 地址分配如表 1.8 所示。

表 1.8 I/O 分配表

输入		输出	
I124.0	低速按钮 SB1	PQW256	电机运行转速控制输出
I124.1	中速按钮 SB2		
I124.2	高速按钮 SB3		
I124.3	停止按钮 SB4		

程序设计的步骤如下。

(1)在编辑符号表加入符号,如图 1.48 所示。保存退出。

	状态	符号	地址		数据类型	注释
1		AI0	PIW	256	WORD	
2		AI1	PIW	258	WORD	
3		AI2	PIW	260	WORD	
4		AI3	PIW	262	WORD	
5		AO0	PQW	256	WORD	
6		AO1	PQW	258	WORD	
7		SB1	I	124.0	BOOL	
8		SB2	I	124.1	BOOL	
9		SB3	I	124.2	BOOL	
10		SB4	I	124.3	BOOL	
11						

图 1.48 符号表

(2)点击 S7 程序下的“块”,右侧空白处出现块 OB1,双击 OB1 添加如图 1.49 所示程序段,保存后点击图标即可。

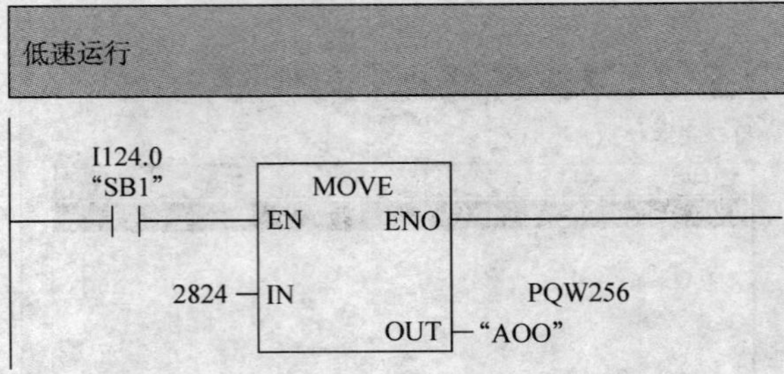

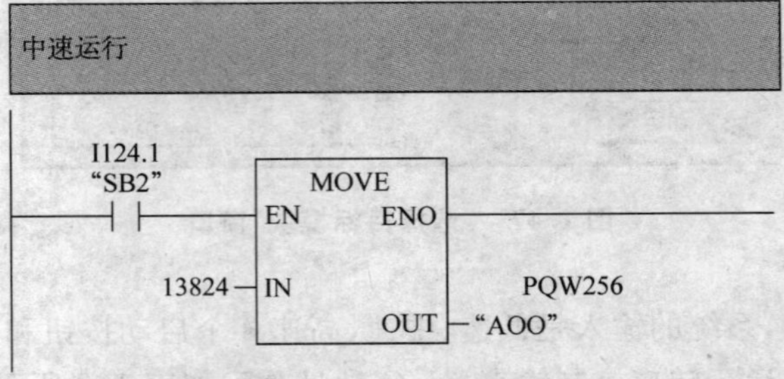

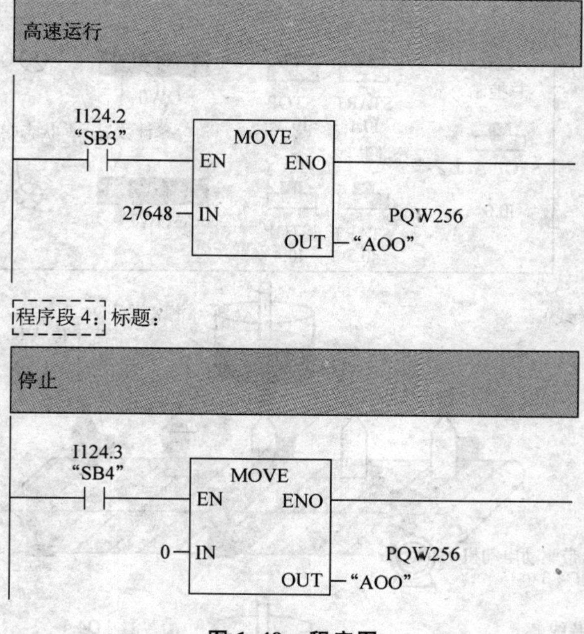

图 1.49　程序图

任务四　饮料灌装线控制

一、任务提出

现设计一个饮料灌装线的控制系统。系统中有两条饮料灌装线和一个操作员面板，控制系统结构示意图如图 1.50 所示。每一部分控制要求如下。

(1)在每一条灌装线上，有一个电机驱动传送带。两个瓶子检测传感器能够检测瓶子经过，并产生电平信号。传送带中部上方有一个可控制的灌装漏斗，打开时即开始灌装。当传送带中部的传感器检测到瓶子经过时，传送带停止，灌装漏斗打开，开始灌装。1 号线灌装时间为 3 s(小瓶)，2 号线灌装时间为 5 s(大瓶)，灌装完毕后，传送带继续运行。位于传送带末端的传感器对灌装完毕的瓶子进行计数。

(2)控制面板部分有 4 个点动式按钮，分别控制每条灌装线的启动和停止。一个总控制按钮，可以停止所有生产线。两个状态指示灯分别表示两条生产线的运行状态。两个数码管显示器显示每条灌装线已灌满瓶子的数目。

二、相关知识

1. 定时器指令

定时器相当于继电器电路中的时间继电器。在 S7 系统 CPU 的存储器中留出了

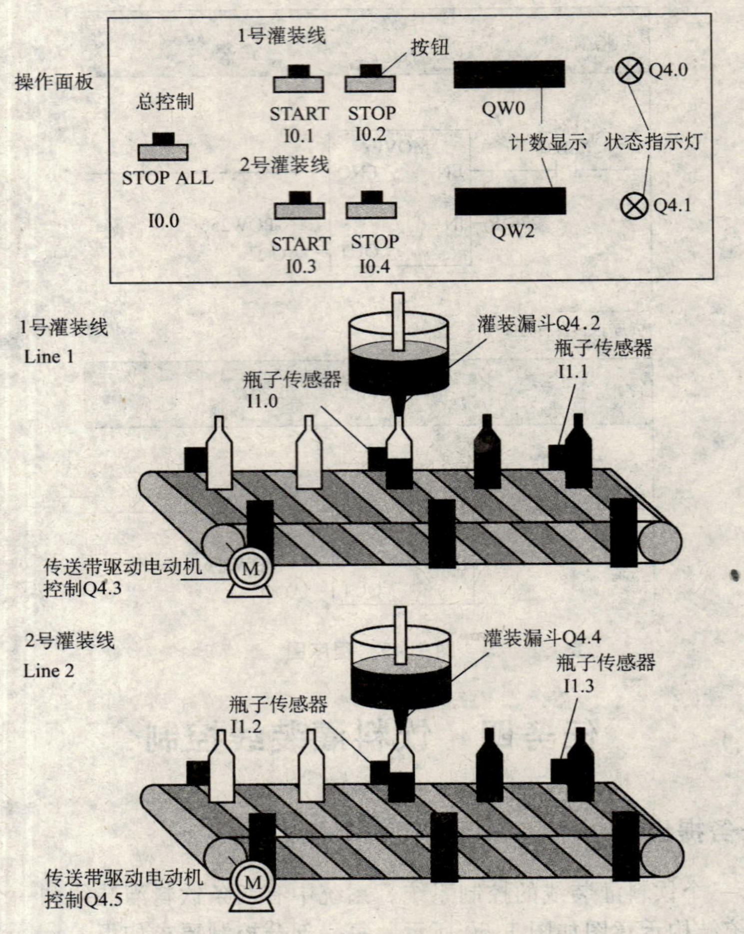

图 1.50　饮料灌装控制系统结构示意图

定时器存储区域，用于存储定时器的定时时间值。每个定时器有一个 16 位的定时器字和一个二进制的位，定时器的字用来存放当时的定时时间值，定时器触点的状态由其位的状态决定，用定时器地址（T 和定时器号）存取定时器的时间值和定时器位，带位操作数的指令存取定时器位，带字操作数的指令存取定时器的时间值。在 S7－300 中，最多允许使用 256 个定时器。

S7 系统中定时时间由时基和定时值两部分组成。定时器的第 0 位到第 11 位存放二进制格式的定时值，定时值由 3 位 BCD 码（0～999）表示，第 12、13 位存放二进制格式的时基，如图 1.51 所示。定时时间等于时基与定时值的乘积。

时基与定时范围如表 1.9 所示。时基反映定时器的分辨率。时基越小分辨率越高，可定时的时间越短；时基越大分辨率越低，可定时的时间越长。

可以按下列形式将时间预置值装入累加器的低位字。

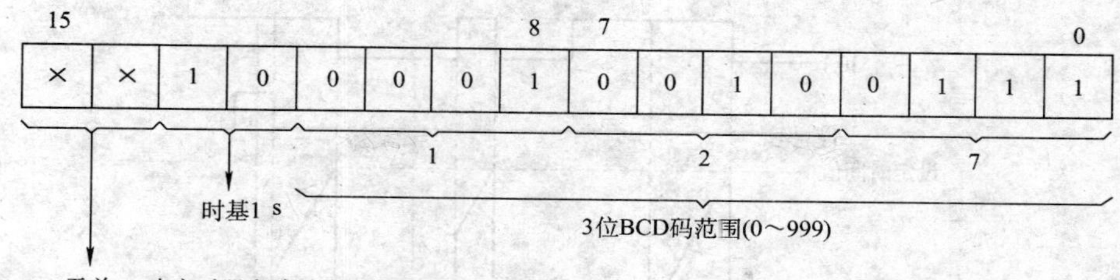

图 1.51　定时器字

表 1.9　时基与定时范围

时基	时基的二进制代码	分辨率	定　时　范　围
10 ms	0　0	0.01 s	10 ms 至 9s _990 ms
100 ms	0　1	0.1 s	100 ms 至 1 min_39s_900 ms
1 s	1　0	1 s	1 s 至 16 min_39 s
10 s	1　1	10 s	10 s 至 2 h_46 min_30 s

L　W＃16＃wxyz

其中，w 为时基，取值为 0、1、2 或 3，分别表示时基为 10 ms、100 ms、1 s 或 10 s；xyz 为定时值，取值范围为 1～999。

也可直接使用 S5 中的时间表示法装入定时数值：

L　S5T＃aH_bbM_ccS_dddMS

其中，a 为小时，bb 为分钟，cc 为秒，ddd 为毫秒，时基是自动选择的，原则是能满足定时范围要求的最小时基。

SIEMENS S7－300/400 系列 PLC 共有 5 种定时器指令，它们是 S_PULSE(脉冲定时器)、S_PEXT(扩展脉冲定时器)、S_ODT(接通延时定时器)、S_ODTS(保持型接通延时定时器)和 S_OFFDT(断电延时定时器)。以下分别说明这 5 种定时器指令的区别。

1)S_PULSE(脉冲定时器)

在图 1.52 所示定时器的指令框中，S 为脉冲定时器的设置输入端，TV 为预置值输入端，R 为复位输入端，Q 为定时器位输出端，BI 输出十六进制格式的当前值，BCD 输出当前时间值的 BCD 码。

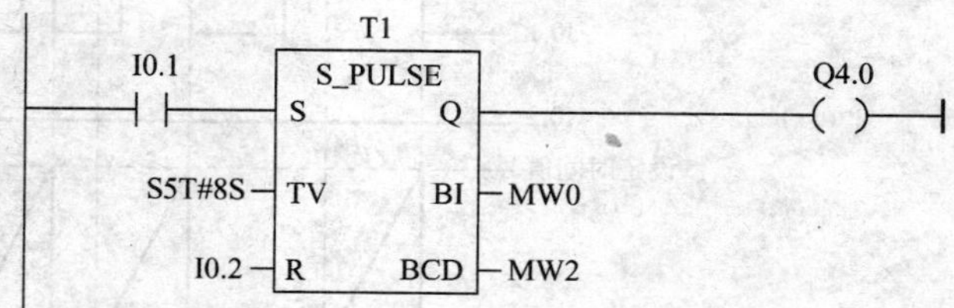

图 1.52　脉冲定时器示例程序

其工作特点为：输入 I0.1 为 1，定时器开始计时，定时位 T1 为 1；计时时间到，定时器停止工作，定时位为 0。如在定时时间未到时，输入变为 0，则定时器停止工作，定时器位变为 0。本定时器时序图如图 1.53 所示。

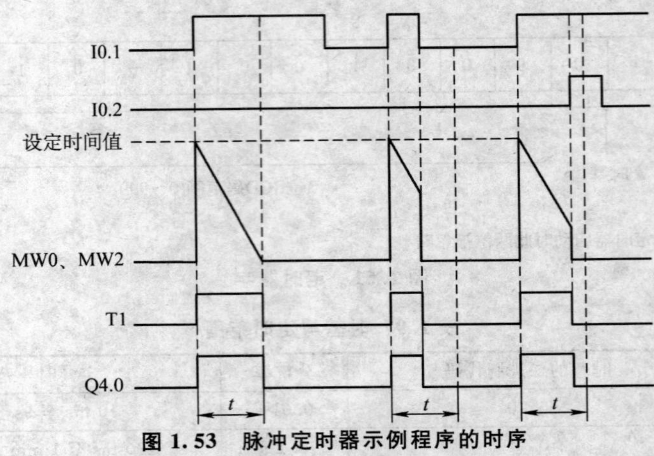

图 1.53　脉冲定时器示例程序的时序

2)S_PEXT(扩展脉冲定时器)

S5 扩展脉冲定时器如图 1.54 所示。该定时器各输入输出端的意义与脉冲定时器相同。

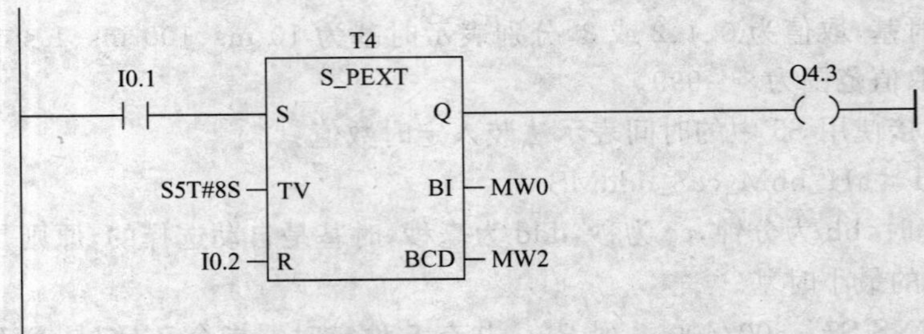

图 1.54　扩展脉冲定时器示例程序

其工作特点为:输入 I0.1 从 0→1 时,定时器开始工作计时,定时器位为 1;定时时间到,定时器位为 0。在定时过程中,输入信号断开不影响定时器的计时(定时器继续计时)。本定时器时序图如图 1.55 所示。

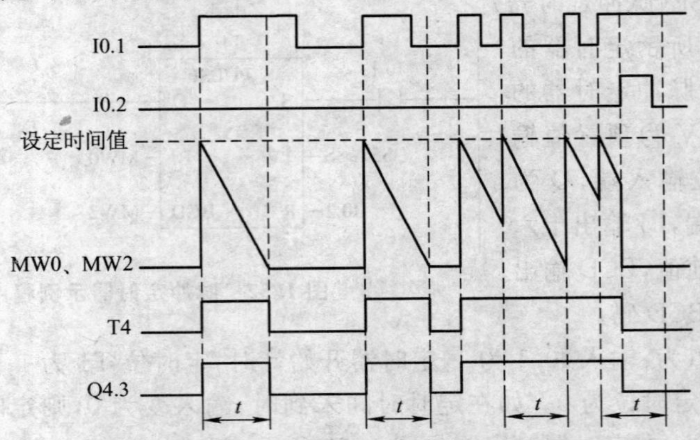

图 1.55　扩展脉冲定时器示例程序的时序

3)S_ODT(接通延时定时器)

接通延时定时器是使用得最多的定时器,示例程序如图 1.56 所示。该定时器各输入端和输出端的意义与脉冲定时器相同。

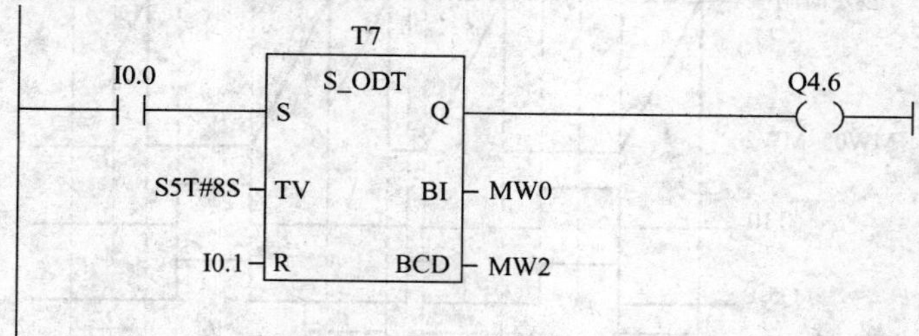

图 1.56　接通延时定时器示例程序

其工作特点为:输入信号为 1,定时器开始计时(定时器位为 0);计时时间到,定时器位为 1。计时时间到后,若输入信号断开,则定时器位变为 0。如在计时时间未到时,输入信号变为 0,则定时器停止计时。本定时器时序图如图 1.57 所示。

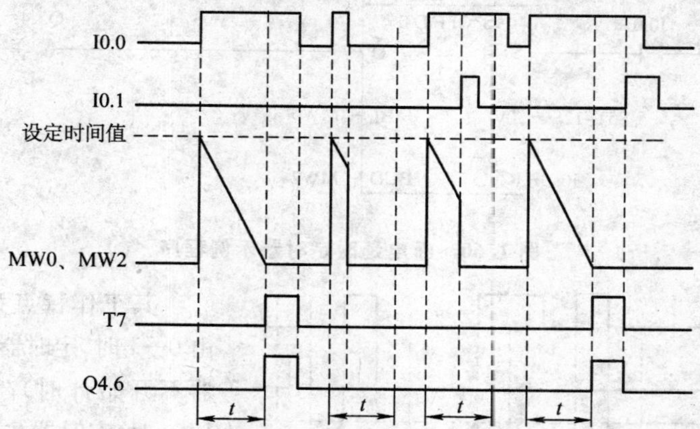

图 1.57　接通延时定时器示例程序的时序

4)S_ODTS(保持型接通延时定时器)

本定时器各输入端和输出端的意义与接通延时定时器相同,示例程序如图 1.58 所示。

其工作特点为:输入信号为 1,定时器开始工作并计时,计时时间到,定时器位为 1。输入信号只起一个触发定时器工作的作用,在计时过程中输入信号断开不影响定时器计时和定时器位。定时器位只有使用复位指令才能变为 0 并触发下一个定时器定时工作。本定时器时序图如图 1.59 所示。

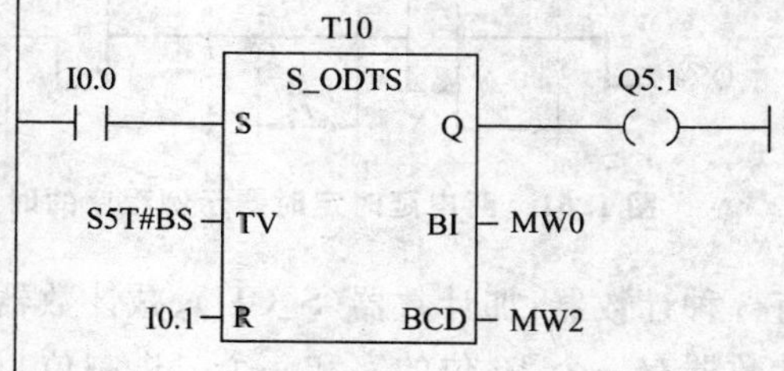

图 1.58　保持型接通延时定时器示例程序

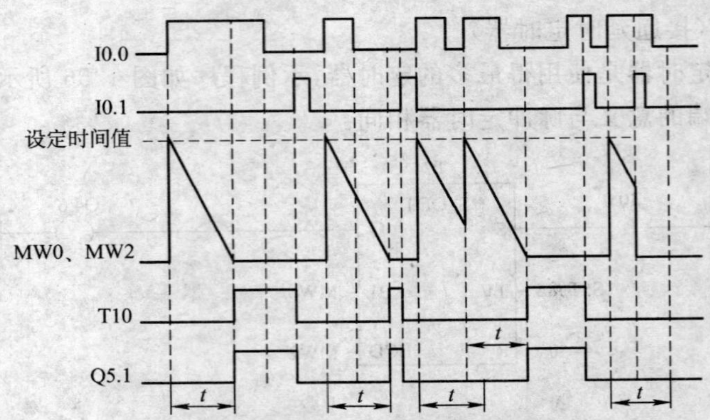

图 1.59　保持型接通延时定时器示例程序的时序

5)S_OFFDT(断电延时定时器)

本定时器各输入输出端的意义与脉冲延时定时器相同,示例程序如图 1.60 所示。

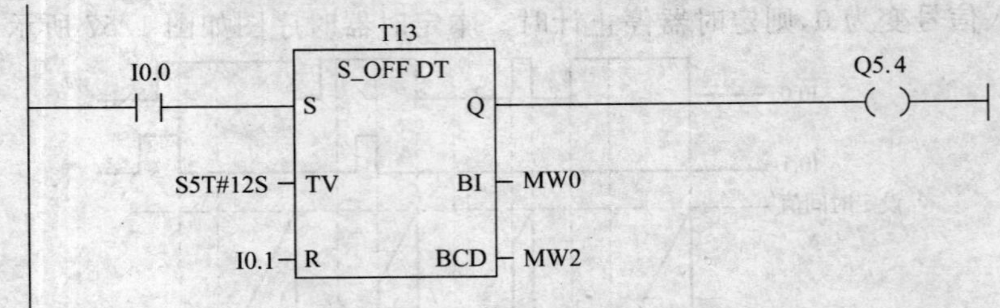

图 1.60　断电延时定时器示例程序

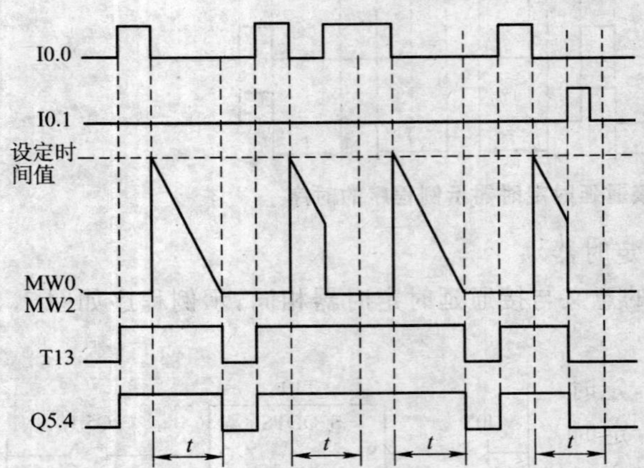

图 1.61　断电延时定时器示例程序的时序

其工作特点为:当输入信号由 0→1 时,定时器位为 1(但定时器不开始计时);当输入信号由 1→0 时,定时器才开始计时,计时时间到,定时器位变为 0。在计时过程中,当输入信号由 0→1 时,将复位定时器;当输入信号由 1→0 时,重新开始计时。本定时器时序图如图 1.61 所示。

2. 计数器指令

S7 - 300 为计数器保留了一片计数器存储区。S7 - 300 有 3 种计数器:加计数器(S_CU)、减计数器 (S_CD)和加减计数器(S_CUD)。每个计数器有一个 16 位的字和一个二进制位,计数器的字用来存放它的当前计数值,计数器触点的状态由其位的状态决定。只有计数器指令能访问计数器存储区,用计数器地址(计数器和计数器号)存取当前计数值和计数器位。

计数器字的第 0～11 位表示计数值的 BCD 码,计数范围是 0～999,图 1.62 所示计数值为 127。

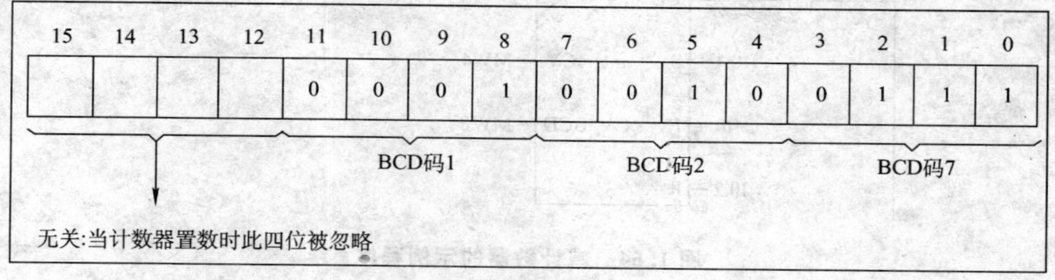

图 1.62　计数器字

1)加计数器(S_CU)

在图 1.63 所示的计数器的指令框中,CU 为计数脉冲输入端,S 为计数设置输入端,PV 为预置值输入端,R 为复位输入端,Q 为计数器位输出端,CV 输出十六进制格式的当前计数值,CV_BCD 输出当前计数值的 BCD 码。

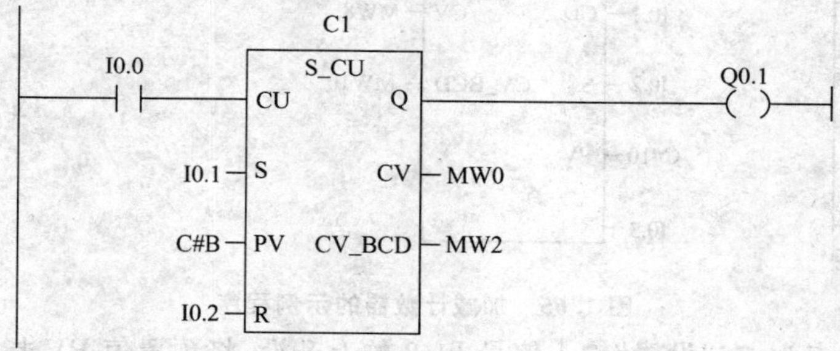

图 1.63　加计数器的示例程序

其工作特点为:在“设置”输入信号 I0.1 的上升沿,将预置值 PV 指定的值 8 送入计数器字。在计数脉冲 I0.0 的上升沿,如果计数值小于 999,计数值加 1。复位输入端 I0.2 为 1 时,计数器被复位,计数值被清为 0。只要计数器 C1 的计数值不为 0,则输出 Q0.1 就为 1。

2)减计数器(S _ CD)

在图 1.64 所示的计数器的指令框中,CD 为计数脉冲输入端,S 为计数设置输入端,PV 为预置值输入端,R 为复位输入端,Q 为计数器位输出端,CV 输出十六进制格式的当前计数值,CV_BCD 输出当前计数值的 BCD 码。

其工作特点为:在“设置”输入信号 I0.1 的上升沿,将预置值 PV 指定的值 10 送入计数器字。在计数脉冲 I0.0 的上升沿,如果计数值大于 0,计数值减 1。复位输入端 I0.2 为 1 时,计数器被复位,计数值被清为 0。只要计数器 C2 的计数值不为 0,则输出 Q0.2 就为 1。

3)加减计数器(S_CUD)

在图 1.65 所示的计数器的指令框中,CU 为加计数脉冲输入端,CD 为减计数脉冲输

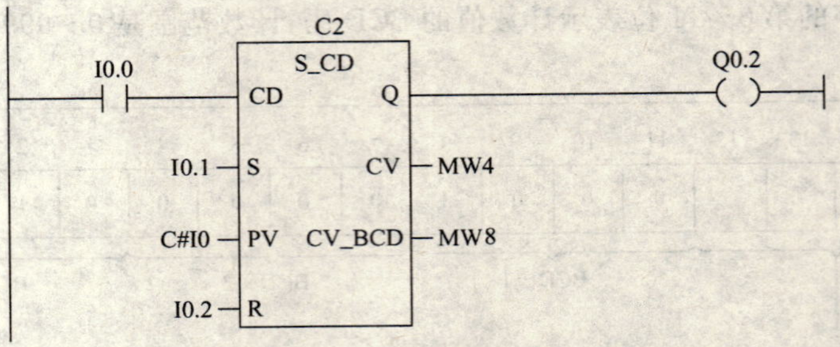

图 1.64　减计数器的示例程序

入端,S 为计数设置输入端,PV 为预置值输入端,R 为复位输入端,Q 为计数器位输出端,CV 输出十六进制格式的当前计数值,CV_BCD 输出当前计数值的 BCD 码。

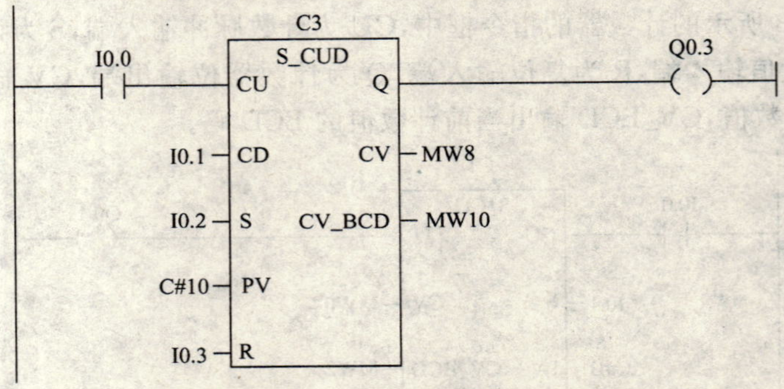

图 1.65　加减计数器的示例程序

其工作特点为:在“设置”输入信号 I0.2 的上升沿,将预置值 PV 指定的值 10 送入计数器字。在加计数脉冲 I0.0 的上升沿,如果计数值小于 999,计数值加 1;在减计数脉冲 I0.1 的上升沿,如果计数值大于 0,计数值减 1。复位输入端 I0.3 为 1 时,计数器被复位,计数值被清为 0。只要计数器 C3 的计数值不为 0,则输出 Q0.3 就为 1。

三、任务解决方案

(一)硬件组态

参照任务二硬件组态的有关步骤,进行 S7-300 的硬件组态。

(二)程序设计

根据任务描述,可以将控制系统功能划分为两个子功能:

(1)启停操作控制,负责将用户操作面板的输入信号逻辑转换为灌装线的启停信号;

(2)灌装线控制,负责处理灌装定时和满瓶计数,为灌装线传送带电机和灌装漏斗提供控制信号,向数码管提供 BCD 码计数值。

第一个子功能由 FC1 实现,第二个子功能由 FB1 实现,两条灌装线的定时时间分别保存在两个背景数据块 DB1 和 DB2 中。

1. 新建项目

在 STEP7 中建立一个名为 ylgzh 的项目，通过菜单插入一个 S7 系统程序，如图 1.66所示。

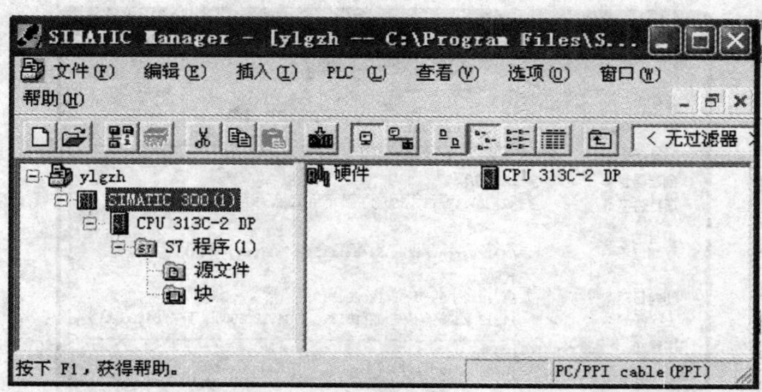

图 1.66　新建 S7 系统程序

2. 编辑符号表

在“S7 程序(1)”目录下，双击“符号”图标，打开符号表，对其进行编辑并保存，如图 1.67 所示。

符号编辑器 - [S7 程序(1) (符号) -- ylgzh\SIMA...

符号表(S)　编辑(E)　插入(I)　查看(V)　选项(O)　窗口(W)　帮助(H)

全部符号

	状态	符号	地址		数据类型	注释
1		cntr_1	C	1	COUNTER	
2		cntr_2	C	2	COUNTER	
3		display_1	QW	0	WORD	
4		display_2	QW	2	WORD	
5		fill_1	Q	...	BOOL	
6		fill_2	Q	...	BOOL	
7		filling_status_1	M	...	BOOL	
8		filling_status_2	M	...	BOOL	
9		line_1_status	Q	...	BOOL	
10		line_2_status	Q	...	BOOL	
11		motor_1	Q	...	BOOL	
12		motor_2	Q	...	BOOL	
13		sensor_fill_1	I	...	BOOL	
14		sensor_fill_2	I	...	BOOL	
15		sensor_full_1	I	...	BOOL	
16		sensor_full_2	I	...	BOOL	
17		start_l1	I	...	BOOL	
18		start_l2	I	...	BOOL	
19		stop_all	I	...	BOOL	
20		stop_l1	I	...	BOOL	
21		stop_l2	I	...	BOOL	
22		tmr_1	T	1	TIMER	
23		tmr_2	T	2	TIMER	
24						

按下 F1 获取帮助。

图 1.67　编辑符号表

3. 编辑 FC1

在“S7 程序(1)”目录下的“块”中单击右键，插入功能并命名为 FC1，如图 1.68 所示。

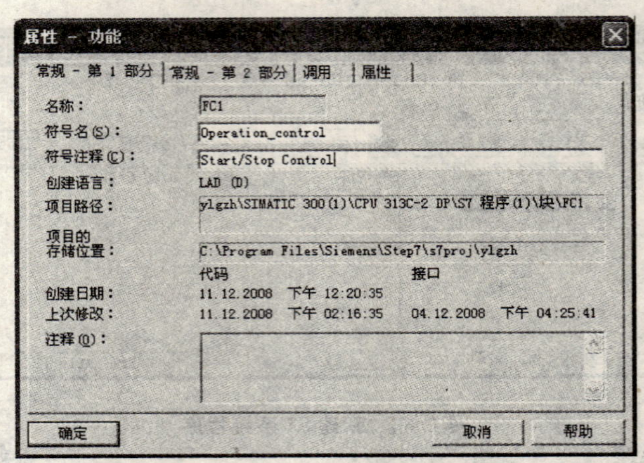

图 1.68 插入 FC1

FC1 的参数及程序如图 1.69～图 1.72 所示。

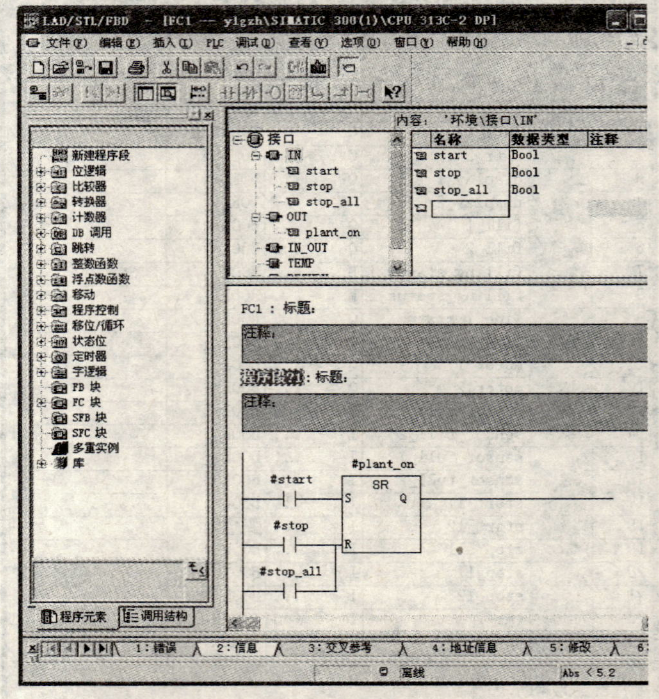

图 1.69 FC1 程序

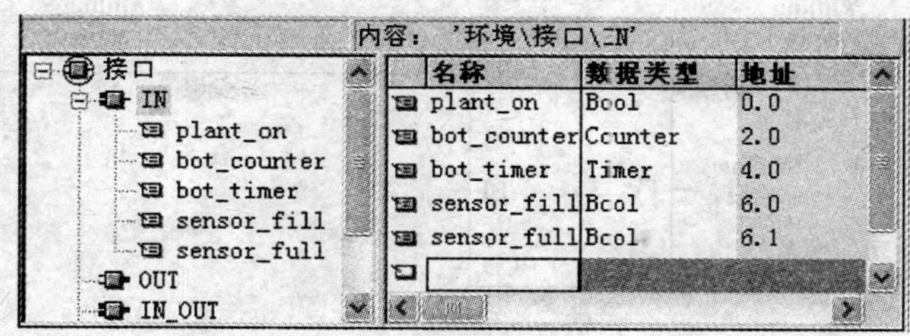

图 1.70　IN 参数

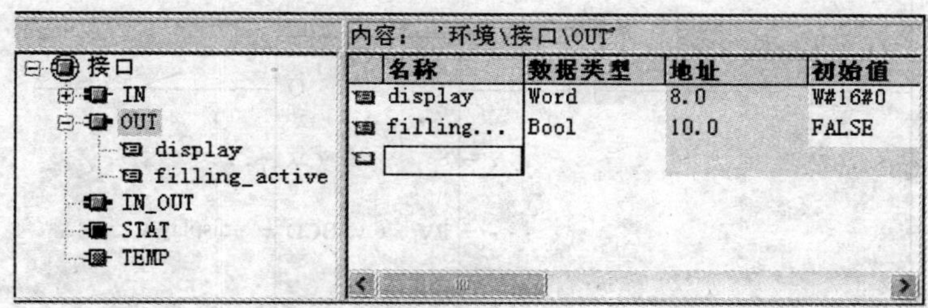

图 1.71　OUT 参数

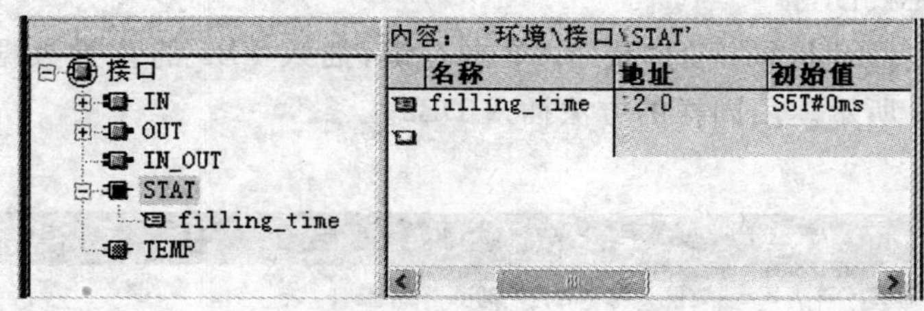

图 1.72　STAT 参数

4. 编辑 FB1

用同样的方法插入 FB1 并编辑，如图 1.73 所示。

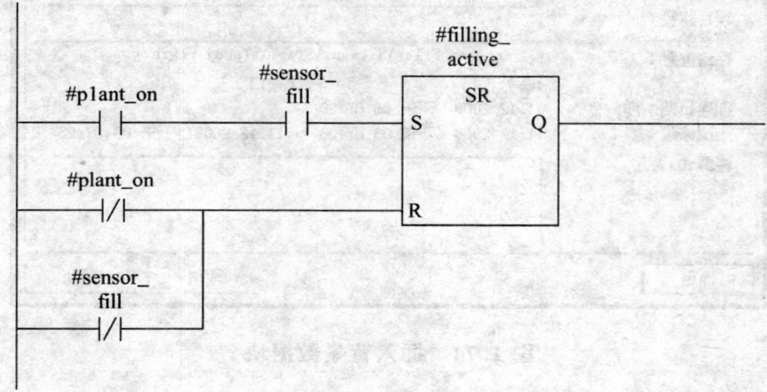

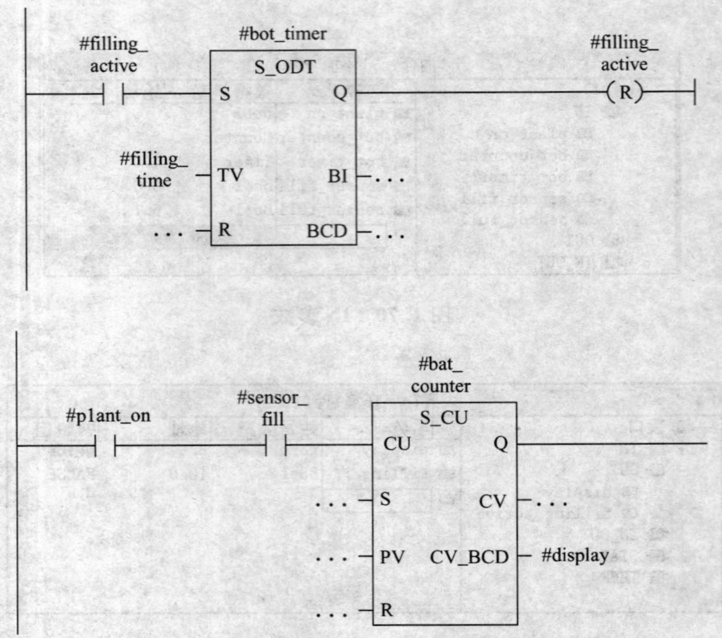

图 1.73　FB1 程序

5. 编辑 DB1、DB2

在"S7 程序(1)"目录下的"块"中单击右键，插入 FB1 的背景数据块并命名为 DB1，如图 1.74 所示。用同样的方法插入 DB2。

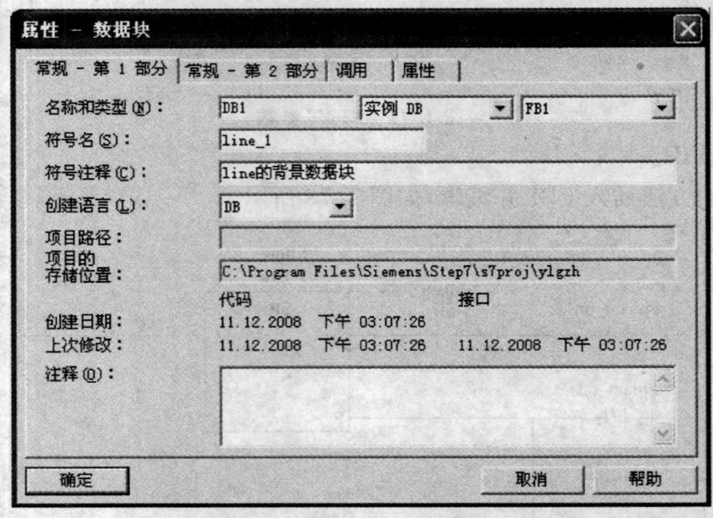

图 1.74　插入背景数据块

双击打开 DB1 并编辑。DB 编辑器分为“数据视图”和“说明视图”。在“说明视图”下，只能看到 DB 的数据定义，在“数据视图”下，还可以对值进行修改。通过“查看”菜单可以在两种视图间切换。DB1 和 DB2 的设置如图 1.75 所示。

DB 参数 - DB1

数据块(A) 编辑(E) PLC(P) 调试(D) 查看(V) 窗口(W) 帮助(H)

DB1 -- ylgzh\SIMATIC 300(1)\CPU 313C-2 DP

	地址	声明	名称	类型	初始值	实际值
1	0.0	in	plant_on	BOOL	FALSE	FALSE
2	2.0	in	bot_cou...	COUNTER	Z 0	Z 0
3	4.0	in	bot_timer	TIMER	T 0	T 0
4	6.0	in	sensor_...	BOOL	FALSE	FALSE
5	6.1	in	sensor_...	BOOL	FALSE	FALSE
6	8.0	out	display	WORD	W#16#0	W#16#0
7	10.0	out	filling...	BOOL	FALSE	FALSE
8	12.0	stat	filling...	S5TIME	S5T#0MS	S5T#0MS

离线

图 1.75　对 DB1 进行编辑

6. 编辑 OB1

双击打开 OB1 并编辑，OB1 的程序如图 1.76 所示。

OB1:′Main Program Sweep(Cycle)′

程序段 1:1 号线的启停控制

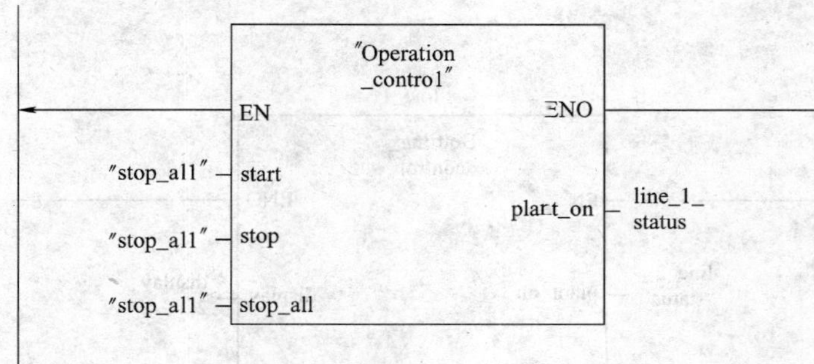

程序段 2:2 号线的启停控制

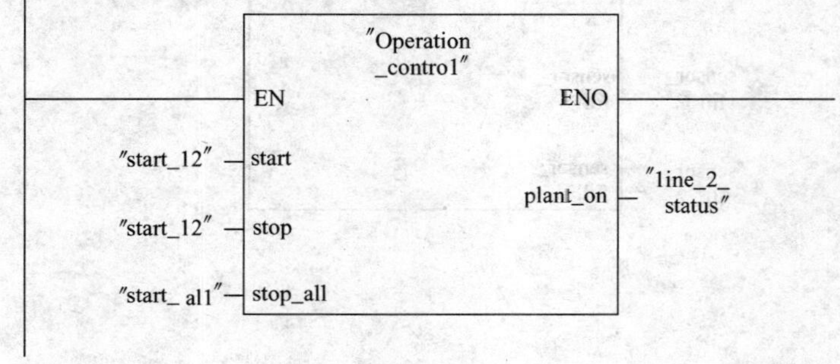

程序段 3:1 号线的灌装控制

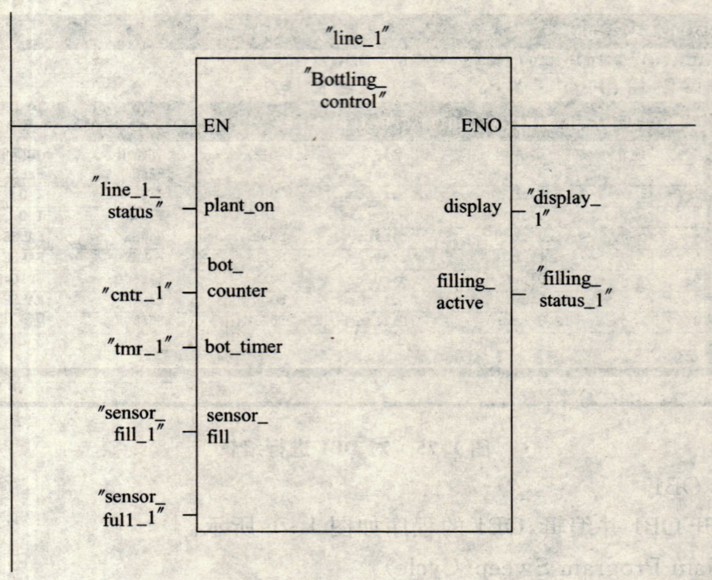

程序段 4:2 号线的灌装控制

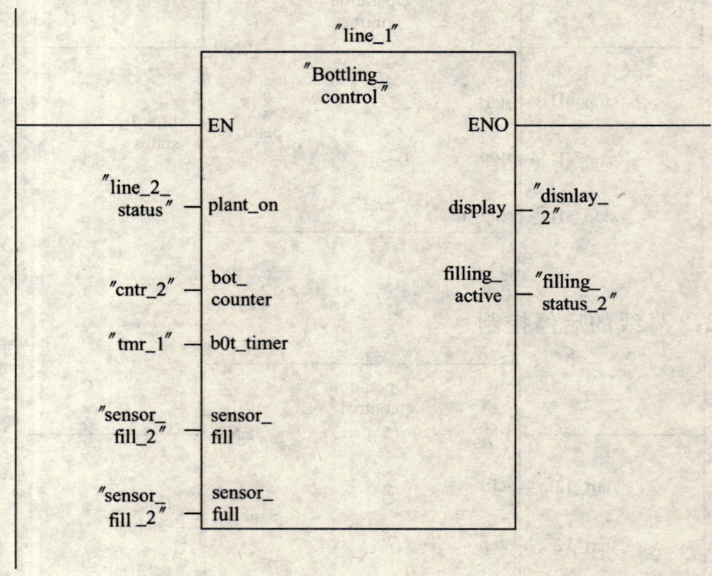

程序段 5:1 号线输出控制

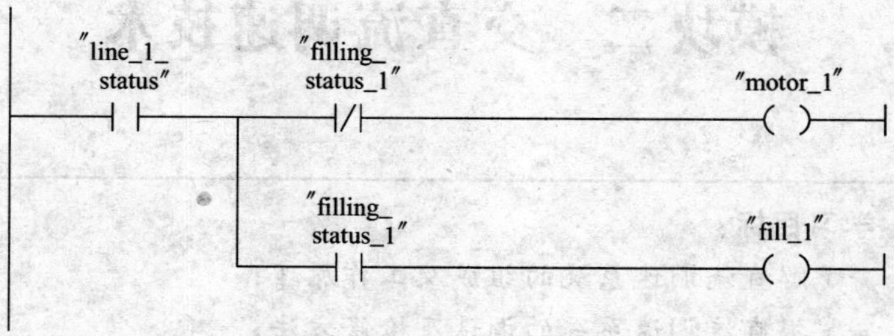

程序段 6:2 号线输出控制

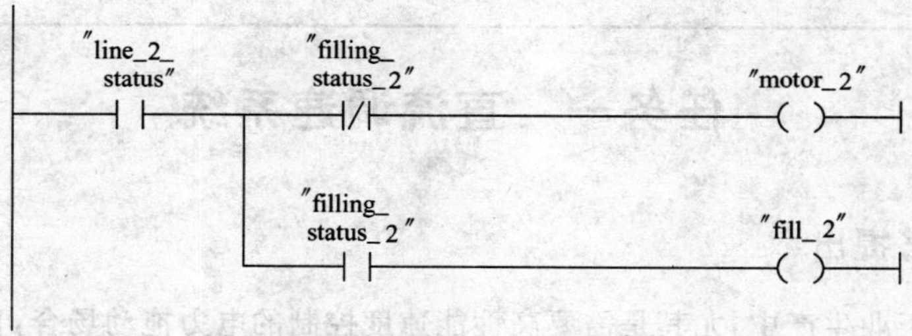

图 1.76　OB1 程序

模块二　交直流调速技术

学习目标：

➢了解直流调速系统的组成及工作原理；

➢掌握直流调速系统的调试及检修方法；

➢掌握西门子 MM440 变频器的面板及外部信号操作方式；

➢学会用西门子 MM440 DP 总线方式实现风机控制。

任务一　直流调速系统

一、任务提出

在现代工业生产中，尤其是需要高性能速度控制的电力拖动场合，直流调速系统发挥着极为重要的作用。高精度金属切削机床、大型起重设备、轧钢机、矿井卷扬机、城市电车等领域都广泛采用直流电动机拖动。特别是晶闸管-直流电动机拖动系统，具有自动化程度高、控制性能好、启动转矩大，易于实现无级调速等优点而被广泛应用。鉴于直流电动机具有良好的启动和制动性能，易于在大范围内平滑调速，所以直流调速系统，特别是晶闸管-直流电动机调速系统，在现代生活中得到了广泛应用。因此，晶闸管-直流电动机调速系统的维修是高级维修电工必修技术，本任务从一个实例讲解晶闸管全控桥直流调速（调压）系统维修技术的应用与维修。

教学设备和资料：维修电工常用工具，万用表，双踪示波器，DSC－32 型直流调速柜实验装置使用说明书。

二、相关知识

（一）DSC－32 型晶闸管直流调速（调压）装置的结构组成

1. 电路组成

晶闸管直流调速（调压）装置作为直流电动机可调电源，可对其电枢供电，也可作为可调直流电源使用。其主电路采用三相全控桥式整流电路，交流电流互感器检测负载电流。由整流变压器、给定环节、给定积分放大器、零速封锁电路、集成脉冲触发器、电流截止负反馈、电压负反馈、滤波型调节器、电压隔离电路、过流保护电路、缺相保护电路和继电控制电路组成自动稳压的无级调速系统，并设有保护报警电路。独立的励磁电源向直流电动机提供励磁电流。

2. 结构组成

晶闸管直流调速(调压)装置采用功能模块化设计,呈立柜式结构。柜内最下层安装整流变压器;前面上半部分装有电源板、调节板、触发板和隔离板,见附图二～附图七;下半部分装有继电线路和保护线路配电盘,见附图一;柜内后面装有晶闸管门极电路、保护电路、电流截止信号取样电路和电压反馈信号取样电路,见附图一;晶闸管安装在前后板之间;指示器件和操作器件安装在左前门上部。

设备内装有保护报警电路,当快速熔断器熔断,直流输出过流或短路,保护电路发出指令,自动切除主电路电源,同时故障指示灯亮,直至操作人员切断控制装置电源,故障指示灯才可熄灭。保护电路的设置提高了设备运行的安全性。

本装置线路系统方框图如图 2.1 所示。线路各部分原理将在以后的学习中逐步介绍。

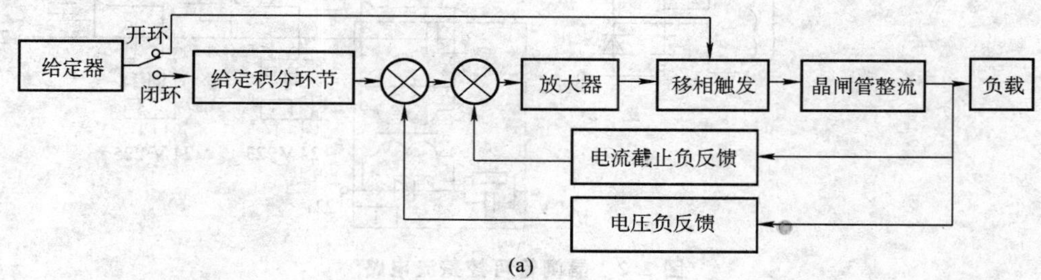

(a)

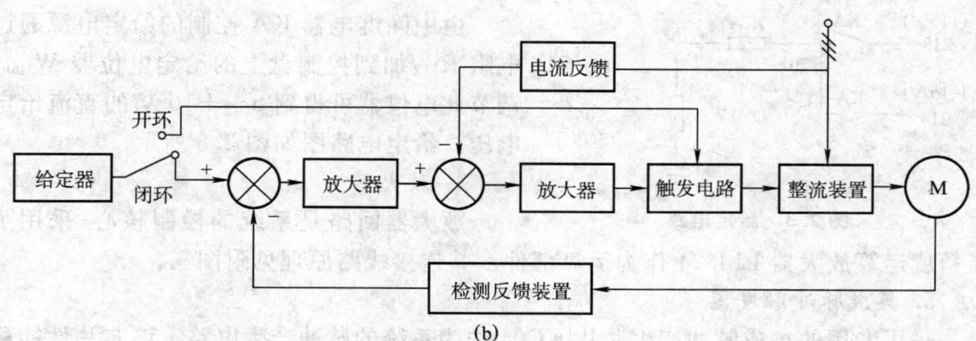

(b)

图 2.1　DSC-5 直流调速装置系统方框图

(a)单闭环系统;(b)双闭环系统

(二)电路各元部件的作用

1. 整流变压器

整流变压器用于电源电压的变换。为了减少对电网波形的影响,整流变压器采用 Δ/Y_0—11 连接方式。

2. 晶闸管可控整流部分

主电路采用三相桥式整流电路,三相交流电经交流接触器 KM 引至整流变压器 B1 原边,经电压变换后经快速熔断器 RSO 引至三相桥式可控整流电路,经整流输出直流电,向被控电动机电枢馈送电能。通过控制晶闸管整流元件的导通角度,即可调节整流电路的输出直流电压。晶闸管可控整流电路如图 2.2 所示。

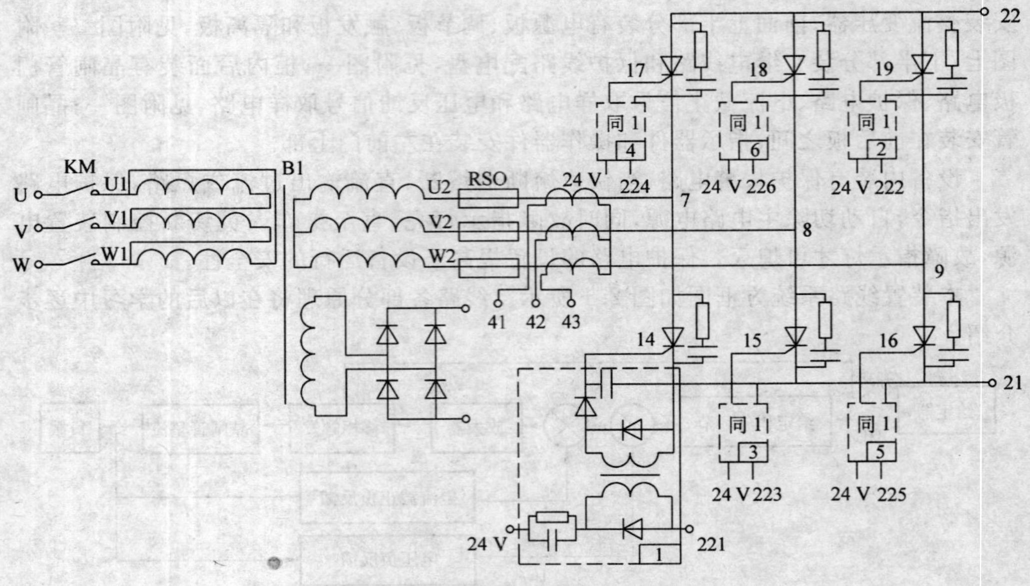

图 2.2 晶闸管可控整流电路

3. 给定环节

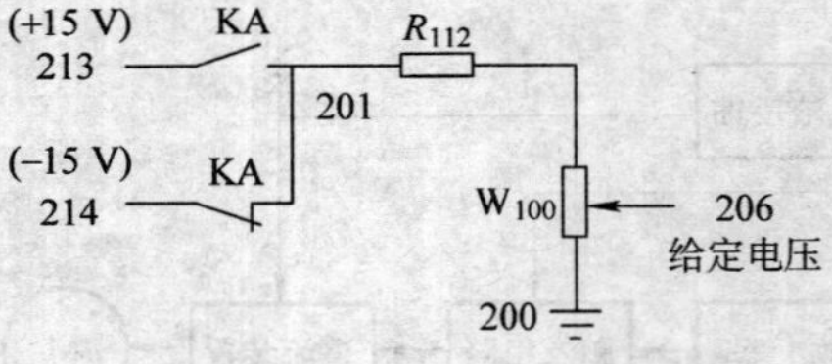

图 2.3 给定电路

由中间继电器 KA 控制的给定电源通过电阻 R_{112} 加到控制盘上的给定电位器 W_{100}，调节此电位器可得到 0～+10 V 的直流给定电压。给定电路图如图 2.3 所示。

4. 放大器

放大器回路是系统的控制核心，采用了高精度运算放大器 LM324 作为运算部件。其连接线路原理见附图三。

5. 集成脉冲触发器

采用专用的集成脉冲产生芯片 KC04 作为系统的脉冲产生电路。该芯片性能稳定可靠、移相范围宽、外围控制元件简单，是目前国内采用较多的晶闸管触发电路。集成脉冲触发器线路原理见附图四。

6. 电压负反馈

电压、电流反馈量均采用并联反馈方式。从晶闸管输出端按一定比例反馈过来的直流电压，经电压隔离器隔离后加到调节放大单元。由于给定电压与反馈电压是反极性连接，所以构成电压负反馈，加到运算放大器输入端的电压为给定电压与反馈电压的差值 ΔU，其值经 PI 调节运算后，加到触发器的输入端作为触发器的控制电压。电压负反馈线路原理如图 2.4 所示。

7. 电压隔离器

电压隔离器线路原理如图 2.5 所示。

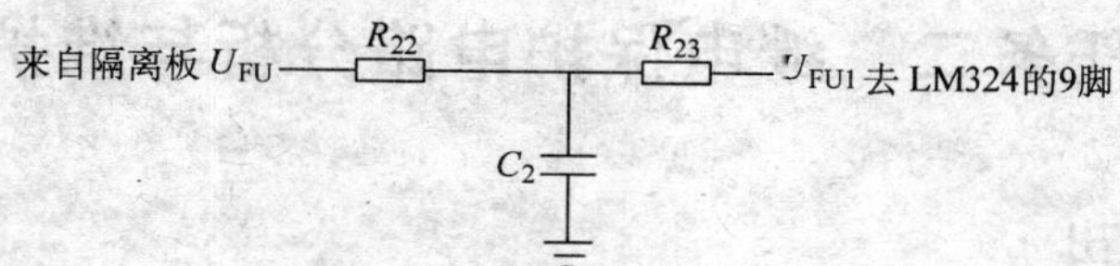

图 2.4　电压负反馈线路

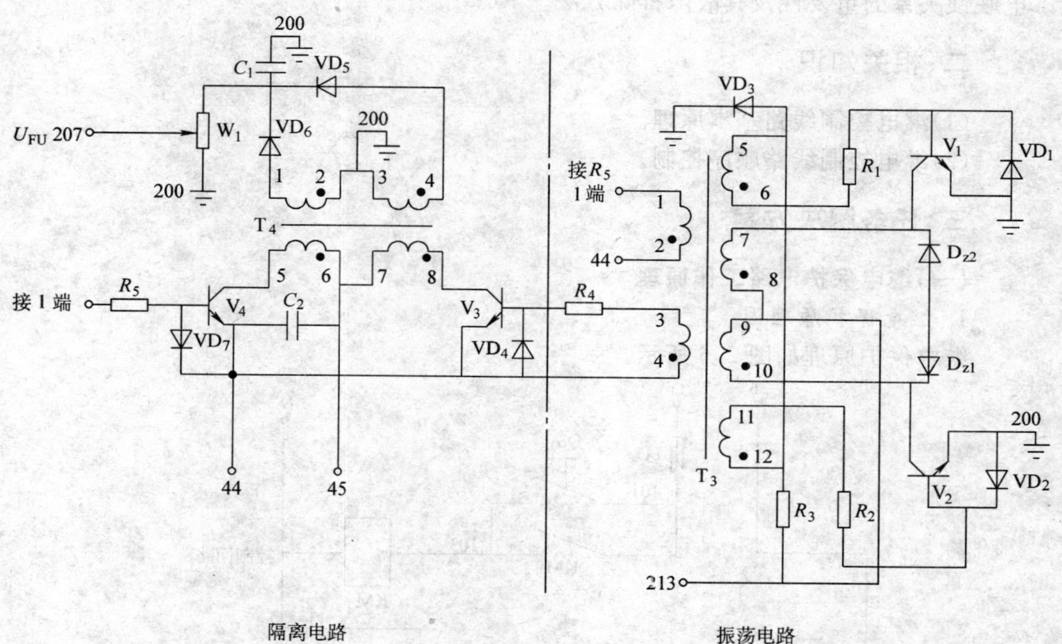

图 2.5　电压隔离器线路原理

通过电压隔离器将取自主回路的电压反馈信号(44# ～45#)变换、隔离后，作为电压负反馈的输入信号。由于隔离器的隔离作用，控制系统与高电压的主电路不发生直接的电联系，因此设备工作安全可靠。

8. *保护系统*

本装置在整流桥输入侧及整流桥各元件上安设了阻容吸收回路，防止整流元件因瞬时过电压而击穿。在整流桥输入侧安设了快速熔断器，以对各整流元件进行过电压保护。此外，设备还设有信号保护系统。

9. *励磁电源*

由整流变压器 T_1 副边输出交流 245 V 电压，经单相桥式整流电路后变为 220 V 直流电，作为直流电机的励磁电源。

以下对直流调速系统出现的各种电气故障进行维修。

任务二　继电保护电路分析与维护

一、任务提出

本任务学习 DSC－32 型直流调速（调压）系统继电保护电路的工作原理，电气继电联锁关系的重要性及其故障排除方法。

二、相关知识

(1)继电控制线路基本原理。

(2)继电控制线路顺序控制。

三、任务解决方案

(一)继电保护电路工作原理

1. 继电保护原理图

继电保护原理如图 2.6 所示。

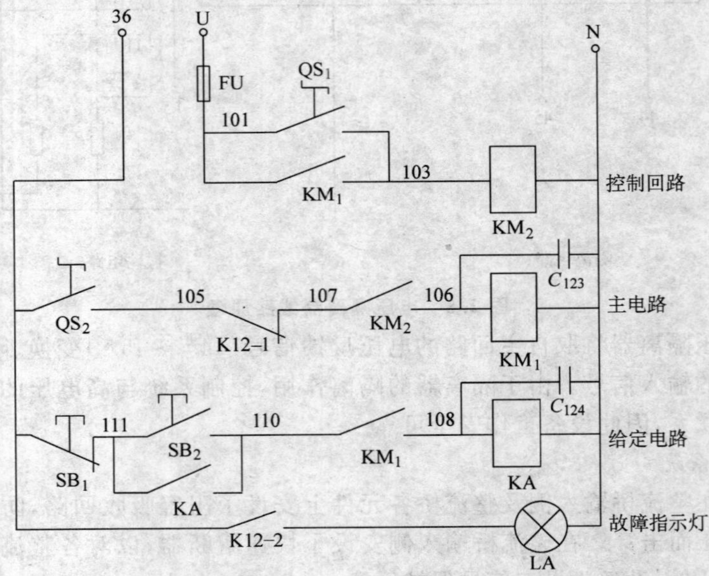

图 2.6　继电保护原理

2. 工作原理分析及正确操作顺序

1)启动的正确操作顺序

(1)闭合 QS_1（本身带自锁），KM_2 线圈得电，主触头闭合，将 U、V、W 和 36、37、38# 线接通，使同步和电源变压器得电，控制电路开始工作。36# 线得电和 KM_2 辅助常开触头的闭合，为主电路给定回路的接通做好准备。

(2)闭合 QS_2(本身带自锁),KM_1 线圈得电。主触点接通三相电源与主变压器得电。KM_1 的辅助常开触点闭合。

(3)按下 SB_2 接通给定回路,KA 得电自锁。

(4)顺时针调节给定电位器,逐渐加大给定电压。

进行以上步骤后,启动完成。

2)停止的正确操作顺序

(1)按下 SB_1,切断给定回路。

(2)断开 QS_2,切断主电路。

(3)断开 QS_1,切断控制电路。

注意:使控制电路接触器 KM_2 线圈始终接通,保证主电路得电时,控制电路不能被切断。KM_1 线圈得电,常开触点闭合为给定回路的接通做好准备。

3)给定回路原理图

KA 常开触点闭合后,+15 V 接通;KA 线圈不得电时,−15 V 接通,如图 2.3 所示。

(二)继电保护电路操作

1. 进行正常操作

(1)将 QS_1 拨至接通的位置,接通控制回路。

(2)将 QS_2 拨至接通的位置,接通主回路。

(3)按下 SB_2 接通给定回路。

(4)顺时针调节给定电位器,逐渐加大给定电压。

2. 进行不正常的操作

(1)先将 QS_2 拨至接通的位置,主回路不能接通。

(2)先按下 SB_2,给定回路不能接通。

3. 故障维修操作演示

故障现象:KM_1 不闭合。

(三)继电保护电路维护

故障排除练习:分组操作,两组一对,组与组之间互出故障练习。

1. KM_1 不闭合故障

故障原因如下。

(1)U 相电压为零,KM_2 也不闭合。

(2)KM_2 主触头没有闭合,其接线断路。

(3)U 相保险及其外部电路断开。

(4)QS_2 无法闭合及外部接线断路。

(5)K12－1 断路。

(6)KM_2 常开闭合不上。

(7)KM_1 线圈或外接线断路。

测量方法：用万用表电压挡测量线号 U 到 N 的电压是否为 220 V；若正常，则闭合 QS_1，测量 KM_2 闭合情况，线号 36# 到 N 的电压是否为 220 V；闭合 QS_2，测量线号 105#、107#、106# 的电压是否正常。

2. KA 不闭合故障

故障原因如下。

(1)电源缺相，U 相线号 U 到 33# 之间有开路故障。

(2)KM_2 主触头闭合不上，线号 33# 到 36# 之间有开路故障。

(3)SB_1 常闭按钮损坏开路，线号 36# 到 111# 之间有开路故障。

(4)SB_2 启动按钮无法闭合，线号 110# 到 111# 之间有开路故障。

(5)KM_1 常开联锁触头无法闭合，线号 110# 到 108# 之间有开路故障。

(6)KA 线圈或外部接线开路。

3. KA 不能自锁故障

故障原因如下。

(1)线号 111# 经 KA 常开触点到线号 110# 之间有断路现象。

(2)KA 常开触点不能闭合。

4. KM_1 闭合，KA 闭合，并不停地闭合断开

故障原因如下。

(1)QS_2 接触不良。

(2)KA 的自锁常开触点误接为常闭触点。

5. 主电路故障

断开负载，没有输出电压($U_d=0$ V)。

故障原因：电流 I_d 没有达到 I_h，晶闸管不能导通；快熔断开；电路保护，缺相保护启动。

四、试一试

试一试以下操作并回答问题。

(1)进行调速(调压)柜的操作，掌握操作的方法和顺序。

(2)分析工作原理并与实际相比较。

(3)KM_1 辅助常开触点与 QS_1 并联的作用是什么？

(4)KM_2 辅助常开触点与 KM_1 线圈串联的作用是什么？

(5)KA 控制接通 ±15 V 电源的作用是什么？

(6)分组操作与故障排除。

任务三　主电路分析与维护

一、任务提出

学习三相全控桥(或三相半控桥)的工作原理，掌握波形的分析方法以及故障排

除技能训练。

二、相关知识

(一)三相全控桥

1. 自然换相点

自然换相点($\alpha=0°$)为相邻相电压或线电压的交点，距相电压波形的原点 30°，距对应线电压波形原点 60°。

2. 电路失控

在三相半控桥式大电感性负载整流电路中，当触发脉冲突然丢失或突然把控制角 α 调到 180°时，将有导通的晶闸管关不断而三个整流二极管轮流导通的环现象称为电路失控。判断电路失控的方法：在运行中，如果发现输出电压改变，通过调整 α 角，U_d 不再变化，则应怀疑电路失控。

3. 三相桥式全控整流电路

在 $\alpha=0°$时，相当于二极管电路不可控整流情况，单相整流电路输出电压波形为正弦电压正半周波形，三相半波输出电压波形为三相电压正向包络线，而三相桥式整流电路输出电压波形是三相相电压正负包络线，即 6 个线电压正向包络线。移相范围 $\alpha=0°\sim180°$。输出平均电压 $U_a=1.17\ U_2(1+\cos\alpha)$。

图 2.7 为三相桥式全控电阻负载整流电路。它是由三相半波晶闸管共阴极整流电路和三相半波晶闸管共阳极整流电路串联组成的，为使 6 个晶闸管按 VT_1—VT_2—VT_3—VT_4—VT_5—VT_6—VT_1……的顺序触发导通，晶闸管的编号顺序为：VT_1、VT_4 接 U 相，VT_3、VT_6 接 V 相，VT_5、VT_2 接 W 相。其中 VT_1、VT_3、VT_5 组成共阴极组，VT_2、VT_4、VT_6 组成共阳极组。

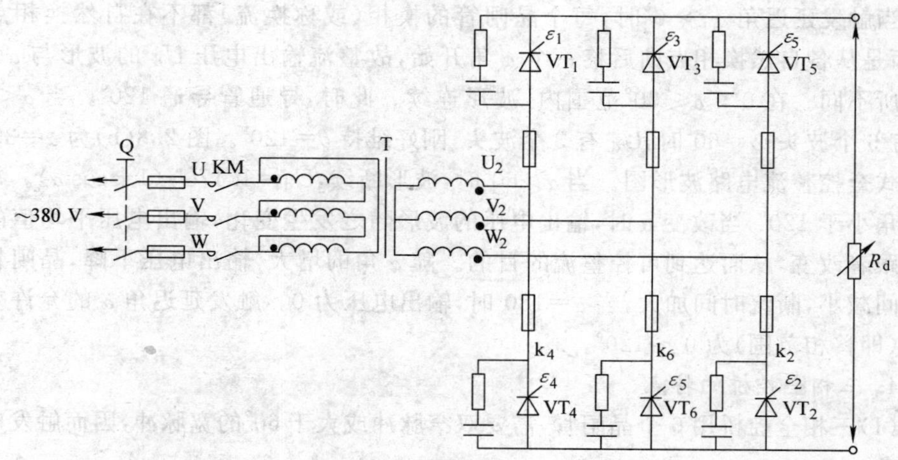

图 2.7　三相全控桥主电路

图 2.8 所示为三相桥式全控电阻负载整流电路在触发延迟角 $\alpha=0°(\alpha=30°)$时

的输出电压波形和触发脉冲顺序。触发延迟角$\alpha=0°$,表示共阴极组和共阳极组的每个晶闸管在各自的自然换相点触发换相。在$\alpha=0°$的情况下,对共阴极组晶闸管而言,只有阳极电位最高一相的晶闸管在有触发脉冲时才能导通;对共阳极组晶闸管而言,只有阴极电位最低一相的晶闸管在有触发脉冲时才能导通。

当触发延迟角$\alpha=0°$时,整流电路的6个相等的期间($\omega t_1\sim\omega t_2$、$\omega t_2\sim\omega t_3$、$\omega t_3\sim\omega t_4$、$\omega t_4\sim\omega t_5$、$\omega t_5\sim\omega t_6$、$\omega t_6\sim\omega t_7$)如图2.8(a)所示。电路的工作过程如下:

在$\omega t_1\sim\omega t_2$期间,U相电压最高,V相电压最低,若在VT_1、VT_6门极上加上触发脉冲,则VT_1、VT_6同时导通,电流的流向为U相—VT_1—R_d—VT_6—V相,负载R_d上得到U、V相线电压,即$U_d=U_{UV}$。

在$\omega t_2\sim\omega t_3$期间,U相电压仍保持最高,所以VT_1继续导通。由于此时W相电压较V相电压更低,故触发VT_2,则VT_2导通。VT_2导通后,使VT_6承受反向电压而关断,电流从VT_6换到VT_2。电流流向为U相—VT_1—R_d—VT_2—W相,负载R_d上得到U、W相线电压,即$U_d=U_{UW}$。

在$\omega t_3\sim\omega t_4$期间,由于W相电压仍为最低,故VT_2继续导通。但V相电压较U相电压更高,此时触发VT_3,则VT_3导通,并迫使VT_1承受反压而关断。电流流向为V相—VT_3—R_d—VT_2—W相,负载R_d上得到V、W相线电压,即$U_d=U_{VW}$。

依此类推,可分析出电路在$\omega t_4\sim\omega t_5$(VT_3、VT_4导通)、$\omega t_5\sim\omega t_6$(VT_4、VT_5导通)、$\omega t_6\sim\omega t_7$(VT_5、VT_6导通)期间的工作情况,如图2.8(a)所示。电路在ωt_7以后的工作情况将重复上述过程。

因此,三相桥式全控整流电路中,晶闸管循环导通的顺序是:VT_6、VT_1—VT_1、VT_2—VT_2、VT_3—VT_3、VT_4—VT_4、VT_5—VT_5、VT_6—VT_6、VT_1。

当触发延迟角$\alpha>0°$时,每个晶闸管的换相(或称换流)都不在自然换相点进行,而是从各自然换相点向后移一个α角开始,故整流输出电压U_d的波形与$\alpha=0°$时有所不同。在$0°\leqslant\alpha\leqslant60°$范围内,波形连续。此时,导通管导通120°。当$\alpha<60°$时,有6个波头;$\alpha=60°$时,$U_d$有3个波头,刚好维持$\theta=120°$。图2.8(b)为$\alpha=30°$三相桥式全控整流电路波形图。当$\alpha>60°$时,波形断续,$U_d=1.17U_2(1+\cos\alpha)$。每管导通角小于120°,当改变$\alpha$时,输出电压的波形随之发生变化,输出电压平均值的大小也跟着改变,从而达到可控整流的目的。随α角的增大,输出电压下降,晶闸管导电时间减小,断流时间加大,当$\alpha=180°$时,输出电压为0。触发延迟角α的允许变化范围(即移相范围)为0°~120°。

4. 三相全控桥的特点

(1)三相全控桥用6个晶闸管,需要双窄脉冲或大于60°的宽脉冲,因而触发电路较复杂。

(2)三相全控桥既能工作于可控整流,又能工作于逆变状态。

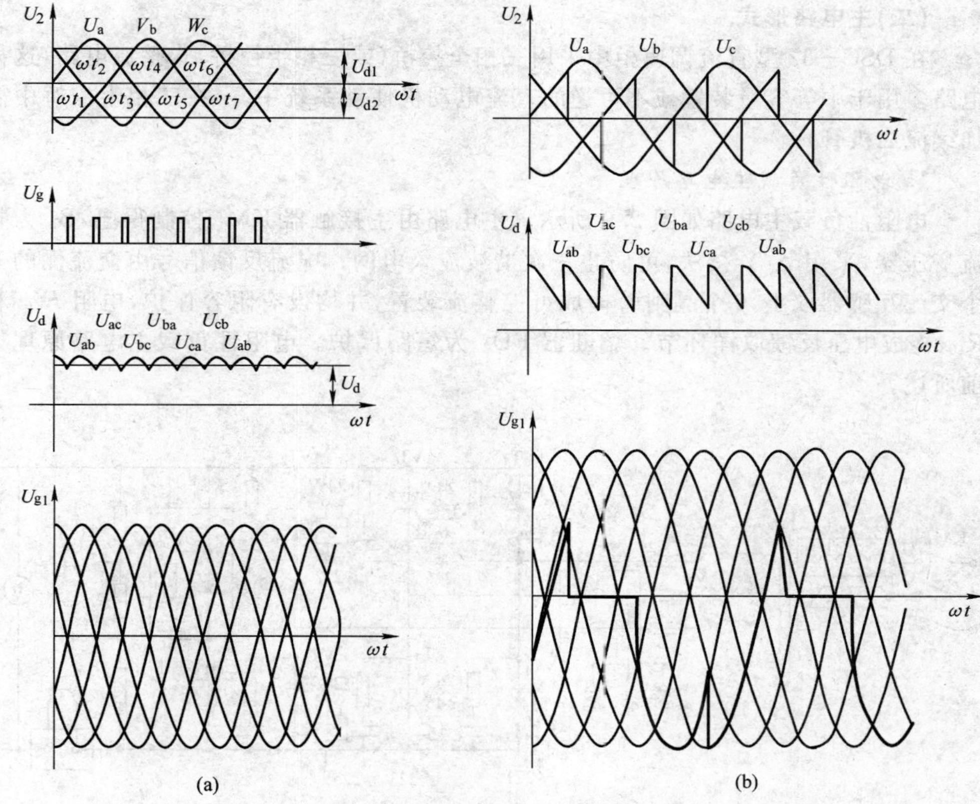

图 2.8 三相桥式全控整流电路波形图

(a)$\alpha=0°$;(b)$\alpha=30°$

(3)三相全控桥无论是电阻性负载还是电感性负载,移相范围都是 120°,它的电阻性负载和电感性负载输出波形不相同。

(4)三相全控桥接大电感性负载时,不需要接续流二极管。

(5)三相全控桥电路控制滞后时间为 3.3 ms,控制灵敏度高,动态响应快。

5. 三相半控桥的特点

(1)三相半控桥用 3 个晶闸管和 3 个三极管整流不需要双窄脉冲或大于 60°的宽脉冲,因而触发电路经济,调整方便。

(2)三相半控桥只能工作于可控整流,不能工作于逆变状态。

(3)三相半控桥无论是电阻性负载还是电感性负载,移相范围都是 0°～180°,输出电压 U_d 的波形也相同。

(4)大电感性负载,如不接续流二极管,会产生失控现象。

(5)三相半控桥电路控制滞后时间为 6.6 ms,控制灵敏度低,动态响应差。此时 $U_d=1.17U_2$。如不采取保护措施,导通的晶闸管因过载可能被烧毁。为避免失控现象,必须在负载两端并接续流二极管。但只有在 $\alpha>60°$时,续流二极管才有电流通过。

(二)主电路形式

在 DSC—32 型直流调速柜中采用三相全控桥(或三相半控桥)式整流电路,这种电路多用于中等容量装置或不可逆的直流电动机使动系统中。(在三相半控桥中需加续流二极管)

1. 电阻性负载主电路原理

电阻性负载主电路如图 2.9 所示。主电路由主接触器 KM_1 控制得电,B_1 为整流变压器,采用 Δ/Y 接法,可防止三次谐波流入电网。电流反馈信号由交流侧的三个交流互感器取出,6 个晶闸管构成可控整流装置,并均设有阻容保护,电阻 R_{107} 和 R_{108} 构成电压反馈取样环节。熔断器 FU_2 为短路保护。电阻性负载主电路原理如前所述。

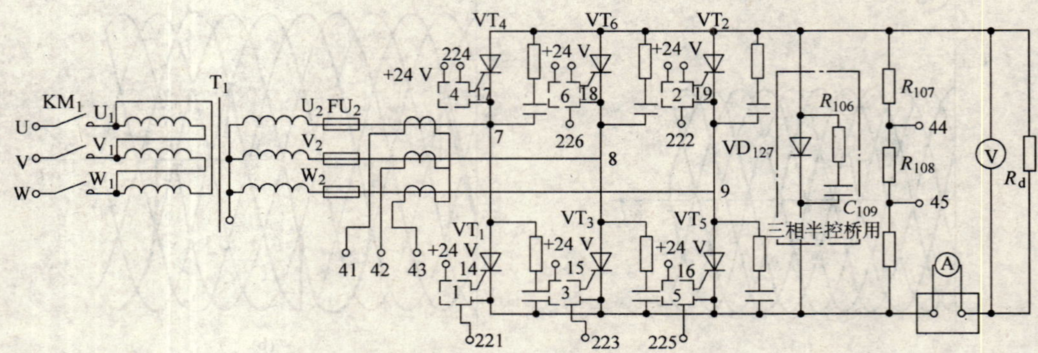

图 2.9 电阻性负载主电路原理图

2. 电感性负载主电路原理

电感性负载主电路原理图如图 2.10 所示。在电感的感应电动势作用下,由于桥路内二极管的自然续流作用,输出 U_d 的波形和平均输出电压与电阻性负载时相同,电感足够大时,电流波形连续,可以是一条直线。

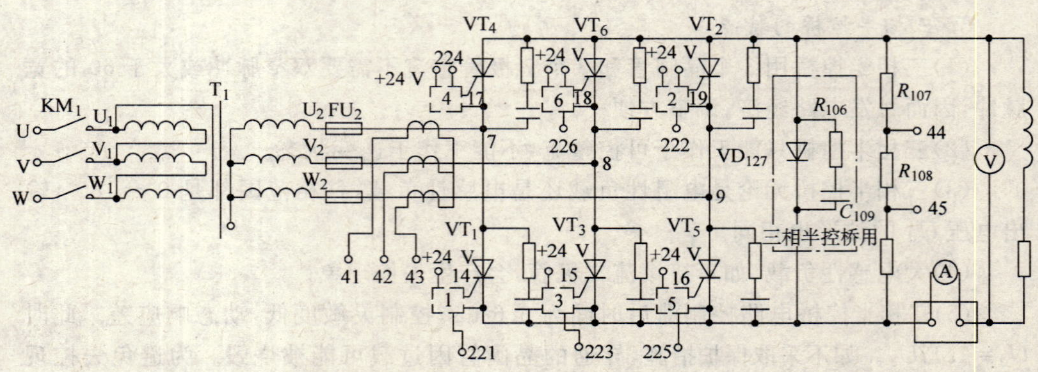

图 2.10 电感性负载主电路原理图

（三）主电路操作

（1）按主电路原理图对照实物，找出各元器件的实际安装位置，查清线路接线的去向。

（2）观察控制角分别为 $\alpha=30°$、$60°$、$90°$、$120°$时，主电路整流输出电压的波形和大小。

（3）观察某一晶闸管没有触发脉冲或某一晶闸管开路情况下，主电路整流输出电压波形。

（四）主电路故障分析

（1）断开负载后，晶闸管不能导通，没有输出电压，$U_d=0$ V。

故障原因：因负载开路，整流输出电流 I_d 没有达到晶闸管维持电流 I_h，晶闸管不能导通。

（2）断开快熔后，系统不能工作。

电路保护，缺相保护启动。

（3）某桥臂断路。

故障原因：引线断路或 U_g 丢失。

例如 VT_1 管在桥臂断路（感性负载）的波形如图 2.11 所示。

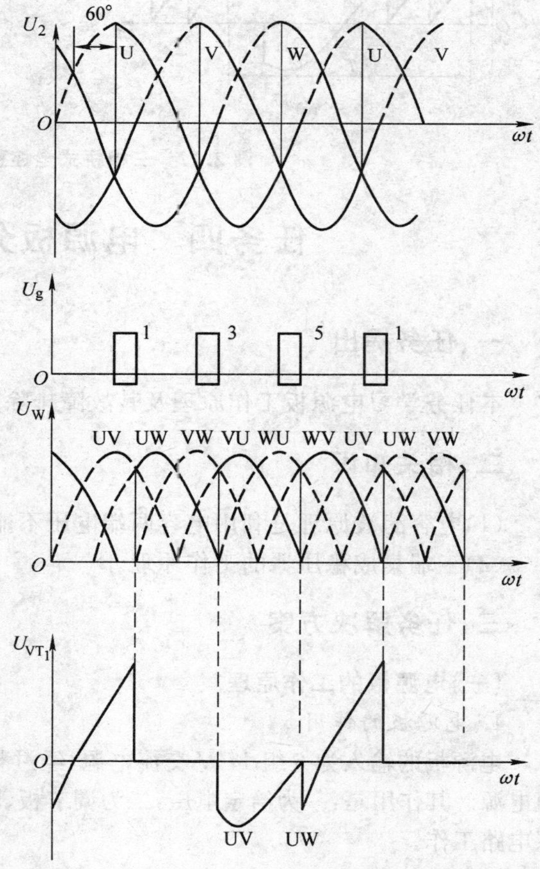

图 2.11　VT_1 管在桥臂断路（感性负载）的波形

三、试一试

试分析以下问题。

（1）分析 $\alpha=75°$时，U_d 的波形。

（2）分析 U_{g1} 丢失，有续流二极管的 U_d 波形。

（3）分析 VT_1 断路 U_d 波形。

（4）分析 V 相断路 U_d 波形。

（5 电阻负载，断开某一晶闸管触发信号，观察 U_d 波形，并由另一组同学排除故障；断开某一整流臂的两个晶闸管触发信号，观察 U_d 波形，并由另一组同学排除故障。

（6）观察并画出（5）题中的波形。

（7）从示波器上观察的三相桥式全控整流电路波形如图 2.12 所示，试判断该电路故障的原因。

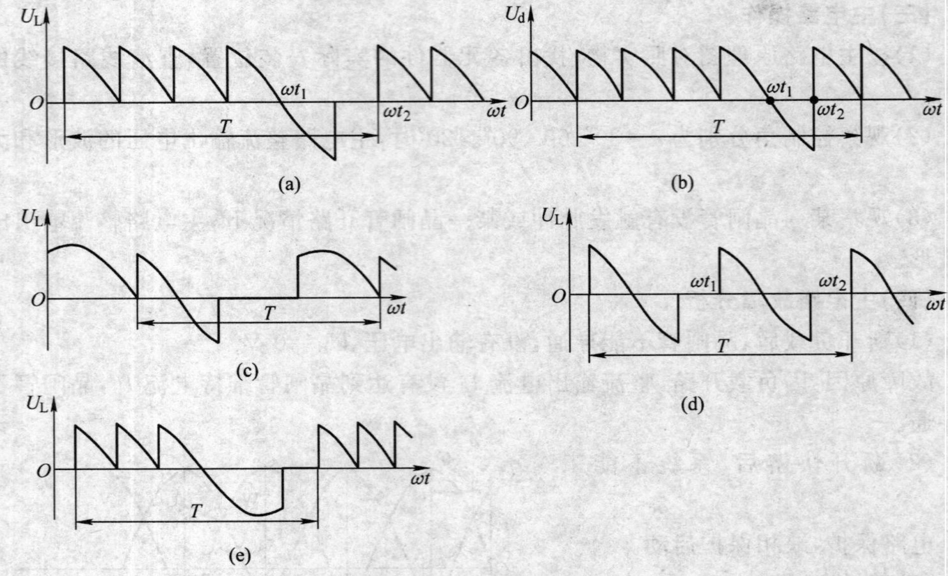

图 2.12　三相桥式全控整流电路波形

任务四　电源板分析与维护

一、任务提出

本任务学习电源板工作原理及其故障排除方法。

二、相关知识

(1)电容滤波原理是利用电容两端电压不能突变的原理。

(2)三端集成稳压器的工作原理。

三、任务解决方案

(一)电源板的工作原理

1. 电源板的作用

电源板的输入为 6 组 17 V 交流电源，经过整流后得到+15 V、+24 V、−15 V 三组电源。其作用是：一为给定电压，二为调节板、隔离板、触发板提供工作直流电源，确保电路工作。

2. 电源板的原理

1)电源板输入电压

取自同步变压器的副边单独一套绕组，电压为交流 17 V，它们在相位上互差 60°，共 6 组，相位图如图 2.13 所示。将 6 组 17 V 电压经由整流二极管组成的整流电路，产生具有 6 个波头的直流脉动电压。

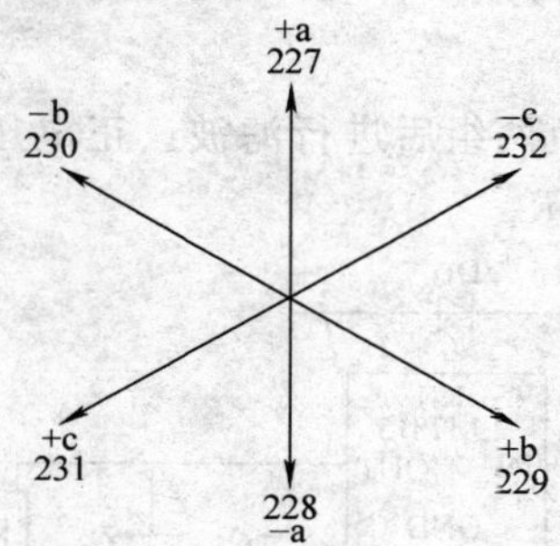

图 2.13　相位图

整流环节电路原理图如图 2.14 所示。

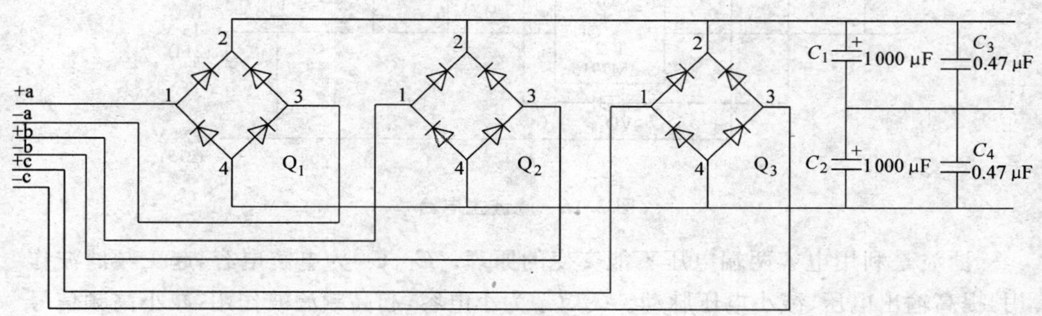

图 2.14　整流环节电路原理图

整流前后的波形如图 2.15 所示。

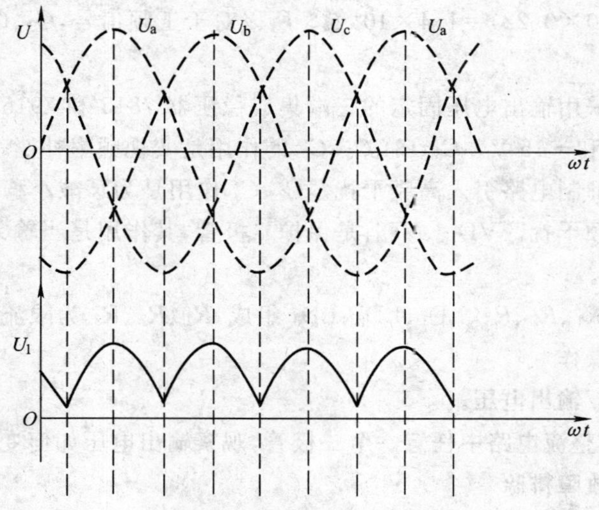

图 2.15　整流前后波形

经整流滤波后输出电压约为 $U_1 = 17\times\sqrt{2} = 23.9\ \text{V}$

2)滤波稳压环节

将输出电压 U_1 分为正、负两组后进行滤波。正电压经 C_1、C_3，负电压经 C_2、C_4 滤波。滤波电路如图 2.16 所示。

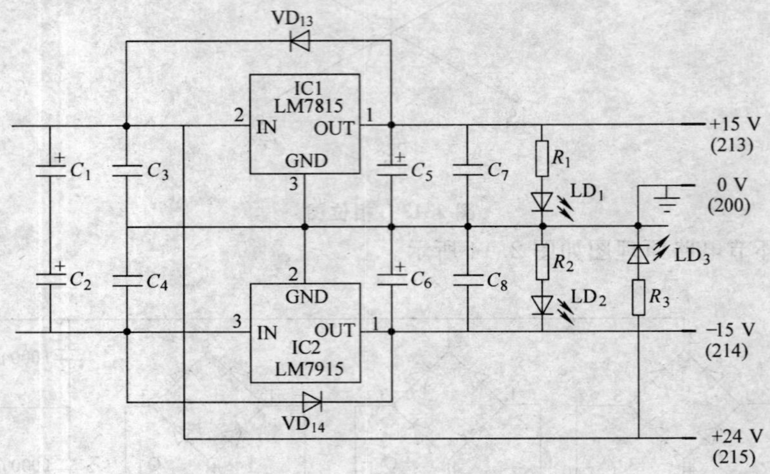

图 2.16　滤波主电路

滤波是利用电容两端电压不能突变的原理。C_1、C_2 为电解电容，起工频滤波作用，提高输出电压，减小电压脉动。C_3、C_4 为小电容，起高频滤波作用，减小高频信号对电路的影响。对于 C_1、C_2，其阻抗 $X_C = 1/\omega_C = 1/(2\pi f\times 1\ 000\times 10^{-6}) = 10^6/(2\times 3.14\times 50\times 1\ 000) = 3.2\ \Omega$。对于 C_3、C_4，其阻抗 $X_c' = 1/\omega_C = 1/2\pi f\times 0.22\times 10^{-6} = 10^6/(2\times 3.14\times 50\times 0.22) = 1.4\times 10^4\ \Omega$。所以对于工频信号，$C_3$、$C_4$ 相当于开路状态。

稳压环节是采用输出电压固定的三端集成稳压器 7815 和 7915。正常工作时输出电压为 +15 V 和 −15 V。C_3、C_4、C_5、C_6 的作用是实现频率补偿，防止稳压器产生高频自激振荡和抑制电路引入高频干扰。C_7、C_8 作用是为了减小稳压电路输出端由输入端引入的低频干扰。VD_{13}、VD_{14} 是保护二极管，其作用是当输入短路时，给 C_7、C_8 一个放电回路。

指示环节由 R_1、R_2、R_3、LD_1、LD_2、LD_3 组成，R_1、R_2、R_3 为限流电阻。

(二)电源板操作

(1)测试输入/输出电压。

(2)断开桥式整流电路中任意一个二极管，观察输出电压如何变化。

(三)电源板故障排除

分组互相设置故障，注意不要设置短路故障。

(1)故障点：桥式整流电路中任意一个二极管断开。

现象：输出电压低，指示灯亮度降低（不明显）。

排查：测量 7815 和 7915 的输入电压是否偏低；测量各二极管是否完好。

（2）故障点：7815 的输入或输出断开。

现象：没有＋15 V 输出，其他正常。

排查：检查 7815 的输入电压正常，输出为 0 V，电阻法检查接线。

（3）故障点：将 VD_{13} 反接。

现象：＋15 V 电压偏高，指示灯亮，带载能力差。

（4）故障点：将 LD 反接。

现象：＋15 V 电压偏高，指示灯不亮。

（5）故障点：断开 7915。

现象：没有－15 V 输出，灯不亮。

（6）故障点：断开＋a、－a、＋b、－b、＋c、－c 中的一相。

现象：输出电压低，指示灯亮度低。

四、试一试

请读者思考以下问题。

（1）为什么断电后 LD_1、LD_2、LD_3 延时时间不同？

（2）为什么＋24 V 的指示灯没有±15 V 的亮？

（3）当断开桥式整流电路中任意一个二极管时，输出电压如何变化？

（4）断开一个支路上的两个二极管又如何？

（5）断开不同支路的两个二极管如何？

（6）＋15 V 输出为 0 V，排除故障，写出检查步骤。

（7）测量＋15 V，实际输出为＋24 V，排除故障，写出检查步骤。

任务五　触发电路分析与维护

一、任务提出

本任务学习触发电路中 KC04 的工作原理与故障维修方法；掌握 KC04 外围电路的工作原理，练习触发电路的故障处理方法。

二、相关知识

（一）对触发电路的要求

1. 触发脉冲信号应有一定功率和宽度

由于晶闸管门极参数具有一定的分散性，并且外界温度不同时，元件的触发电压和电流也有一定的差异，因此即使同一型号的晶闸管也不能用一条伏安特性表示，而只能用该型号晶闸管的一组高阻伏安特性和一组低阻伏安特性所围成的一个伏安特性区域表示。为了使元件在各种可能的工作条件下均能可靠触发，触发电路所发出的触发脉冲电压和电流必须大于门极规定的触发电压 U_{gt} 与触发电流 I_{gt} 的最大值，并且还应留有足够的余量。

晶闸管的触发是有一个过程的，也就是说晶闸管的导通需要一定的时间，不是一触即通的。只有晶闸管的阳极电流即主回路电流上升到擎住电流 I_L 以上时，管子才能导通，所以触发脉冲信号应有一定的宽度才能保证触发的晶闸管可靠导通。触发脉冲要有足够的移相范围并且要与主回路电源同步。

2. 防止晶闸管误导通的措施

为防止晶闸管误导通，门极回路使用屏蔽线并将金属屏蔽层可靠接地。门极回路走线与载流大的导线以及易产生干扰信号的引线之间保持足够的距离。触发器的电源采用有静电屏蔽的变压器供电。不要选用触发电流较小的晶闸管。门极和阴极间加幅值不大于5 V 的负偏压。在脉冲变压器二次侧输出或晶闸管的门极与阴极之间应串并二极管、电阻、电容。通常在门极和阴极间并接 0.01～0.1 μF 的电容可有效吸收高额干扰。

(二)KC04 集成电路触发器工作原理

1. KC04 集成电路各管脚作用

图 2.17 为 KC04 电路原理图。

1 脚：脉冲输出(在同步电压正半周)。

3 脚和 4 脚：接电容形成锯齿波。

5 脚：电源(负)

7 脚：接地(零电位)

8 脚：接同步电压。

9 脚：移相信号控制端。

11 脚与 12 脚：接电容，控制 V_7 产生脉冲。

15 脚：脉冲输出(在同步电压负半周)。

16 脚：+15 V 电源。

2. KC04 集成电路触发器特点

KC04 集成电路触发器特点为性能可靠，功耗低，体积小，调试方便。

3. KC04 集成电路触发器电路组成

KC04 集成电路触发器电路由同步电源环节、锯齿波形成环节、脉冲移相环节、脉冲形成环节、脉冲分配环节和放大输出环节组成。

1)同步电源环节

同步电源环节主要由 V_1～V_4 等元件组成，同步电压 Us 经限流电阻 R_{20} 加到 V_1、V_2 基极。当 Us 在正半周时，V_1 导通，V_2、V_5 截止，m 点为低电平，n 点为高电平。当 Us 在负半周时，V_2、V_5 导通，V_1 截止，n 点为低电平，m 点为高电平。VD_1、

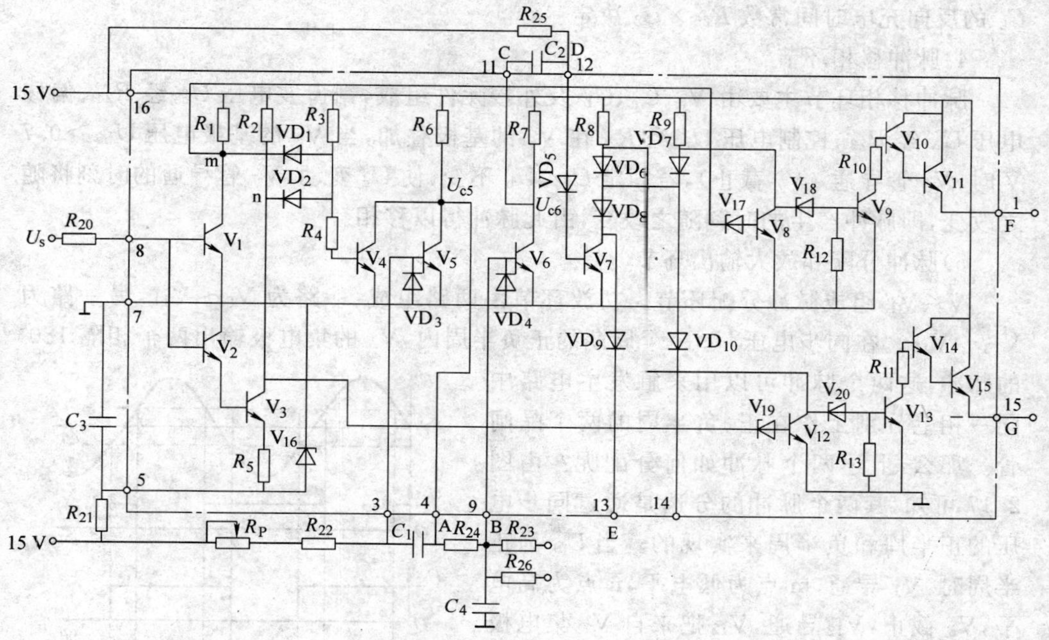

图 2.17　KC04 电路原理图

VD_2 组成与门电路，只要 m、n 两点有一处是低电平，就将 V_4 基极电位箝位在低电平，V_4 截止，只有在同步电压 $|U_s|<0.7$ V 时，$V_1 \sim V_3$ 都截止，m、n 两点都是高电平，V_4 才饱和导通。所以，每周期内 V_4 从截止到导通变化两次，锯齿波形成环节在同步电压 U_s 的正、负半周内均有相同的锯齿波产生，且两者有固定的相位关系。

2)锯齿波形成环节

锯齿波形成环节主要由 V_5、C_1 等元件组成。电容 C_1 接在 V_5 的基极和集电极之间，组成一个电容负反馈的锯齿波发生器。V_4 截止时，+15 V 电源经 R_6、R_{22}、R_P、−15 V 电源给 C_1 充电，V_5 的集电极电位 U_{c5} 逐渐升高，锯齿波的上升段开始形成；当 V_4 导通时，C_1 经 V_4、VD_3 迅速放电，形成锯齿波的回程电压。所以，当 V_4 周期性地导通、截止时，在端 4# 即 U_{c5} 就形成了一系列线性增长的锯齿波。锯齿波的斜率是由 C_1 的充电时间常数($R_6+R_{22}+R_P \times C_1$)决定的。

3)脉冲形成环节

脉冲形成环节主要由 V_7、VD_5、C_2、R_7 等元件组成，当 V_6 截止时，+15 V 电源通过 R_{25} 给 V_7 提供一个基极电流，使 V_7 饱和导通。同时+15 V 电源经 R_7、VD_5、V_7 接地点给 C_2 充电，充电结束时，C_2 左端电位 U_{c6} = +15 V，C_2 右端电位约为 +1.4 V，当 V_6 由截止转为导通时，U_{c6} 从 +15 V 迅速跳变到 +0.3 V，由于电容两端电压不能突变，C_2 右端电位从 +1.4 V 亦迅速下跳到 −13.3 V，这时 V_7 立刻截止。此后+15 V 电源经 R_{25}、V_6、接地点给 C_2 反向充电，当充电到 C_2 右端电压大于 1.4 V 时，V_7 又重新导通，这样，在 V_7 的集电极就得到了固定宽度的脉冲，其宽度由

C_2 的反向充电时间常数 $R_{25} \times C_2$ 决定。

4)脉冲移相环节

脉冲移相环节主要由 V_6、U_c、U_b 及外接元件组成，锯齿波电压 U_{c5} 经 R_{24}、偏移电压 U_b 经 R_{23}、控制电压 U_c 经 R_{26} 在 V_6 的基极叠加，当 V_6 的基极电压 $U_{b6} > 0.7$ V 时，V_6 管导通（V_7 截止），若固定 U_{c5}、U_b 不变，使 U_c 变动，V_6 管导通的时刻将随之改变，即脉冲产生的时刻随之改变，由此脉冲得以移相。

5)脉冲分配和放大输出环节

V_8、V_{12} 组成脉冲分配环节。功放环节由两路组成：一路为 $V_9 \sim V_{11}$，另一路为 $V_{13} \sim V_{15}$。在同步电压 U_S 一个周期的正负半周内，V_7 的集电极输出两个相隔 180° 的脉冲，这两个脉冲可以用来触发主电路中同一相上分别工作在正、负半周的两个晶闸管。那么，上述两个脉冲如何分配呢？由图 2.17 可知，其两个脉冲的分选是通过同步电压的正半周和负半周来实现的。当 U_S 为正半周时，V_1 导通，m 点为低电平，n 点为高电平，V_8 截止，V_{12} 导通，V_{12} 把来自 V_7 集电极的正脉冲箝制在零电位。另外，V_7 集电极的正脉冲又通过二极管 VD_7 经 $V_9 \sim V_{11}$ 组成的功放电路放大后由端 1# 输出。当 U_S 为负半周时，情况相反，V_8 导通，V_{12} 截止，V_7 集电极的正脉冲经 $V_{13} \sim V_{15}$ 组成的功放电路放大后由端 15# 输出。

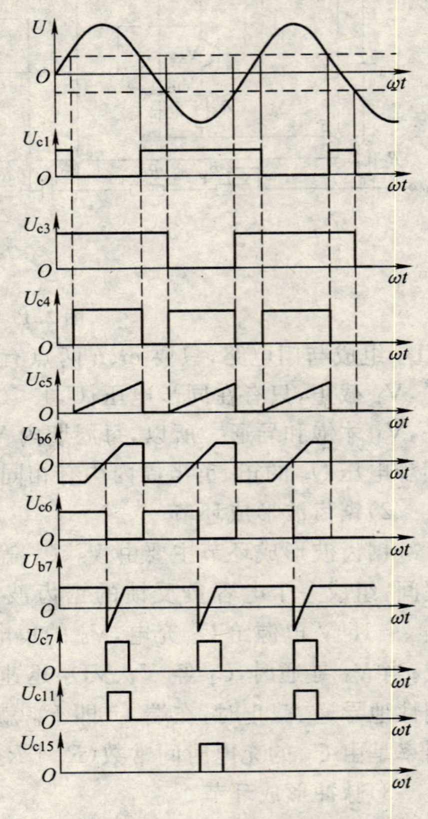

图 2.18　KC04 电路波形

电路中 $V_{11} \sim V_{20}$ 是为了增强电路的抗干扰能力而设置的，用来提高 V_8、V_9、V_{12}、V_{13} 的门坎电压，二极管 $VD_1 \sim VD_2$、$VD_6 \sim VD_8$ 起隔离作用，端子 13#、14# 是提供脉冲列调制和封锁脉冲的控制端。该集成触发电路脉冲的移相范围小于 180°，当 $U_s = 30$ V，其有效的移相范围为 150°。

电路波形图如图 2.18 所示。

三、任务解决方案

(一)触发电路工作原理

由 KC04 集成电路组成的触发电路如图 2.19 所示。

1. U_{ta}，U_{tb}，U_{tc} 的作用

U_{ta}、U_{tb}、U_{tc} 分别为 U、V、W 三相的同步电压，KC04 的脉冲移相范围小于 180°。

当同步电压 $U_S=30$ V 时，其有效移相范围为 150°。所以在本电路中，U_{ta}、U_{tb}、U_{tc} 均为 30 V，移相范围为 150°。

2. 触发电路的组成和脉冲输出电路

图 2.19 中，KC04 与电阻和电容组成振荡电路；$VD_1 \sim VD_4$、$VD_7 \sim VD_{10}$、$VD_{13} \sim VD_{16}$ 组成 6 个或门，其中 VD_{13} 与 VD_4，VD_{14} 与 VD_9，VD_{15} 与 VD_2，VD_{16} 与 VD_7，VD_8 与 VD_3，VD_{10} 与 VD_1 各组成一个或门，可输出 6 路双窄脉冲。三极管 $V_1 \sim V_6$ 起功率放大作用。

3. 矢量图分析

矢量图如图 2.20 所示。

U_{g1} 为 VD_4 与 VD_{13} 或门输出，两路输出相差 60°；
U_{g2} 为 VD_2 与 VD_{15} 或门输出，两路输出相差 60°；
U_{g3} 为 VD_{10} 与 VD_1 或门输出，两路输出相差 60°；
U_{g4} 为 VD_8 与 VD_3 或门输出，两路输出相差 60°；
U_{g5} 为 VD_{16} 与 VD_7 或门输出，两路输出相差 60°；
U_{g6} 为 VD_{14} 与 VD_9 或门输出，两路输出相差 60°。

二极管（VD_2、VD_4、VD_8、VD_{10}、VD_{14}、VD_{16}）输出为主脉冲，其他为补脉冲。如图 2.20 所示，排列在前者为主脉冲，排列在后者为补脉冲。

(二)触发电路操作

1. 参数调整

调节三相触发电路中 KC04 锯齿波斜率的方法有使用万用表和使用示波器两种。在触发板上，W_1、W_2、W_3 的作用是调整 KC04 锯齿波的斜率，在开环条件下，令 $U_g=0$，调节 W_1、W_2、W_3，测量调整测试点 S_1、S_2、S_3 对地电压，令其值全为 6.3 V。此时，三相锯齿波斜率一致。经理论分析，当其值为 6.3 V 时，U_g 变化 1 V，脉冲移相 20°。

2. 设置调节偏移电压 U_b

设置调节偏移电压 U_b 即调节电位器 W_4。设置 U_b 的作用是当触发电路的控制电压 $U_k=0$ 时，使晶闸管整流装置输出电压 $U_d=0$。控制角 α_0 定义为初始相位角。整流电路的形式不同，负载的性质不同，初始相位角 α_0 不同。阻性负载时，三相半波 $\alpha_0=150°$，三相全控桥 $\alpha_0=120°$，三相半控桥 $\alpha_0=180°$；感性负载时，α_0 分别为 90°，90°，180°。

3. 观测各输出三极管输出波形

4. 调节 $\alpha_0=150°$

(三)触发电路故障维修

1. 故障 1

故障现象：U_d 波形缺波头，没有相应的补脉冲出现。

分析：可能故障点为二极管 VD_{13}、VD_{15}、VD_7、VD_9、VD_1、VD_3 中的任意一个开

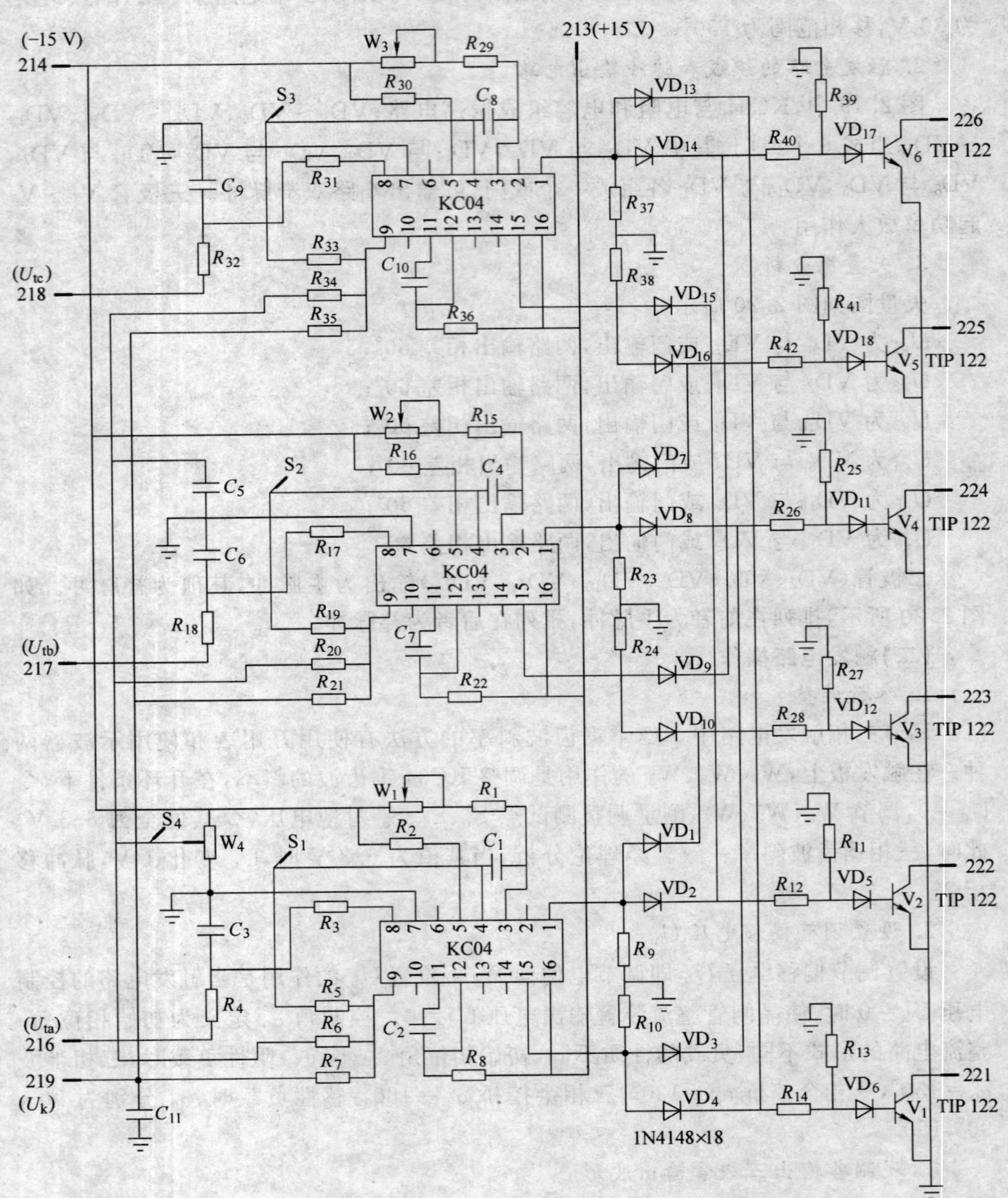

图 2.19　由 KC04 集成电路组成的触发电路

路。

检查方法：利用万用表逐个测量 VD_{13}、VD_{15}、VD_7、VD_9、VD_1、VD_3 正反向电阻值，看是否有开路现象。

2. 故障 2

故障现象：U_d 波形缺波头，晶闸管 VT_1 未导通。

分析：可能故障点为 VD_2 开路（也可能反接）。

检查方法：利用万用表测量 VD_2 正反向电阻值，看是否有开路（或反接）现象。

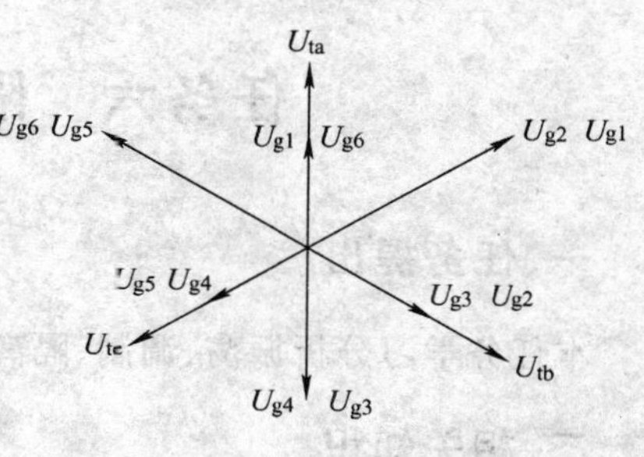

图 2.20　矢量图

四、试一试

1. 同步信号电压输入器设置阻容滤波环节的作用

作用：抑制电网电压中高次谐波的干扰。调节同步电压的相位，使同步电压与主电路有一定相位关系。

2. 保证三相输出平衡的方法

调节三相触发电路中 KC04 中锯齿波斜率相同。

3. 设置故障点

仔细设置故障点，分组进行故障排除练习并对故障原因仔细分析。

(1)故障点：断开 VD_{14}。

故障现象：晶闸管 VT_5 不导通，U_d 电压低至正常值的 2/3 左右。

(2)故障点：断开 VD_8（也可反接）。

故障现象：U_d 为正常值的 2/3，波形缺波头，晶闸管 VT_3 未导通。

(3)故障点：加大 R_{40} 阻值。

故障现象：三级管 T_5 不导通，U_{g5} 未输出，晶闸管 VT_3 未导通。

(4)故障点：加大 R_{26} 阻值。

故障现象：三级管 T_3 不导通，U_{g3} 未输出，晶闸管 VT_3 未导通。

(5)故障点：加大 R_{12} 阻值。

故障现象：三级管 T_1 未导通，晶闸管 VT_1 未导通。

(6)故障点：反接 VD_{17}、VD_{11}、VD_5 中的一个。

故障现象：没有该相脉冲，输出电压 U_d 低。

(7)故障点：断开 U_{ta}、U_{tb}、U_{tc} 同步电压。

故障现象：对应的 KC04 不工作，没有该相的输出脉冲。

(8)故障点：改变 U_{ta}、U_{tb}、U_{tc} 的顺序。

故障现象：相序不正确，输出电压 U_d 在调节时会剧烈波动。

(9)故障点：KC04 损坏。

故障现象：对应该相脉冲没有输出。

(10)根据输出电压 U_d 波形和脉冲电压波形判断故障。

任务六　隔离板分析及维护

一、任务提出

本任务学习分析振荡、调制、隔离电路工作原理与故障处理方法。

二、相关知识

1. 电感三点式振荡电路工作原理

2. 隔离变压器的作用

(1)将主电路与控制电路隔离,使它们只有磁的联系而无电的联系。

(2)隔离变压器原边绕组约为 1.8 Ω,而副边绕组约 2.0 Ω;具有一定的升压作用,用于补偿调制电路的损耗。

三、任务解决方案

(一)工作原理分析

1. 隔离板的作用

将取自主电路的电压反馈信号与控制电路隔离,以防止主电路的强电信号进入控制电路造成设备及人身伤害。

2. 隔离板工作原理

隔离板电路原理图见图 2.5 所示。它由振荡电路和隔离器组成。

1)振荡电路工作原理

+15 V 的直流电源经振荡变压器 T_3 的绕组 9—10 加于 T_2 的集电极,经电阻 R_3、绕组 12—11、R_2 加于 T_2 的基极;+15 V 电源经绕组 8—7 加于 T_1 的集电极,经电阻 R_3、绕组 5—6、R_1 加于 V_1 的基极。此时,V_1、V_2 同时具备了导通条件,但由于 V_1、V_2 的参数不完全一致,导致了其中一个三极管优先导通工作。

以 T_1 优生导通为例。V_1 集电极电流由绕组 7—8 的 8 号端流向 7 号端,电流为增大趋势,感生电动势方向为 7 号端指向 8 号端(7→8)。根据变压器同名端定义,绕组 5—6 中产生的互感电势方向为 6→5,V_1 很快进入饱和状态。同时,绕组 11—12 中产生的互感电势方向为 11→12,使 V_2 截止。V_1 饱和后,流过绕组 7—8 的电流变化率减少,绕组 5—6 中的互感电势降低,V_1 基极电位下降,V_1 逐渐退出饱和状态。流过绕组 7—8 的电流呈减少趋势,根据楞次定律,绕组 7—8 产生的电动势方向为 8→7,绕组 5—6 产生互感电动势方向为 6→5,使 V_1 进入截止状态;绕组 11—12 产生的互感电动势方向为 12→11,使 V_2 进入饱和状态。

V_1、V_2 轮流导通,使绕组 7—8 和 9—10 轮流流过电流。电流方向为 8→7,9→10,而 8 端和 10 端为同名端,所以在绕组 1—2 和 3—4 产生互差 180°的信号,而且频率为 2 kHz 左右。

2)隔离电路工作原理

取自主电路 44#、45# 号线的电压信号接入隔离电路，其中 45# 电位高于 44# 电位，即 45# 为正，44# 为负，当 2 kHz 的方波产生以后，振荡变压器的输出波形如图 2.21 所示。

(1)当振荡变压器 T_3 的 1、2 端输出时，V_4 饱和导通，此时隔离变压器 T_4 的原边绕组 5、6 端接通反馈电压，即 6 端正 5 端负，而副边产生 2 端正、1 端负电压。

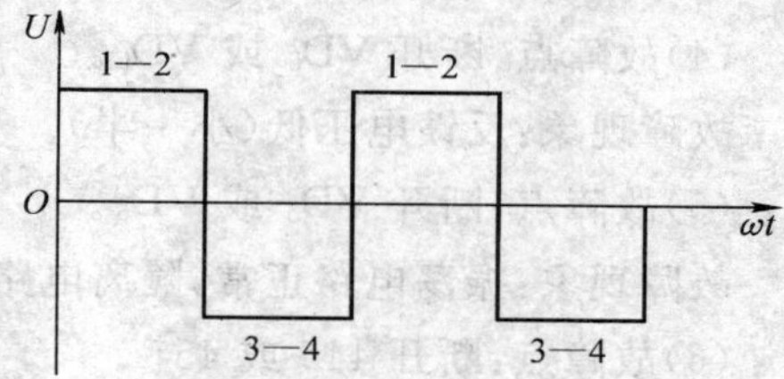

图 2.21　振荡变压器的输出波形

(2)当振荡变压器 T_2 的绕组 3、4 输出时，V_3 饱和导通，此时，隔离变压器 T_4 的原边绕组 7－8 端接通反馈电压，即 7 端正，8 端负，而副边产生 3 端正、4 端负电压。

(3)经隔离变压器 T_4 产生 2 kHz 的信号，即将 45# 与 44# 的直流信号调制成 2 kHz交流信号，再经由 VD_5、VD_6 组成的全波整流电路变为直流电压作为反馈信号使用。反馈信号的大小与主电路 45#、44# 之间的直流信号成正比。

(二)隔离板的维护

1. 判断振荡电路正常工作时的方法

(1)直观法。振荡电路工作时应有蜂鸣声。

(2)仪表测量法。使用万用表测量振荡变压器 T_3 绕组 1－2 及 3－4 时，应有 3.3 V左右的电压。

(3)仪器测量法。用示波器测量振荡变压器 T_3 绕组 1－2 或 3－4 时，应能看到 2 kHz左右的方波。

2. 隔离板的故障排除方法

故障现象：振荡电路不工作，没有蜂鸣声。

分析可能故障点：＋15 V 引线开路；V_1 损坏；44# 或 45# 开路；VD_5 或 VD_6 开路等。

处理方法：分别检查＋15 V 引线；V_1 管脚；44# 或 45# 引线；VD_5 或 VD_6 正反向电阻是否正常。找到问题正确处理。

四、试一试

1. 简述隔离电路的工作过程

2. 设置故障

分组设置故障，仔细分析故障现象，利用正确的方法处理故障。

(1)故障点：断开＋15 V。

故障现象：振荡电路不工作，没有蜂鸣声。

(2)故障点：振荡变压器 9、10 端反接。

故障现象：有蜂鸣声但没有反馈电压输出。

(3)故障点：断开 V_1 的基极。

故障现象：振荡电路不工作，没有蜂鸣声。

(4)故障点：断开 VD_5 或 VD_6。

故障现象：反馈电压低(小一半)。

(5)故障点：断开 VD_5 或 VD_6。

故障现象：振荡电路正常，隔离电路正常，但没有反馈电压输出。

(6)故障点：断开 44# 或 45#。

故障现象：没有反馈电压，隔离电路不工作。

任务七 保护功能分析

一、任务提出

本任务学习晶闸管保护电路的工作原理；掌握缺相保护、防止晶闸管误导通保护电路工作原理。

二、相关知识

晶闸管的保护方法有三种。

1. 阻容保护

阻容吸收电路是在晶闸管两端并接电容，利用电容电压不能突变的特性，吸收尖峰过电压，串联的电阻主要起阻尼作用，用以抑制电路电感和电容所形成的振荡，同时限制晶闸管在开通时电流的上升率。

计算公式： $C \geqslant 6 I_{cm} \dfrac{S}{U_2^2}$ (μF) $R \geqslant 2.3 \dfrac{U_2^2}{S} \sqrt{\dfrac{U_{sh}}{I_{cm}}}$ (Ω)

式中，S ——整流变压器每相平均计算容量；

U_2 ——整流变压器二次侧相电压有效值；

U_{sh} ——变压器短路电压，用百分数表示，10～1 000 kVA，$U_{sh}=5\sim10$；

I_{cm} ——变压器激磁场电流，用百分数表示，10～1 000 kVA，$I_{cm}=10\sim4$。

2. 短路保护

接在交流侧输入端，这种接法能够对元件短路和直流侧短路均能起到保护作用。由于在正常工作时，流过快速熔断器的电流有效值大于流过晶闸管的电流有效值，故应选择额定电流较大的快速熔断器。选取方法：

①快速熔断器的额定电压应大于线路正常工作电压的有效值；

②熔断器的额定电流应大于或等于熔体电流；

③当晶闸管额定电流 $I_N \leqslant 200$ A 时，快速熔断器额定电流 $I_f \geqslant 1.57 I_N$；

当晶闸管额定电流 $I_N > 200$ A 时，快速熔断器额定电流 I_f 应不小于 1.57 倍的晶闸管通态平均电流 I_t。

3. 过电压保护

在交流侧输入端接电容器，可起到过压保护作用、并可吸收浪涌等尖峰电压。过电压保护电路如图 2.22 所示。

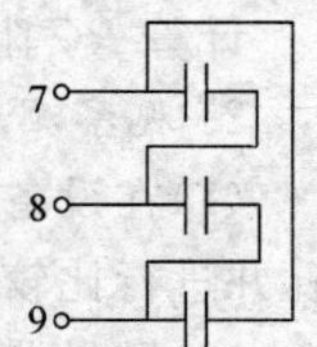

图 2.22　过电压保护电路

三、任务解决方案

(一)电路的保护作用

1. 缺相保护

1)原理图

缺相保护电路图如图 2.23 所示。

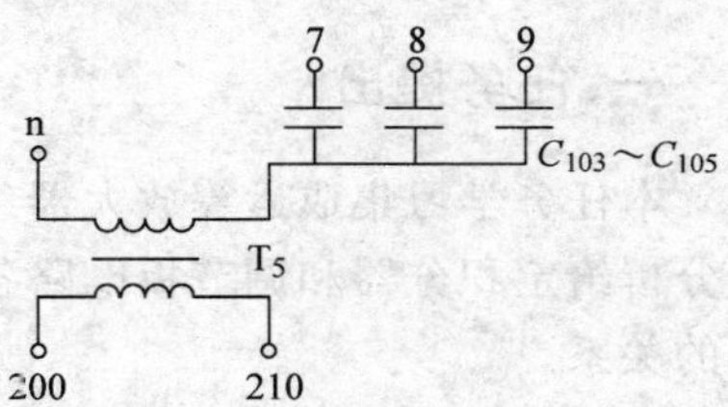

图 2.23　缺相保护电路

2)原理分析

7#、8#、9# 为整流变压器输出。当 7#、8#、9# 均正常时，矢量图如图 2.24(a)所示，此时，n 线中无电流通过，所以 200# 与 210# 线间没有电压。当 7#、8#、9# 中断开一根时，例如 9# 断开，则矢量图如图 2.24(b)所示，此时，在变压器 T_5 原边存在 7#、8# 和 9# 的反向电压（相位差 180°），约为 127 V，在 T_5 的副边产生 30 V左右的缺相信号。当 7#、8#、9# 断开二根，例如 8#、9# 断开，则矢量图如图 2.24(c)所示，此时，T_5 原边存在 7# 与 n 的电压约 127 V，副边产生 30 V 左右电压。当缺相信号电压产生后，作用于调节板起保护作用。

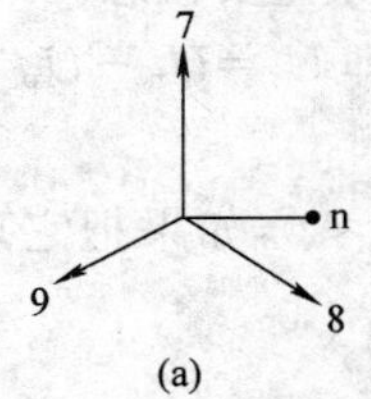

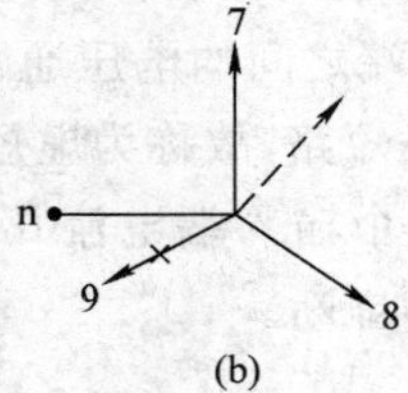

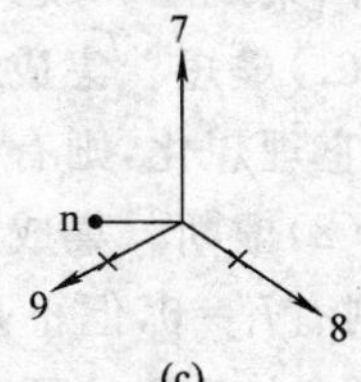

图 2.24　缺相保护电路分析矢量

2. 防止误导通保护电路

防止误导通的保护电路图见图 2.3 所示。当给定继电器 KA 未闭合时，给定电压为负值，有效防止由于干扰等原因产生的误导通。

(二)保护功能操作

人为设置缺相故障,断开 7#、8#、9# 之中的任意一根线,观察现象。

四、试一试

1. 回路参数的计算

计算 RC 阻容吸收回路参数。

2. 观察测量保护电路

(1)在设备上找出过压保护、短路保护、缺相保护以及防止晶闸管误导通保护电路,并进行比较分析。

(2)测量缺相保护电路保护动作时,变压器原、副边绕组的电压值。

任务八　调节板工作分析与维护

一、任务提出

本任务学习集成运算放大器组成的各种电路,以及双 D 触发器的工作原理;重点分析给定积分器和调节板电路各环节的工作原理;学习调节板中信号的叠加与输出的关系。

二、相关知识

1. 集成运算放大器

集戍运算放大器是一种高电压增益、高输入阻抗和低输出电阻的多级直接耦合放大电路。由差分放大电路、电压放大器、输出级和偏置电路组成。差分输入级的作用是提高整个电路的共模抑制比和其他方面的性能。电压放大器的作用是提高电压增益。输出级由电压跟随器组成,作用是降低输出电阻,提高带载能力。

因集成运算放大器的输入电阻极高,从而出现虚短或虚断两个重要概念。

(1)虚短。集成运放两个输入端之间的电压通常接近于零,即 $U_i=U_n-U_p=0$,若把它理想化,则有 $U_i=0$,但不是短路,故称为虚短。

(2)虚断。集成运算放大器两个输入端电流几乎为零,即 $I_i\approx 0$,如果把它理想化,则有 $I_i=0$,但不是断开,故称为虚断。

2. 电压比较器

电压比较器有过零比较器、任意电压比较器和迟滞比较器。分别介绍如下。

1)过零比较器

过零比较器电路原理图如图 2.25(a)所示。工作原理如下。当 $U_i>0$ V 时,$U_i-0>0$. 由于运放的电压增益很大,所以很小的 U_i 产生的 U_o 很大。所以有 $U_i>0$,$U_o=+15$ V,$U_i<0$,$U_o=-15$ V;同理在反向过零比较器中有 $U_i>0$,$U_o=-15$ V。

2)任意电压比较器

任意电压比较器电路原理图如图 2.25 (b)所示。工作原理:与过零比较器原理图相同,当 $U_i > U_c$ 时,$U_o = +15$ V。当 $U_i < U_c$ 时,$U_o = -15$ V。

3)迟滞比较器

迟滞比较器电路原理图如图 2.25 (c)所示。工作原理如下。

假设　$U_o = +15$ V,$R_0 = 20$ kΩ,$R_1 = R_2 = 10$ kΩ

此时　$U_p = (U_o - 0)R_2/(R_0 + R_2) = 150/(20+10) = 5$ V

根据虚短,$U_n = U_p = 5$ V

根据虚断,$U_d = U_n = 5$ V

所以当 $U_i > 5$ V 时,$U_o = +15$ V

而当 $U_o = -15$ V 时,$U_p = (U_o - 0)R_2/(R_0 + R_2) = -150/(20+10) = -5$ V,

所以 $U_i < -5$ V 时,$U_o = -15$ V。

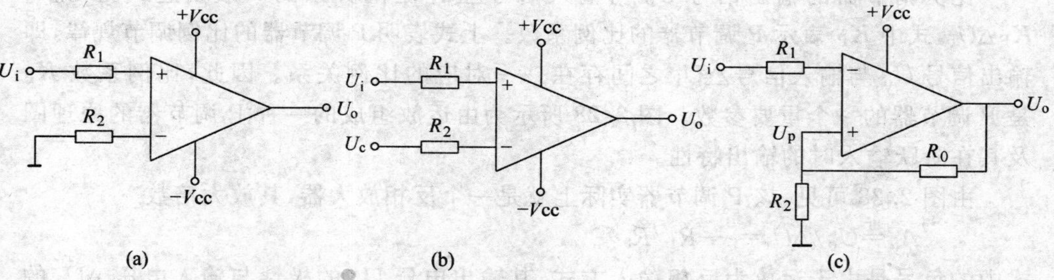

图 2.25　电压比较器电路原理图

(a)过零比较器;(b)任意电压比较器;(c)迟滞比较器

当 $U_i < 5$ V 时,$U_o = -15$ V,而当 $U_i > -5$ V 时,$U_o = +15$ V,形成如图 2.25 (c)所示电路,具有很强的抗干扰能力,又称锁相环电路。其输出特性如图 2.26。

输出电压 $U_o = -\dfrac{1}{RC}\int U_s \mathrm{d}t$。输出电压 U_o 为输入电压 U_s 对时间的积分,负号表示相位相反。当输入端 U_s 为阶跃信号时,在其作用下,电容将以恒流方式充电,输出电压 U_o 与时间域近似线性关系。

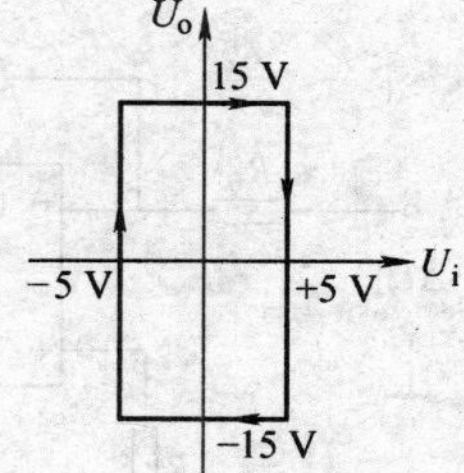

图 2.26　输出特性

3. 4013 双 D 触发器

1)逻辑符号

双 D 触发器逻辑符号如图 2.27 (a)所示。

2)状态说明

CP 作用后,触发器的状态决定于 CP 到达 D 的值,而与 CP 到达前触发器什么状态无关。

4. 主从 D 触发器

主从 D 触发器逻辑符号如图 2.27 (b)所示。

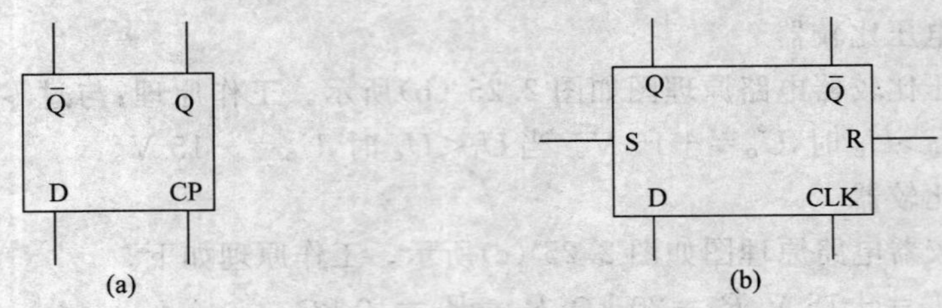

图 2.27　逻辑符号

(a) 双 D 触发器；(b) 主从 D 触发器

S(SET)：置位端，即 S=1，Q=1。

R(RSET)：复位端，即 R=1，Q=0。

5. 比例调节器

1）比例(P)调节器

比例调节器的输出信号 U_o 与输入信号 $\triangle U_i$ 之间关系的一般表达式为 $U_o = K_P \Delta U_i$，式中 K_P 表示 P 调节器的比例系数。上式表明 P 调节器的比例调节规律，即输出信号 U_o 与输入信号 $\triangle U_i$ 之间存在一一对应的比例关系。因此，比例系数 K_P 是 P 调节器的一个重要参数。图 2.28 所示为由运放组成的一种 P 调节器的原理图及其在阶跃输入时的输出特性。

由图 2.28 可见，该 P 调节器实际上就是一个反相放大器，其放大倍数

$$A_u = U_o / \Delta U_i = -R_1 / R_0$$

式中的负号是由于运放为反相输入方式，其输出电压 U_o 的极性与输入电压 ΔU_i 的极性是相反的，即 U_o 的实际极性与其在图中的参考极性相反。为便于系统的分析，P 调节器的比例系数 K_P 可用正值表示，而其极性的关系在分析具体电路时再考虑。故该 P 调节器的比例系数为 $K_P = R_1 / R_0$。

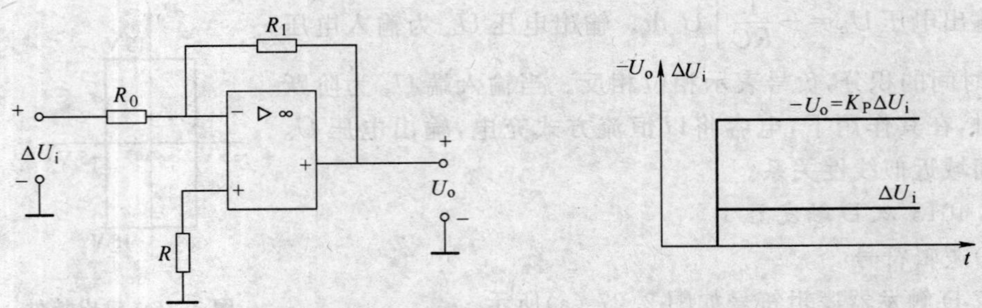

图 2.28　P 调节器

(a)电路原理图；(b)输入为阶跃时的输出特性

显然，改变反馈电阻 R_1，可以改变 P 调节器的比例系数 K_P。为得到满意的控制效果，实际的 P 调节器的比例系数 K_P 常常是可以调节的。

2）比例控制的特点

在比例控制的自动控制系统中，系统的控制和调节作用几乎与被控量的变化同步进行，在时间上没有任何延迟，这说明比例控制作用及时、快速、控制作用强，而且K_P值越大，系统的静特性越好、静差越小。但是，K_P值过大将有可能造成系统的不稳定，故实际系统只能选择适当的K_P值，因此比例控制存在静差。实际上，比例控制正是依据输入偏差(即给定量与反馈量之差)来进行控制。若输入偏差为零，P 调节器的输出将为零，这说明系统没有比例控制作用，故系统不能正常运行。因此，当系统中出现扰动时，通过适当的比例控制，系统被控量虽然能达到新的稳定，但是永远回不到原值。

6. *积分调节器*

当自动控制系统不允许静差存在时，比例控制的 P 调节器就不能满足使用的需要，这就必须引入积分控制。所谓积分控制，是指系统的输出量与输入量对时间的积分成正比例的控制，简称 I 控制。积分(I)调节器积分调节规律的一般表达式为

$$U_o = K_I\int\Delta U_i \mathrm{d}t = \frac{1}{T}\int\Delta U_i \mathrm{d}t$$

式中，K_I为 I 调节器的积分常数；T为 I 调节器的积分时间，$T=1/K_I$。

由上式可见，I 调节器的输出电压U_o与输入电压ΔU_i对时间的积分成正比。图 2.29 所示为由运放组成的一种 I 调节器的原理图及其在阶跃输入时的输出特性。

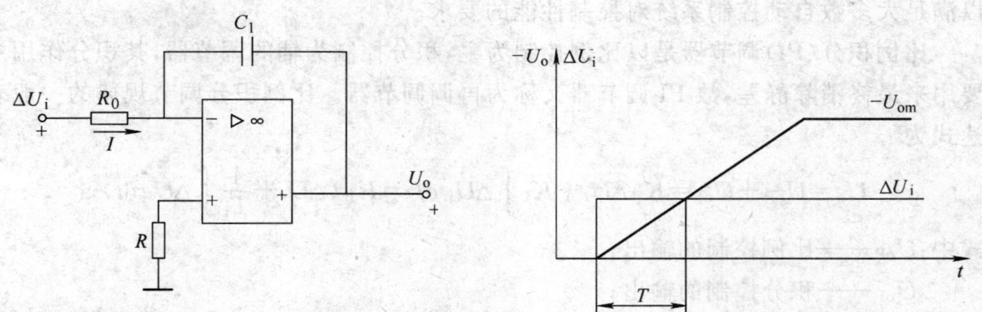

图 2.29 I 调节器

(a)电路原理图；(b)输入为阶跃时的输出特性

I 调节器实际上是一个运放积分电路。当突加输入信号ΔU_i时，由于电容C_1两端电压不能突变，故电容C_1被充电，输出电压U_o随之线性增大，U_o的大小正比于ΔU_i对作用时间的积累，即U_o与ΔU_i为时间积分关系。如果$\Delta U_i=0$，积分过程就会终止；只要$\Delta U_i\neq0$，积分过程将持续到积分器饱和为止。电容C_1完成了积分过程后，其两端电压等于积分终值电压而保持不变。由于$\Delta U_i=0$，故可认为此时运放的电压放大倍数极大，I 调节器便利用运放这种极大开环电压放大能力使系统实现了

稳态无静差。该 I 调节器的输出电压 $U_o=-\frac{1}{R_0C_1}\int \Delta U_i \mathrm{d}t$。

因此，该 I 调节器的积分时间 $T=R_0C_1$。若改变 R_0 或改变 C_1，均可改变 T。T 越小，表明 $-U_o$ 上升得越快，积分作用就越强；反之，T 越大，则积分作用越弱。

在采用 I 调节器进行积分控制的自动控制系统中，由于系统的输出量不仅与输入量有关，而且与其作用时间有关，因此只要输入量存在，系统的输出量就不断地随时间积累，调节器的积分控制就起作用。正是这种积分控制作用，使系统输出量逐渐趋向期望值，而输入偏差逐渐减小，直到输入量为零（即给定信号与反馈信号相等）时，系统进入稳态为止。稳态时，I 调节器保持积分终值电压不变，系统输出量就等于其期望值。因此，积分控制可以消除输出量的稳态误差，能实现无静差控制，这是积分控制的最大优点。

但是，由于积分作用是随时间积累而逐渐增强的，故积分控制的调节过程是缓慢的。由于积分作用在时间上总是落后于输入偏差信号的变化，故积分调节作用是不及时的。因此，积分作用通常作为一种辅助的调节作用，而系统也不单独使用 I 调节器。

7. 比例积分调节器

比例控制速度快，但有静差；积分控制虽能消除静差，但调节过程时间较长。在实际应用中，总是把这两种控制作用结合起来，形成比例积分控制规律。比例积分控制简称为 PI 控制，它既具有稳态精度高的优点，又具有动态响应快的优点，因此它可以满足大多数自动控制系统对控制性能的要求。

比例积分（PI）调节器是以比例控制为主，积分控制为辅的调节器，其积分作用主要用来最终消除静差，故 PI 调节器又称为再调调节器。比例积分调节规律的一般表达式为

$$U_o=U_{oP}+U_{oI}=K_P\Delta U_i+K_I\int \Delta U_i \, \mathrm{d}t=K_P(\Delta U_i+\frac{1}{T_I}\int \Delta U_i \, \mathrm{d}t)$$

式中：U_{oP}——比例控制的输出；

U_{oI}——积分控制的输出；

T_I——比例积分调节器的积分时间，$T_I=K_P/K_I$。

上式说明，PI 调节器的输出实际上是由比例和积分两个部分相加而成的。图 2.30所示为由运放组成的一种 PI 调节器的原理图及其在阶跃输入时的输出特性。

当突加输入信号 ΔU_i时，由于电容 C_1 两端电压不能突变，故电容 C_1 在此瞬间相当于短路，而运放的反馈回路中只存在电阻 R，PI 调节器相当于比例系数为 K_P（此 K_P 值一般较小）的 P 调节器，调节器的输出为 $-K_P\Delta U_i$，因此 PI 调节器立即发挥比例控制作用。紧接着，电容 C_1 被充电，输出电压 U_o 随之线性增大，PI 调节器的积分控制也发挥作用，直到 $\Delta U_i=0$ 时进入稳态为止。稳态时，电容 C_1 两端电压等于积

分终值电压而保持不变。因此，PI 调节器与 I 调节器一样，利用稳态时运放极大的电压放大能力，使系统实现了稳态无静差。由上述分析可知，PI 调节器也是利用时间积累、保持性，才消除了静差。

比例控制的比例作用，使得系统动态响应速度快，而积分控制作用又使系统基本上无静差。对于 PI 调节器的两个可供调节的参数 K_P 和 T_I，减小 K_P 或增大 T_I，均会减小超调量，有利于系统稳定，但同时也降低系统的动态响应速度。

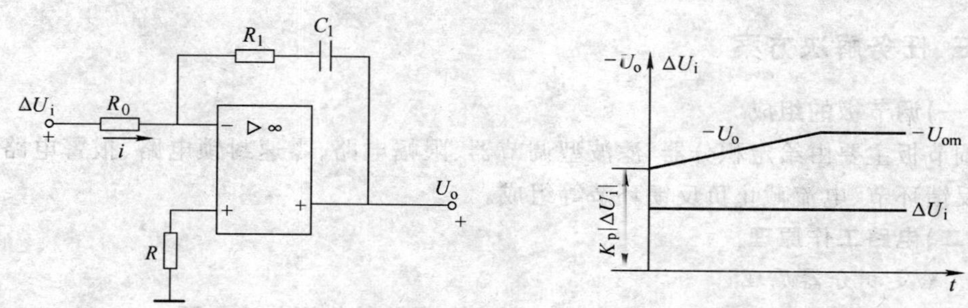

图 2.30　PI 调节器

(a)电路原理图；(b)输入为阶跃时的输出特性

8. 反馈概念

反馈是将控制系统的输出信号取出一部分或全部送回到控制系统的输入端，与原输入信号相合成后，作用到控制电路的输入端。系统电路无反馈称开环，有反馈称闭环。反馈的示意图如图 2.31 所示。

图中 $\dot{X}_i$ 是输入信号，$\dot{X}_f$ 是反馈信号，$\dot{X}_i'$ 是净输入信号，有

$$\dot{X}_i' = \dot{X}_i - \dot{X}_f$$

反馈分为负反馈和正反馈。加入反馈后，净输入信号 $|\dot{X}_i'| < |\dot{X}_i|$，输出幅度下降为负反馈；加入反馈后，净输入信号 $|\dot{X}_i'| > |\dot{X}_i|$，输出幅度增加为正反馈。

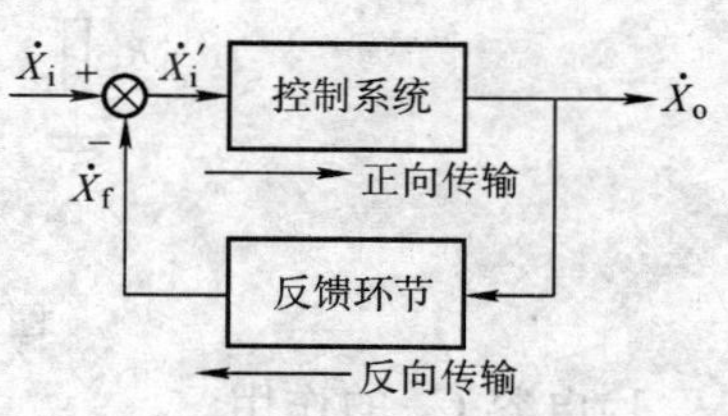

图 2.31　反馈示意图

反馈环节，系将被控量变换成与输入量相同性质的物理量，并送回到输入端，用以与输入信号相加。

比较环节，用于将输入信号和反馈信号在此处相加。

9. 反馈环节信号的极性判别

判别晶闸管调速系统反馈环节信号的极性可用如下方法：先用电压表测量反馈信号的极性，然后将反馈信号的一端与调节器输出端连接，另一端暂时空着，用手把反馈回路悬空的一端与调节器输入端碰触一下立即离开，观察在碰触的瞬间，调节器

的输出量是增大还是减少。如果减少则表明反馈信号为负反馈；若增大则表明是正反馈。注意，必须经过检查判明极性后，才可将反馈信号线接好。

各种软反馈（如微分反馈等）环节，同样可用上述办法判别极性。但软反馈只有在输出或被调量发生变化时才有信号，输出稳定后，反馈信号消失。如果是负软反馈环节，则在将反馈信号接通的瞬间，输出量应瞬时减小，然后又马上回复到原来的稳定值。同样，当反馈信号断开的瞬间，输出应当瞬时增大；反之，如果在反馈信号接通与断开的瞬时，输出量的变化与上述过程相反，则表明是正软反馈。

三、任务解决方案

（一）调节板的组成

调节板主要由给定积分器、滤波型调节器、限幅电路、零速封锁电路、报警电路、电压反馈环节、电流截止负反馈环节等组成。

（二）电路工作原理

1. 给定积分器原理

给定积分器原理图如图 2.32 所示。图中各元器件作用分述如下。

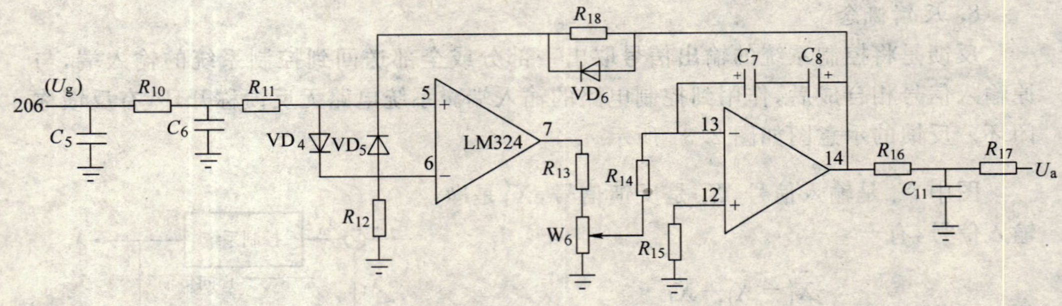

图 2.32 给定积分器原理图

1）电容 C_5 的作用

当 U_g 中含有交流成分时，C_5 可以消除交流成分的影响，起滤波作用。

2）R_{10} 和 C_6 组成电路的作用

R_{10} 与 C_6 组成的无源滞后网络起抗干扰作用。滞后网络对低频有用信号不产生衰变，而对高频噪声信号有消弱作用。

3）VD_4、VD_5 的作用

VD_4、VD_5 并接在运算放大器的同相与反相输入端，起正负限幅（即钳位）作用，用以保护运算放大器。

4）W_6 的作用

用 W_6 来改变积分常数。

5）R_{11}、R_{12}、R_{14}、R_{15}的作用

这4个电阻为运算放大器输入匹配电阻，使运放的工作理想。

6）R_{18}的作用

R_{18}为反馈电阻，工作时保证运放工作在一定的数值。

本电路的工作原理分析如下。给定电压U_g经滤波校正后，作用于由R_{13}、W_6组成的缓冲器上进行缓冲，调节W_6可改变积分常数（即积分时间）后，经由C_7、C_8等元件组成的积分输出，再经校正网络输出U_a与其他信号综合，作用于比例放大器。

2. 滤波型调节器原理

滤波型调节器原理图如图2.33所示。各元件作用说明如下。

C_9、C_{10}的反向串联使其电容值减小一半，而耐压值增大一倍，并且组成一无极性的电容起减小静差率，提高稳定性的作用。R_{19}是反馈电阻。由于C_9、C_{10}的作用，使运算放大器输出端8脚的电位U_d不能突变，只能随着电容器的充电逐渐上升，当电容器两端的电压达到一定值之后，电容相当于断路，此时电阻R_{19}发挥作用。

该电路近似于积分调节器的惯性环节，在将信号或比例放大的同时，还具有减小静差率，提高稳定性的作用。

3. 限幅电路原理

限幅电路原理图如图2.34所示。工作原理分析如下。

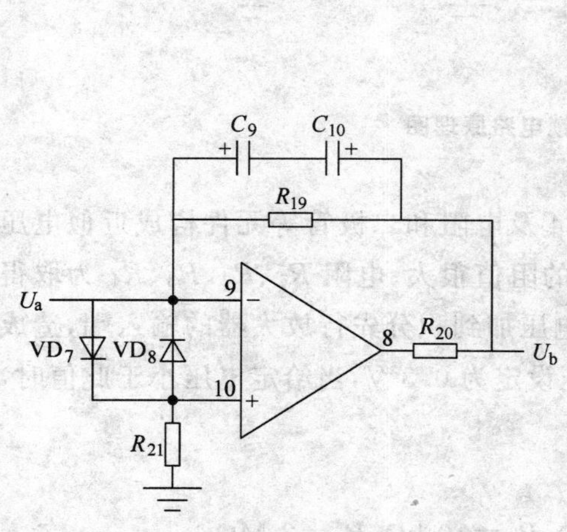

图2.33　滤波型调节器原理图

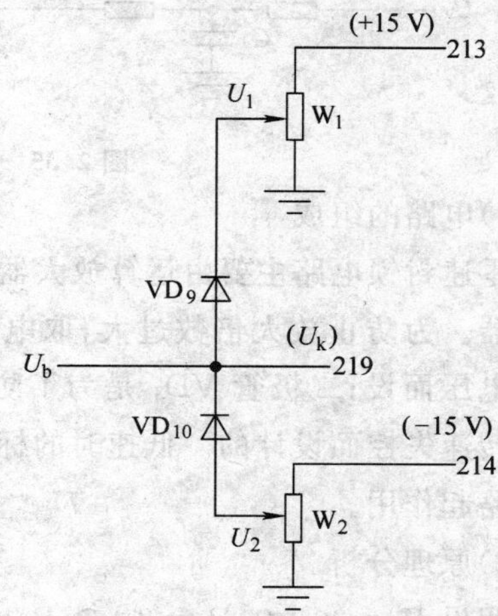

图2.34　限幅电路原理图

1）正限幅

调节W_1中心点的位置，可使U_1为一需要电压。当U_b值小于$U_1+0.7$ V时，$U_k=U_b$。当$U_b>U_1+0.7$ V时，$U_k=U_1+0.7$ V，D9导通，使U_k在$U_1+0.7$ V以下变化。

2）负限幅

调节 W_2 中心点的位置，可使 U_2 为一固定电压值（小于零）。当 U_b 值大于 U_2 时，$U_k=U_b$；当 U_b 值小于 $U_c-0.7$ V 时，$U_k=U_2-0.7$ V，VD_{10} 导通，使 U_k 在 $U_2-0.7$ V 以上变化。

限幅电路的作用在于：控制 U_k 值在 $U_2-0.7$ V～$U_1+0.7$ V 之间变化，调节合理的 U_1 及 U_2 可以有效地控制 U_k 的变化范围，从而控制最小控制角和最小逆变角的大小。

4. 零速封锁电路原理

为了防止电机在给定信号很小的时候出现爬行现象，在设计时应考虑保护电路，零速封锁电路就能防止此现象的发生。零速封锁电路原理图如图 2.35 所示。

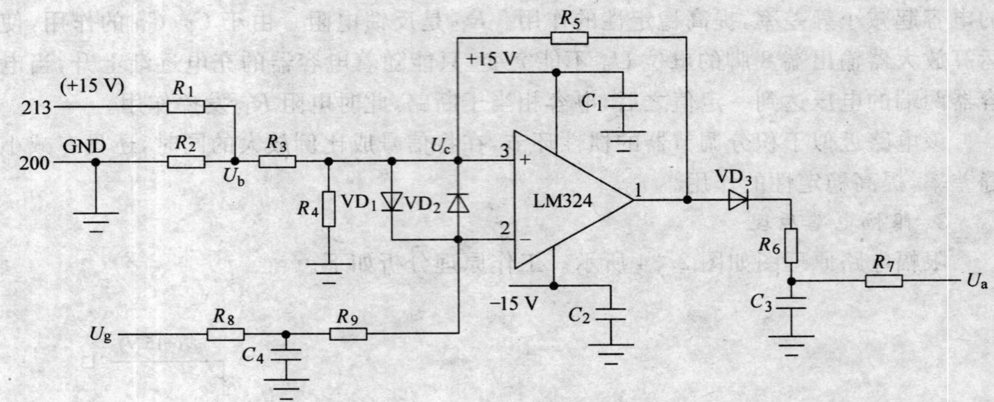

图 2.35 零速封锁电路原理图

1)电路的组成

零速封锁电路主要由运算放大器 LM324 及电阻和二极管等元件构成近似电压比较器。为防止放大倍数过大，取电阻 R_5 的阻值很大；电阻 R_1、R_2、R_3、R_4 为取得标准电压而设；二极管 VD_3 是为了防止负电压加到积分先行放大器的输入端，造成电机转速失控而设计的。低速时的标准电压设定为 0.3 V，当给定电压小于此值时，该电路起作用。

2)原理分析

假设 $R_1=30\ k\Omega$、$R_2=2\ k\Omega$、$R_3=20\ k\Omega$、$R_4=10\ k\Omega$、$R_5=2\ M\Omega$。

+15 V 经电阻 R_1、R_2 分压后，使得 $U_b=\dfrac{15\times R_2}{R_1+R_2}=\dfrac{15\times 2}{30+2}=0.95$ V。U_b 再经电阻 R_3、R_4 分压，使得 $U_c=0.95\times R_4/(R_3+R_4)=0.31$ V，即运算放大器同相输入为 0.31 V。

运算放大器同相输入为 0.31 V，反相器输入为 U_g，由于反馈电阻 $R_5=2\ M\Omega$，所以该电路近似为电压比较器。

当 $U_c>U_g$ 时，即 $U_g<0.31$ V 时，运算放大器输出端 1 脚为 +15 V，二极管 VD_3 导通，$U_a=+15$ V。

当 $U_c<U_g$ 时，即 $U_g>0.31$ V 时，运算放大器输出端 1 脚为 −15 V，二极管 VD_3 截止 $U_a=0$ V。电压 U_a 与给定积分器的输出信号及反馈电压信号综合叠加后作用于积分放大调节器输入端 9 脚。当该积分放大调节器的输出端电压 $U_k>0$ V 时，晶闸管电路输出电压；当该放大器的输出端电压 $U_k<0$ V 时，晶闸管电路输出电压 $U_d=0$ V。

当 $0<U_g<0.31$ V 时，运算放大器输出端 1 脚为 +15 V，二极管 VD_3 导通，$U_a=+15$ V，放大器的输出端电压 $U_k<0$ V，晶闸管电路输出电压 $U_d=0$ V。

当 U_g 较小时，如没有封锁电路，则产生积分先行放大调节器的输出端电压 $U_k>0$ V，但很小，U_d 有一定的数值，也很小，若此时电动机有负载则容易出现堵转现象，导致电机损坏。

5. 电压反馈

电压反馈环节原理图见图 2.4。

反馈电压信号由电枢两端经取样电路，在电阻 R_{108} 上由 44# 和 45# 线取出，送到隔离板上，经隔离电路和调制解调电路处理后，由电位器 W_1 的中心点输出给调节板的 207#（U_{FU}）。隔离板电路图见图 2.5。

反馈信号 U_{FU}（大于零的正值），经校正环节后，输出 U_{FU_1}，加至 LM324 的 9 脚。给定电压 U_g 经过给定积分环节输出 U_a，U_a 与 U_{FU_1} 综合后作用于积分放大调节器，$U_a<0$，$U_{FU_1}>0$，U_{FU_1} 与 U_a 极性相反，为负反馈。其作用是稳定转速，提高机械特性，加快过渡过程。

6. 电流截止负反馈

1)反馈信号取样电路

在主电路的交流侧通过交流互感器将信号（41#、42#、43#）取出，经三相桥式整流电路整流后，为 $+U_{fi}$ 和 $-U_{fi}$ 两个信号。$+U_{fi}$ 作为截流负反馈的监测信号。信号取样电路原理图如图 2.36 所示。

2)电流截止负反馈电路

电流截止负反馈电路原理图如图 2.37 所示。

$+U_{fi}$ 经电位器 W_3 调节反馈强度后，整定值 U_i 为稳压二极管的稳压值，当主电路正常工作时，U_i 小于 D_{z2} 的稳压值，稳压管不会被击穿，$U_{a2}=0$ V。此时电流反馈信号电压对电路没有任何影响；当 U_i 大于 D_{z2} 的稳压值 $U_{D_{z2}}+0.7$ V 时，$U_{a2}>0$ V，此信号与给定积分器的输出信号和低速封锁电路的输出信号，在积分电路的输入端叠加，使 U_k 值减小，从而使输出电压变低，负载电流不再上升。

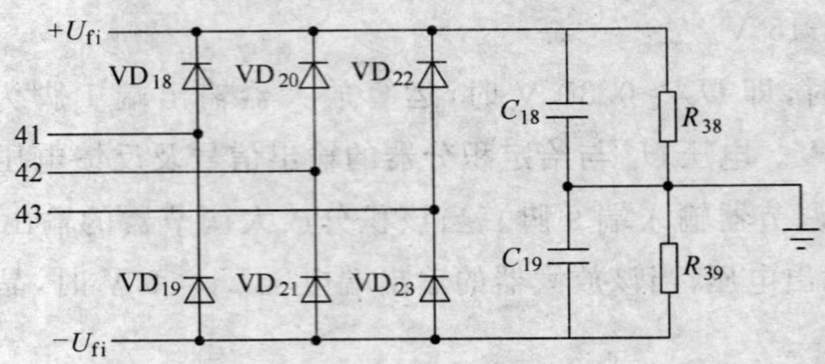

图 2.36　信号取样电路原理图

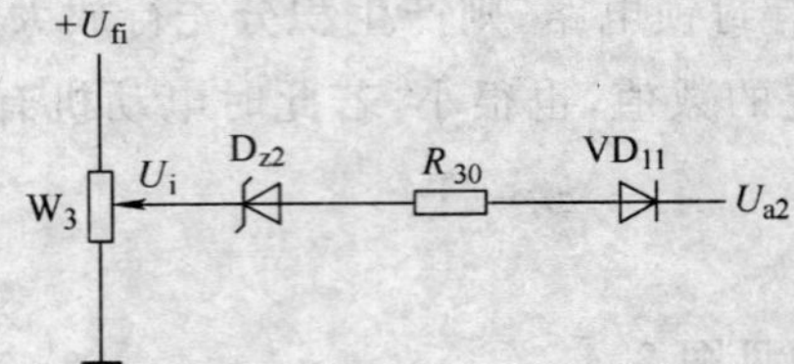

图 2.37　电流截止负反馈电路原理图

电流截止负反馈电路使电动机获得挖土机特性。一般设定当负载电流 I 小于 1.25 倍的额定负载电流时，电流截止负反馈不影响电路；当负载电流 I 大于 1.25 倍的额定负载电流时，由于反馈的作用使电机电枢两端电压下降，有效地进行过载保护，且当负载减小后还可以自动恢复正常工作。

3)保护电路

(1)基准比较电位电路原理图如图 2.38 所示。

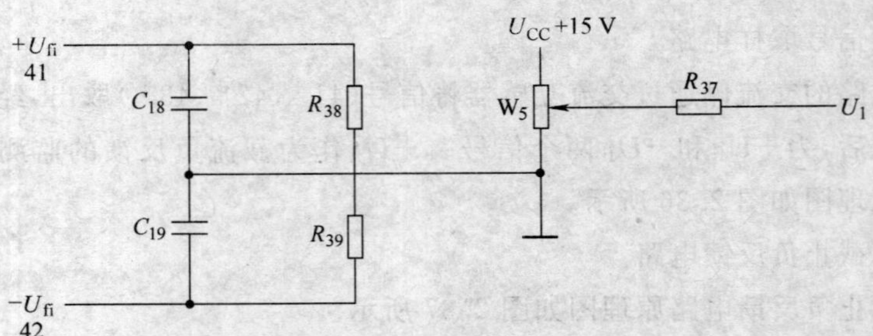

图 2.38　基准比较电位电路原理图

该电路将线号为 41# 与 42# 之间的反馈量 U_{fi} 分为 $+U_{fi}$，0，$-U_{fi}$，并且通过调节 W_5 可以获得一个合适的基准比较电压 U_1，且 $U_1>0$，本电路 $U_1=3$ V。

(2)过流值整定电路原理图如图 2.39 所示。

将电流反馈信号$-U_{fi}$通过 W_4 的调节可得到反馈信号 U_2，且 $U_2<0$。此信号与基准比较电压信号 U_1 在 LM311 的正输入端叠加，两信号比较使迟滞环比较器输出翻转。

(3)缺相保护信号电路原理图如图 2.40 所示。

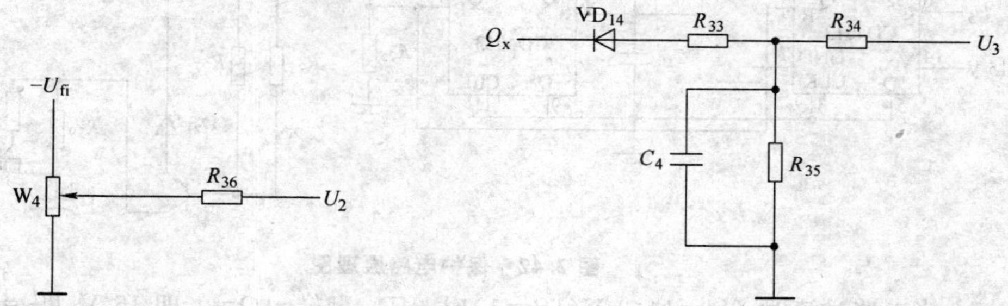

图 2.39　过流值整定电路原理图　　图 2.40　缺相保护信号电路原理图

将缺相变压器的副边输出信号 Q_x 经二极管 VD_{14} 的半波整流后，由 C_4、R_{35} 滤波得到反馈信号 U_3，且 $U_3<0$。$U_3=-\frac{127}{220}\times65\times0.5=-18.7$ V。

(4)锁相环电路原理图如图 2.41 所示。

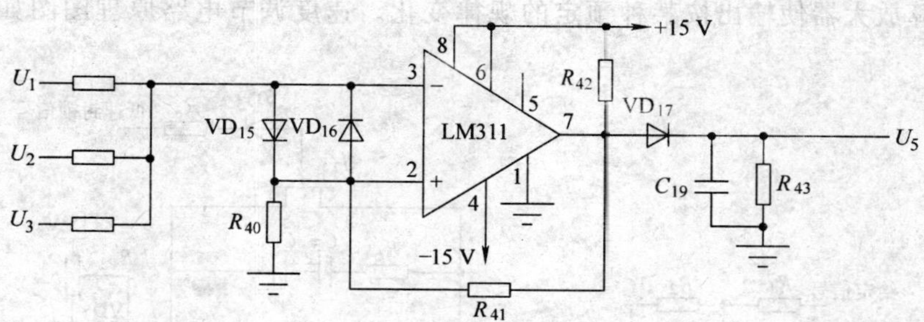

图 2.41　锁相环电路原理图

本电路将上述基准比较电压 U_1、过电流反馈信号电压 U_2 和缺相信号电压 U_3，在锁相环电路的 LM311 正输入端叠加，各信号比较使迟滞环比较器输出翻转，以控制保护电路。

当 $U_1+U_2+U_3>0$ 时，即 $U_1>-(U_2+U_3)$，LM311 的 7 脚输出 $U_4=-15$ V，D_{17} 截止，$U_5=0$ V；

当 $U_1+U_2+U_3<0$ 时，即 $U_1<-(U_2+U_3)$，LM311 的 7 脚输出 $U_4=15$ V，D_{17} 导通，$U_5=14.3$ V。

迟滞环的作用是抗干扰的，此电路环宽仅为 0.3 V 左右。U_2+U_3 为过流或缺相，当$(U_2+U_3)>1$ V 时，电路中的保护电路工作。

(5)保护电路原理图如图 2.42 所示。上电时，$R=1$，$S=0$，$Q=0$，$\overline{Q}=1$；稳定时，

$R=0,S=0,Q=0,\overline{Q}=1$。系统电路正常工作时 $U_5=0$，保护电路不工作，VT 不导通。

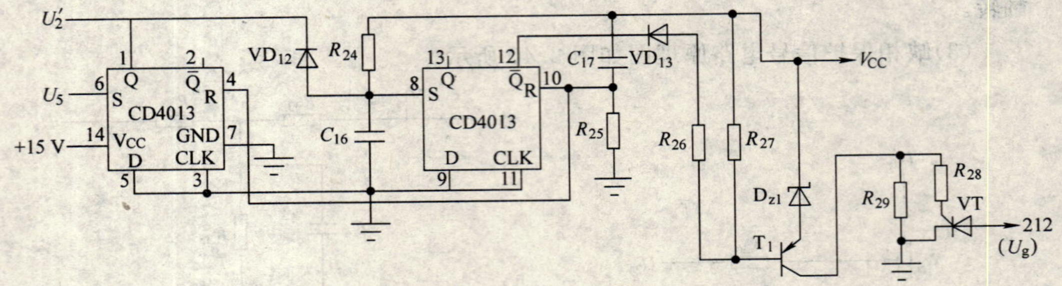

图 2.42　保护电路原理图

当电路过流时，$U_5=14.3$ V($1S=1$)时，VD_1 翻转，$1Q=1$ 即 15 V，$U_2'=15$ V，通过电阻 R_{44} 叠加在 LM324 的 9 脚上，强反馈使 $U_k<0$。同时 VD_{12} 截止，V_{cc} 经 R_{24}、C_{16} 充电达到一定值时，$2S=1$，$2\overline{Q}=0$，VD_{13} 导通，三极管导通产生脉冲使 VT 导通并保持。VC_{17} 和 R_{25} 组成上电复位电路。

4)速度调节器

速度调节器是把给定电压信号 U_g 与速度反馈电压信号 U_{fn} 进行比例积分运算，通过运算放大器使输出按某种预定的规律变化。速度调节电路原理图图如图 2.43 所示。

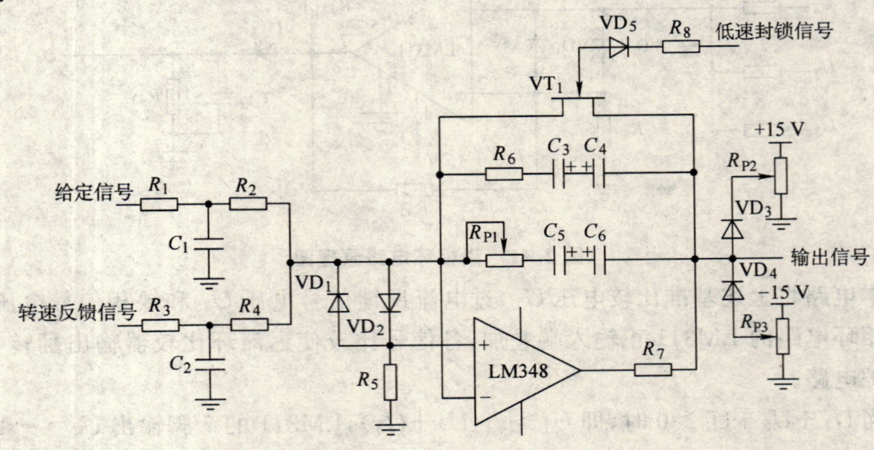

图 2.43　速度调节器电路原理图

5)电流调节器

电流调节器的作用与速度调节器的作用类似，它把速度调节器的输出信号与电流反馈信号进行比例积分运算。在系统中起到维持电流恒定的作用，并保证在过渡过程中维持最大电流不变，以缩短转速的调节过程。电流调节器电路原理图如图 2.44 所示。

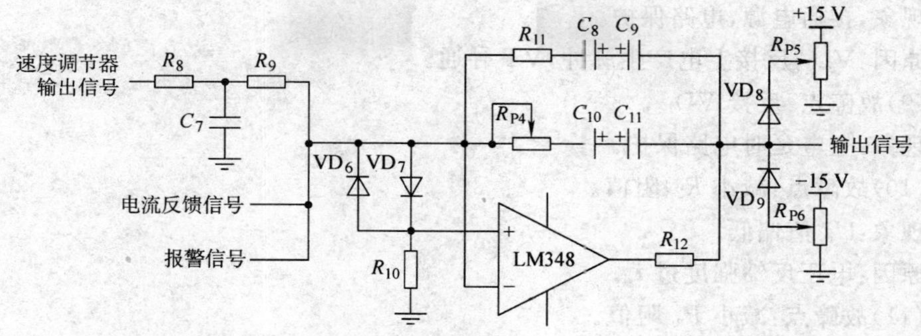

图 2.51　电流调节器电路原理图

(三)调节板的故障检修

全面准确地观察故障现象是排除故障的有效方法。测量中要仔细认真，如运放是否正常工作，可在电路中根据输入情况和输出的分析加以判断。将各点电位测量量与理论数据进行比较。

调节板排故练习如下。

(1)故障点：断开＋15 V 或－15 V。

现象：开环正常，闭环没有 U_k 输出，$U_d=0$。

原因：LM324 没有电压，无法正常工作。

(2)故障点：反接 VD_9。

现象：$U_g=0$ 时仍有 U_k 值，$U_d>0$。

原因：正限幅的限幅电压接入电路，影响了 U_k 值。

(3)故障点：减小 R_{19} 的阻值。

现象：U_k 值偏低，U_d 达不到最大值。

原因：$K=R_{19}/R_{17}$，R_{19} 减小，比例系数不够大导致 U_k 偏低。

(4)故障点：LM324 损坏。

现象：没有 U_k 输出。

原因：给定积分器、比例放大器均损坏，$U_k=0$ V。

(5)故障点：LM311 损坏。

现象：接通电源，电路保护。

原因：LM311 始终输出＋15 V，保护电路上电工作。

(6)故障点：减小 R_{36} 阻值。

现象：电流较小时，电路保护。

原因：比例系数改变，电路状态改变。

(7)故障点：断开 W_5 的＋15 V 电源。

现象：闭合电路，则保护电路工作。

原因：比较电压过低。

(8)故障点：反接 VD_{13}。

现象:接通电源,电路保护。

原因:VD_{13}反接上电产生脉冲,VT 导通。

(9)故障点:反接 VD_{12}。

现象:上电延时电路保护。

(10)故障点:减小 R_{23}阻值。

现象:U_d 值偏低。

原因:电压反馈强度过大。

(11)故障点:减小 R_1 阻值。

现象:电压在较低时不能调节。

原因:封锁电压过高。

四、试一试

请读者分析或测量、观察以下问题。

(1)分析积分调节器,掌握其对电路的影响。

(2)测量封锁电路中 U_b、U_c、U_d 的值。

(3)观察 U_a 波形。

(4)给定积分器的作用是什么?

(5)4013 在电路中的工作情况分析(复位与置位如何控制)。

(6)比例积分放大器的工作原理分析。

任务九　晶闸管直流调速(压)装置调试方法及步骤

一、任务提出

本任务学习晶闸管直流调速(压)系统调试的方法,掌握调试的步骤。

二、相关知识

晶闸管直流调速(压)装置调试的原则:先单元电路测试,后整机测试;先静态调试,后动态调试;先开环调试,后闭环调试;先轻载调试,后满载调试。

三、任务解决方案

在通电调试前,应先对整机(包括接线提示、绝缘、冷却等方面)进行全面检查。DSC－32 型直流调试柜调试的主要内容如下。

1. 继电控制电路的检查

在主电路不带电的情况下,拆下各控制板,接通控制电路,按规定程序操作面板上的按钮,检查继电器工作状态和控制顺序是否正常。

2. 校对电源相序

用示波器校对主电源与同步变压器的相序是否对应。使用示波器时，应特别注意安全保护，应将电源接地端断开，但此时机壳带电，必须注意对地绝缘，以防人身触电。

3. 对各控制板的调试

1) 电源板

首先检查各输入量是否正常，用引出线引出，逐点测量。而后将电源板安装好，闭合控制电路，观察各指标是否正常工作后，再测量各输出点电压是否正确，即有无＋24 V、＋15 V、－15 V 输出，并检查以上输出是否连线完整。

2)隔离板

此时主电路尚未工作，所以 44# 与 45# 线均无电压。首先检查各输入量是否正常，即＋15 V 是否正常，接线是否正确。而后将隔离板安装好，闭合控制电路应有蜂鸣声，则表示振荡变压器工作正常，2 kHz 方波已经产生。

3)触发板

此时由于调节板没有安装，所以 U_k＝0 V。首先闭合控制电路，用引出线引出分别测量各输入量是否正确。即＋15 V、－15 V、U_{ta}、U_{tb}、U_{tc}、0 V，正确后，将触发板安装好，调节 W_1、W_2、W_3，并测量各测量点电压均为 6.3 V，锯齿波斜率为 20°/V；调节 W_4 即 U_p 值，当三相全控桥感性负载时，令 U_p＝－4.5 V(初始角为 90°)，当三相全控桥为阻性负载时，令 U_p＝6 V(初始角为 120°)，应有输出脉冲，用示波器观察。

4)调节板

首先检查各输入量是否正常，－15 V，＋15 V，U_g＝0～10 V，U_{FU}＝0 V，U_{Qx}＝0 V。而后将电源板安装好，将短路环放在开环位置。测量 U_k＝0～10 V，闭合主电路，观察输出是否连续可调。

4. 开环调试(阻性负载)

①将 4 块控制板安装好，并接通主控给定电路，将 U_g 调到 0 V，调整触发板的 U_p 值，令 U_d＝0 V，初始相位角调整结束。

②调节给定电位器，使主电路有直流输出，测量各反馈量极性是否正确，U_{FU}＝0～10 V。

③使调节板处于闭环状态，此时，接通控制回路、主电路、给定电路，逐渐加大给定，观察电压表的变化，检测零速封锁电路是否正常。

④限幅电路的调试(此时隔离板未安装)。令 U_g＝0 V，调节负限幅及 TJB 板的 W_2，使 U_k 值为－3 V(最小逆变角为 30°)左右；令 U_g＝10 V，调节正限幅 W_1，使 U_k 值为＋3 V(最小整流角为 30°)，对应输出电压 U_d 约为 270 V。

5. 闭环调试

将电压反馈板 YGD 上的电位器 W_1(顺时针)调整到最大，逐渐加大给定达到最大值；再逐渐减小 YGD 上的 W_1 电位器(逆时针)，使 U_d＝220 V，此时电压反馈调整结束。

6. 带电机调试

1）过流保护

将调节板内的 W_5 的输出电压调到 7 V 左右，闭合各电路，加大负载，当电枢电流达到 2.2 倍额定电流（$I_d=2.2\ I_N$）后，调整 TJB 的 W_4，使电路保护。

2）堵转电流调试

将调节板上的电流截止负反馈电位器 W_3 顺时针调到最大，逐渐加大给定使其达到最大值（10 V），加大负载，使电机堵转，逐渐减小调节板上的电流截止负反馈位器 W_3（逆时针），当电枢电流达到 2 倍发动机额定电流，堵转电流调试完毕，验证截止电流为 1.1～1.5 倍电动机额定电流。

7. 缺相保护的调试

断开 7#、8#、9# 任意一根导线，接通电路，此时电路应直接处于保护状态。

注意：

（1）在进行继电和各板首次调试时，应断续供电，不能长时间供电，以免存在故障时损坏设备。

（2）调节反馈量时，负反馈应从最强位置往小调节。

（3）调节锯齿波斜率时，应以示波器为准。

附 1：系统调试流程框图

系统调试流程框图如图 2.45～图 2.50 所示。

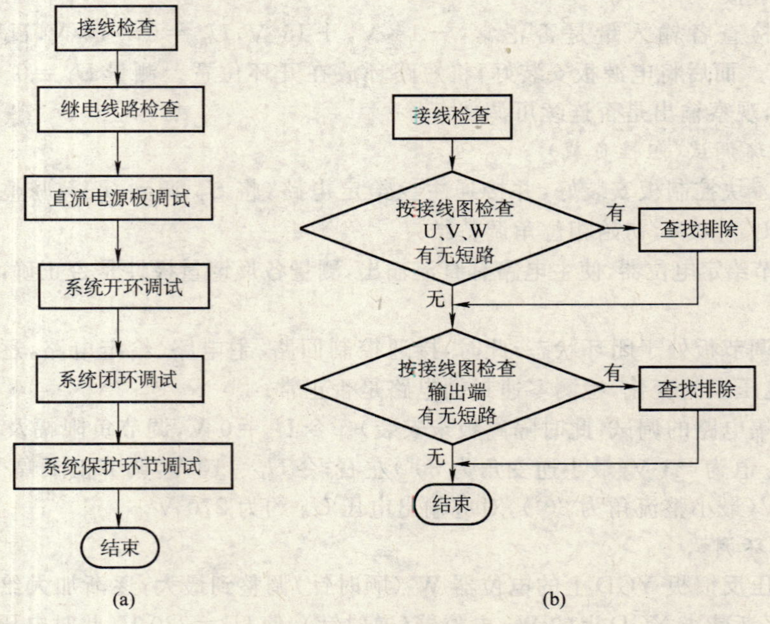

图 2.45　系统调试流程图

（a）调试流程图；（b）接线检查

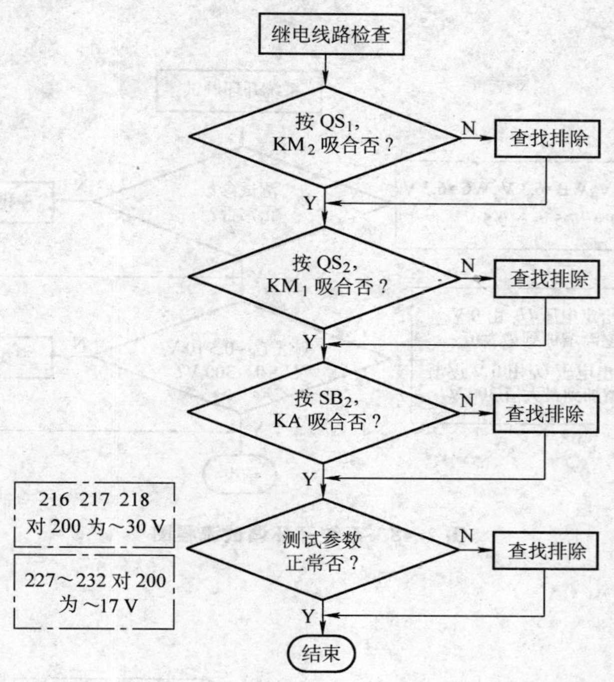

图 2.46　继电线路检查流程图

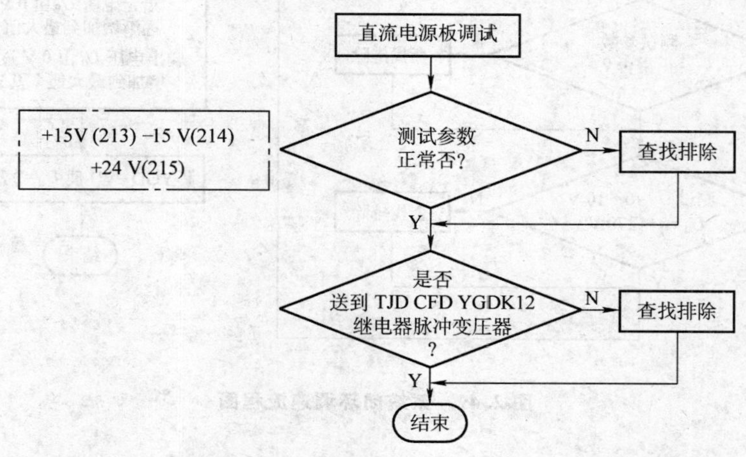

图 2.47　直流电源板调试流程图

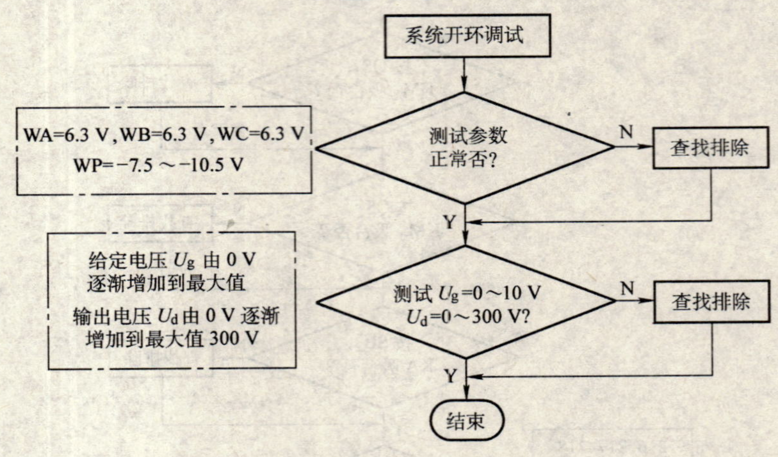

图 2.48 系统开环调试流程图

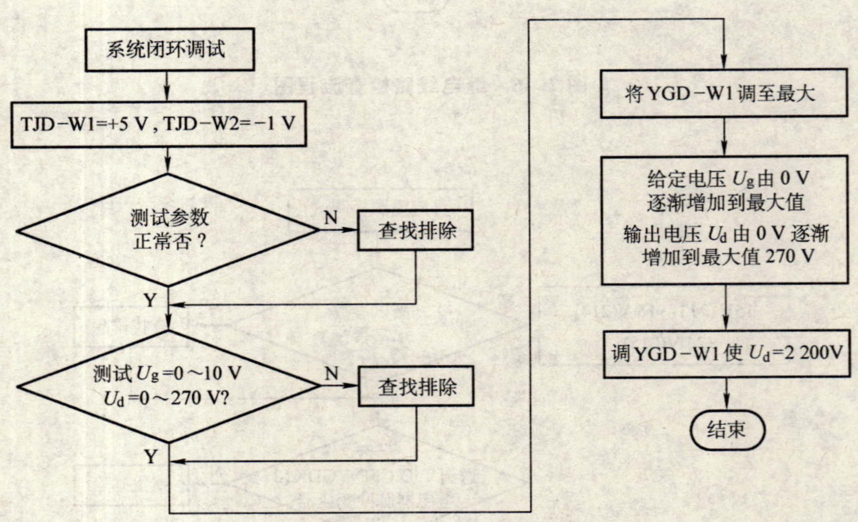

图 2.49 系统闭环调速流程图

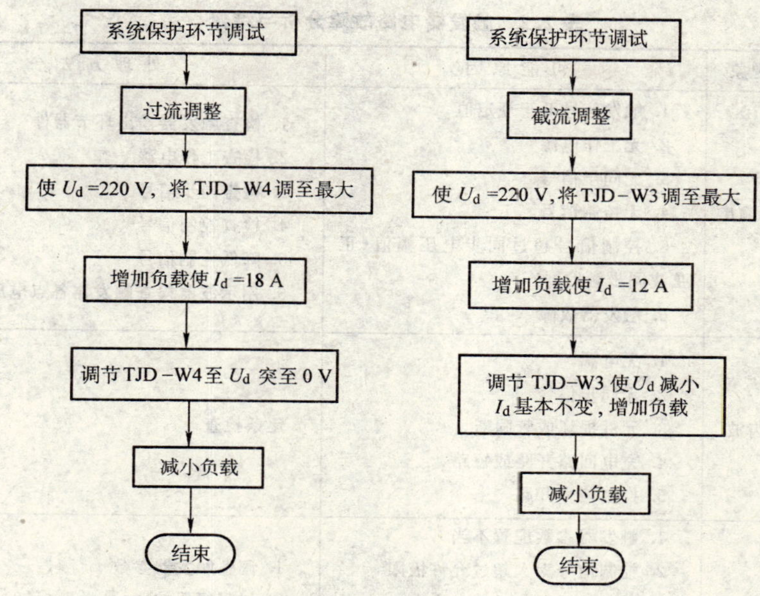

图 2.50　系统保护环节调试流程图

附 2：晶闸管整流装置的故障分析与维修方法汇总

1. 故障分类

（1）晶闸管整流装置的故障分为晶闸管元件故障、装置部件故障和系统故障三大类。

（2）部件故障又分为触发电路故障、主电路故障和整流输出故障三大部分。

2. 故障分析与维修方法内容

（1）晶闸管元件的故障分析与维修见表 2.1。

表 2.1　晶闸管的常见故障及其处理

序号	故障现象	可 能 原 因	处 理 方 法
1	正反向直通	1. 击穿性直通，受过电压、过电流、电压上升率过大、电流上升率过大等冲击所致 2. 平板型器件直通 ①管芯直通 ②装配性直通	1. 更换器件。针对可能原因，采取有关措施，抑制线路中的冲击因素 2. 乔开散热器，测量管芯是否直通 ①属于击穿性直通，更换器件 ②管芯好的，则针对直通原因，认真排除，重新组装，仍可使用
2	门极开路	1. 门极外引线断 2. 螺旋形器件门极内引线与门极导电管接触不良 3. 门极内引线松脱或门极 PⅣ结烧坏	1. 接通门极外引线 2. 用钢丝钳将门极导电管根部夹紧 3. 更换器件
3	门极短路	1. 外部短路（指线路中有短路） 2. 器件内部短路	1. 排除线路中的短路故障 2. 更换器件

(2)触发器电路故障分析与维修见表2.2。

表2.2 触发器电路故障分析与维修

序号	故障现象	可能原因	处理方法
1	无脉冲输出	1. 触发信号低于规定值 2. 无工作电源 3. 无同步信号 4. 无控制信号 5. 控制信号超过同步电压幅值(正弦波同步触发器) 6. 触发器故障	1. 检查触发器输出环节器件 2. 检查工作电源 3. 检查同步信号 4. 检查控制信号 5. 降低控制信号 6. 用示波器检查触发器各点电压波形
2	无锯齿波	1. 无电源 2. 无同步信号 3. 元件损坏或管腿断 4. 充电回路开路或短路 5. 控制信号开路	逐条检查
3	脉冲不稳定	1. 触发器参数配置不当 2. 控制信号太大超过允许极限 3. 控制信号的脉动分量太大 4. 控制信号与触发器输入回路的阻抗不匹配 5. 同步信号波形畸变 6. 触发器输出功率太小,而晶闸管的触发电流要求较大 7. 触发器抗干扰能力差	1. 调整触发器参数 2. 加限幅保护 3. 降低脉动分量 4. 加射极输出器 5. 检查同步信号波形畸变原因 6. 更换触发电流小的晶闸管 7. 提高抗干扰能力
4	放大器自激振荡	1. 放大器工作电源不良 2. 晶体管的极间电容和电路分布电容较大 3. 电容性负载影响 4. *RC*校正网络参数不当	1. 改善工作电源 2. 更换放大器 3. 布线取直或采用绞线,减少电容量 4. 通过调试确定*RC*值
5	调节器输入信号不相等	1. 放大器K_0太低或下降 2. 放大器自激振荡或*RC*校正网络参数配置不当 3. 输入信号的滤波电容、微分电路的电容、积分电容漏电太大或极性接反	1. 更换K_0高的放大器 2. 通过调试确定*RC*值 3. 更换电容或检查极性
6	电流反馈量太大	电流互感器规格与要求不符	检查电流互感器规格并更换合适的
7	电流反馈量不足	电流互感器或电流反馈回路存在故障	更换电流互感器
8	速度反馈量不足	测速发电机励磁电流和负载电阻选择不当	1. 励磁电流选100~150 mA 2. 负载电阻选5~15 kΩ

(3)主电路故障分析与维修见表 2.3。

表 2.3　主电路故障分析与维修

序号	故障现象	可能原因	处理方法
1	电源合闸时，直流侧有冲击	1. 主电源与控制电源共用一只开关(无主接触器) 2. 控制电源合闸与启动操作间隔时间太短 3. 正负电源中，正电源电压下降 4. 输出器下限幅值整定过低 5. 触发器锯齿波斜率不一致 6. 采用零速启动	1. 控制电路单设电源开关并先合闸 2. 控制电源合闸后稍等片刻再启动 3. 检查正电源 4. 提高下限幅值至+7 V 5. 调锯齿波斜率互为一致 6. 采用低速或爬行启动
2	三相整流电源不对称或缺相	1. 接触器主接点烧熔，表面高低不平 2. 整流变压器引出线脱焊或不良 3. 熔断器接触不良 4. 螺钉未拧紧 5. 导线头氧化或腐蚀	1. 更换主接点 2. 检查整流变压器引出线的焊接 3. 检查熔断器 4. 拧紧螺钉 5. 重新剥出线头
3	晶闸管元件易损坏	1. *RC* 吸收装置接线位置错误或保护效果不佳 2. 过流继电器或热继电器整定不当 3. 熔断器熔体额定电流选择不当 4. 经常发生启动过电流	1. 采用压敏电阻保护 2. 重新整定过流继电器或热继电器 3. 正确选择熔体额定电流 4. 排除启动过电流的故障
4	熔断器熔断	1. 直流侧短路 2. 晶闸管反向击穿 3. 熔体额定电流选择不当	1. 对主电路作直观检查或用万用表作粗测 2. 更换晶闸管 3. 正确选择熔体额定电流

(4)整流输出故障分析及维修见表 2.4。

表 2.4　整流输出故障分析及维修

序号	故障现象	可能原因	处理方法
1	无整流电压输出	1. 无控制部分工作电源 2. 无速度给定或给定未加入 3. 给定积分器不倒相 4. 速度调节器不倒相 5. 电流调节器不倒相 6. 无脉冲输出	逐条检查
2	突加给定，整流无输出，而由零开始有输出	1. 电压负反馈或速度负反馈加得太深 2. 控制信号超过同步电压的幅值	1. 调整电压负反馈或速度负反馈 2. 触发器输入端或放大器输出端加限幅保护

续表

序号	故障现象	可能原因	处理方法
3	整流输出电压失控	1. 续流二极管失效 2. 晶闸管维持电流小 3. 晶闸管正向重复峰值电压降低	1. 更换续流二极管 2. 更换维持电流大的晶闸管 3. 更换晶闸管
4	整流输出电压调不到零	1. 放大器零点偏移 2. 调节器电源电压偏高正常值 3. 触发器锯齿波斜率不一致	1. 放大器调零 2. 检查调节器电源 3. 调锯齿波斜率一致
5	整流输出电压波形缺相	1. 三相整流电源缺相 2. 某一块触发器无脉冲输出 3. 脉冲输出线正负接反 4. 整流元件开路(半控桥) 5. 晶闸管门极与阴极开路 6. 熔断器熔断 7. 熔断器接触不良 8. 晶闸管阳极与散热器未拧紧	1. 检查三相电源 2. 更换该触发器 3. 脉冲输出线对调 4. 更换整流元件 5. 更换晶闸管 6. 更换熔断器 7. 拧紧熔断器 8. 拧紧晶闸管
6	整流输出电压波形调不齐	1. 锯齿波斜率不一致 2. 电流互感器头尾接错或次级绕组有问题 3. 三相整流测速机电枢断线或绕组有问题 4. 三相整流电源不对称或缺相 5. 同步变压器熔断器熔断 6. 控制信号脉动分量太大	1. 调锯齿波斜率一致 2. 电流互感器头尾对换或检查二次绕组 3. 检查电枢线路 4. 检查三相电源 5. 更换熔断器 6. 降低控制信号脉动分量

任务十　认识西门子 MM440 变频器

一、任务提出

本任务学习西门子 MM440 变频器，要求认识其组成，学会安装和使用 MM440 变频器。

二、任务解决方案

(一)MM440 变频器的组成

MICROMASTER 440(MM440)是用于控制三相交流电动机速度的变频器系列。现场系统上的西门子变频器一般包括三个部分：变频器主体、BOP 面板和 DP 接口，如图 2.51 所示。其中 BOP 面板和 DP 接口不是必需的。

DP 模块如图 2.52 所示。

西门子 BOP 面板如图 2.53 所示。西门子 BOP 面板包括一个液晶显示屏和 8 个按钮。其中左上角按钮是运行启动，左下角按钮是停止。

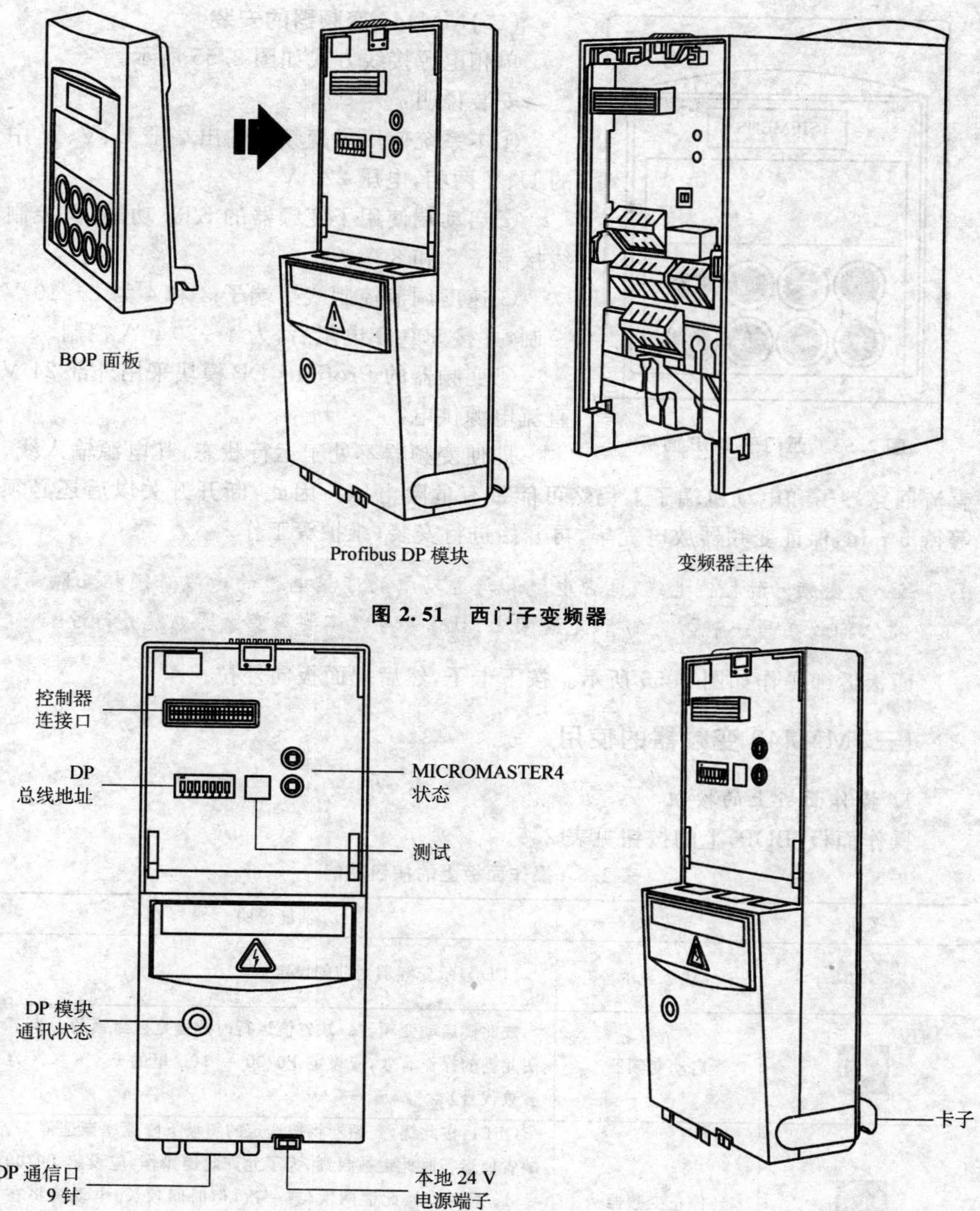

图 2.51　西门子变频器

图 2.52　DP 模块

西门子变频器可以用 BOP 面板操作，也可以由 4～20 mA 电流控制，还可以使用 PROFIBUS－DP 总线控制。不需要增加任何硬件即可进行这些模式的操作。

变频器方框图如图 2.54 所示。

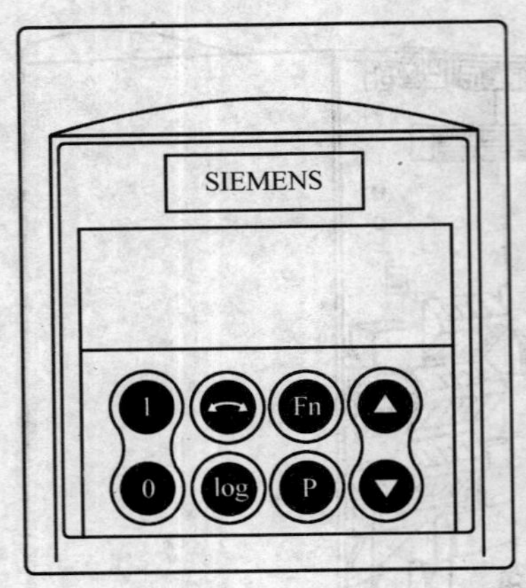

图 2.53　西门子 BOP 面板

(二)MM440 变频器的安装

单相电源接线方式如图 2.55 所示。

安装说明：

①本系统使用了变频器输出端子 U、V、W 中的 U、V 两相，电压 220 V。

②启动端使用了变频器的 STF 功能，其控制线接端子 5 和 8。

③速度调节控制线接端子 3 和 4 为 2～10 V 控制，并接 500 Ω 电阻后，为 4～20 mA 控制。

④变频器的 Profibus DP 模块采用外部 24 V 直流电源供电。

即使变频器不处于运行状态，其电源输入线、直流回路端子和电动机端子上仍然可能带有危险电压。因此，断开开关以后还必须等待 5 min，保证变频器放电完毕，再开始进行安装、维护等工作。

注意：变频器的控制电缆、电源电缆和与电动机的连接电缆的走线必须相互隔离，不要把它们放在同一个电缆线槽/电缆架上，且信号电缆不要与变频器电缆并行过长。

面板拆卸操作如图 2.56 所示。按下卡子，然后把面板向外拉。

(三)MM440 变频器的使用

1. 操作面板上的按钮

操作面板(BOP)上的按钮见表 2.5。

表 2.5　操作面板上的按钮功能

按钮	功能	功能说明
r0000	状态显示	LCD 显示变频器当前的设定值
I	启动变频器	按此键启动变频器。缺省值运行时此键是被封锁的。为了使此键的操作有效，应设定 P0700 ＝ 1(这里的 P×××× 为参数代号)
0	停止变频器	OFF1：按此键，变频器将按选定的斜坡下降速率减速停车。缺省值运行时此键被封锁；为了允许此键操作，应设定 P0700 ＝ 1。OFF2：按此键两次(或一次，但时间较长)电动机将在惯性作用下自由停车 此功能总是“使能”的
	改变电动机的转动方向	按此键可以改变电动机的转动方向。电动机的反向用负号(－)表示或用闪烁的小数点表示。缺省值运行时此键是被封锁的，为了使此键的操作有效，应设定 P0700 ＝ 1

续表

按钮	功能	功能说明
jog	电动机点动	在变频器无输出的情况下按此键，将使电动机启动，并按预设定的点动频率运行。释放此键时，变频器停车。如果变频器/电动机正在运行，按此键将不起作用
Fn	功能设置	此键用于浏览辅助信息。 变频器运行过程中，在显示任何一个参数时按下此键并保持不动 2 s，将显示以下参数值：(在变频器运行中，从任何一个参数开始) 1. 直流回路电压(用 d 表示，单位：V) 2. 输出电流(A) 3. 输出频率(Hz) 4. 输出电压(用 o 表示，单位：V) 5. 由 P0005 选定的数值。(如果 P0005 选择显示上述参数中的任何一个(3，4 或 5)，这里将不再显示) 连续多次按下此键，将轮流显示以上参数。 跳转功能在显示任何一个参数(rXXXX 或 PXXXX)时短时间按下此键，将立即跳转到 r0000，如果需要的话，您可以接着修改其他的参数。跳转到 r0000 后，按此键将返回到原来的显示点
P	访问参数	按此键即可访问参数
▲ ▼	增加/减少数值	按此键即可增加/减少面板上显示的参数数值

2. 重要参数的含义

1)P0010 开始快速调试

(1)0：准备运行。

(2)1：快速调试。

(3)30：工厂的缺省设置值。

2)P0700 选择接通/断开/反转(on/off/reverse)命令源

(1)0：工厂设置值。

(2)1：基本操作面板(BOP)。

(3)2：模拟量输入端子 / 数字量输入。

(4)6：来自总线命令。如果使用 Profibus 总线，则需要设置这个参数。注意 P0917=0。

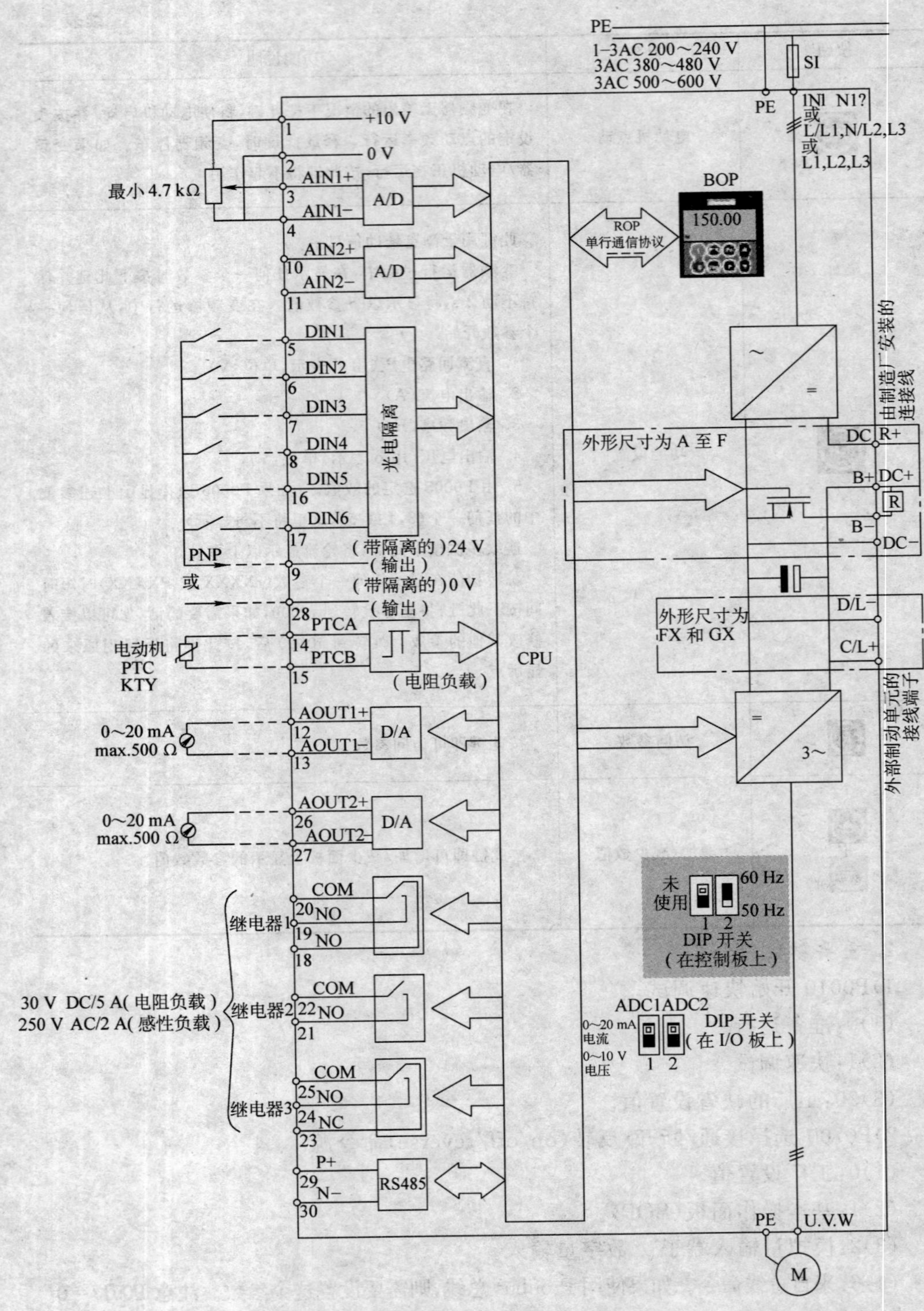

图 2.54 变频器的方框图

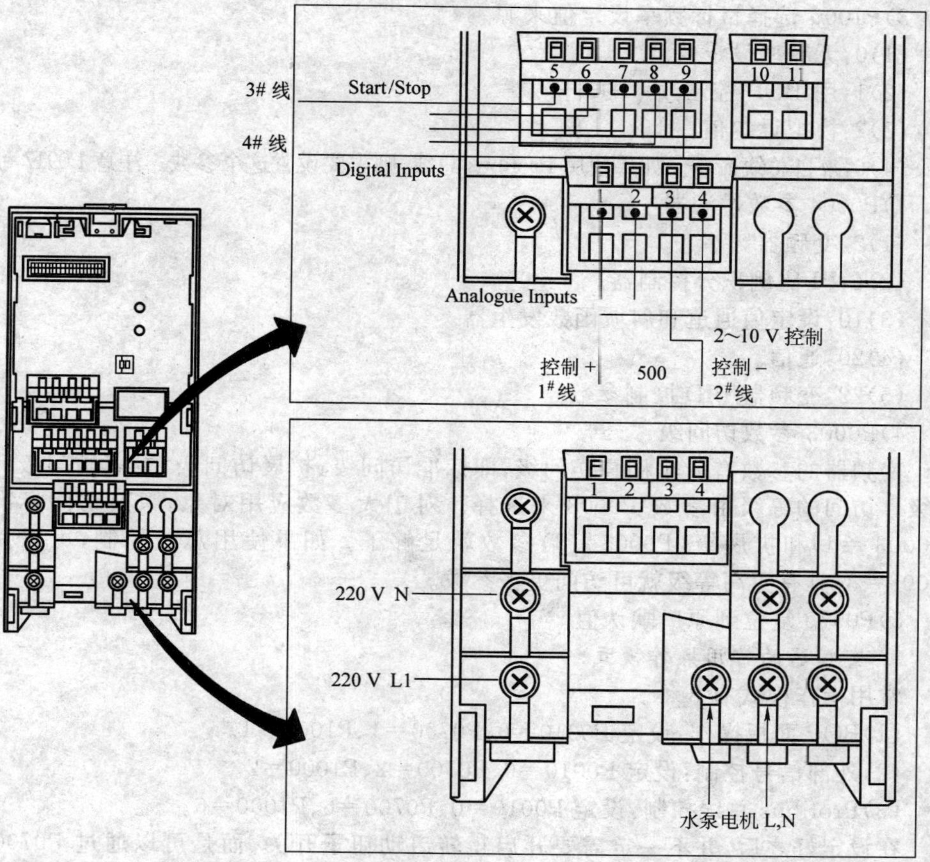

3# 线
Start/Stop
4# 线
Digital Inputs
5 6 7 8 9
10 11
1 2 3 4
Analogue Inputs
2～10 V 控制
控制 +
1#线
500
控制 -
2#线
220 V N
220 V L1
水泵电机 L,N

图 2.55　MICROMASTER 440 变频器的连接端子

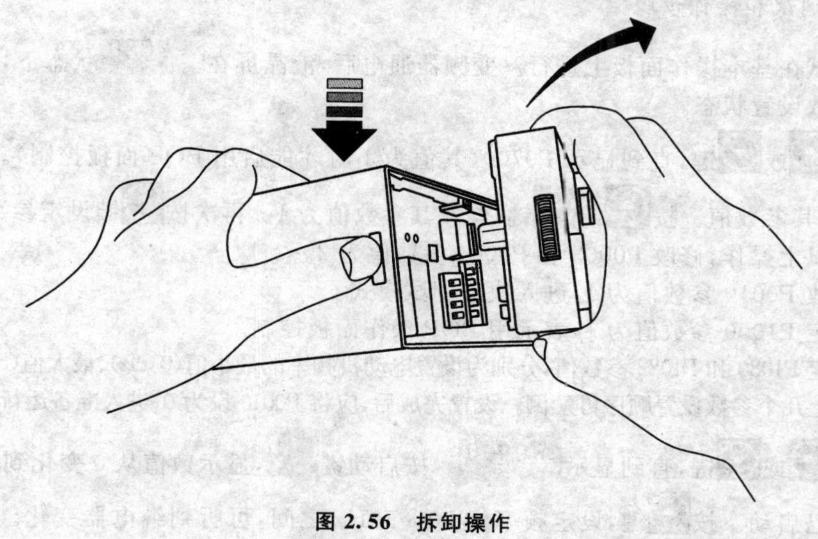

图 2.56　拆卸操作

3)P1000 选择目标频率设定值来源

(1)0:无频率设定值。

(2)1:用 BOP 控制频率的升降。

(3)2:模拟设定值。

(4)6:来自总线命令。如果使用 Profibus 总线,则需要设置这个参数。注意 P0917=0。

4)P0004 参数过滤器

(1)2:变频器。

(2)4:PI 比例积分控制器。

(3)10:设定值通道和斜坡函数发生器。

(4)20:通信。

(5)22:变频器 PID 控制参数。

4)P0003 参数访问级

变频器的参数有 4 个用户访问级,即标准访问级、扩展访问级、专家访问级和维修级。访问的等级由参数 P0003 来选择。对于大多数应用对象,只要访问标准级(P0003 =1)和扩展级(P0003=2)参数就足够了。如果使用总线控制,可以使用 P0003=3,具有更高等级就可访问更多参数。

5)P0970 复位到原厂默认值

3. 变频器的常用操作模式

常用操作模式有 3 种。

(1)BOP 面板操作:设定 P0010=0、P0700=1、P1000=1。

(2)外部信号控制:设定 P0010=0、P0700=2、P1000=2。

(3)Profibus 总线控制:设定 P0010=0、P0700=6、P1000=6。

在设定好之后,并不一定需要开启正转启动钮子开关,而是可以通过 P0700 的不同设置启动,例如面板,或者总线命令。

4. 调试和操作步骤

调试在基本操作面板上进行。变频器通电后,液晶屏在 r0000 状态下,按 P,进入参数设置状态。

按▲或▼键,直到显示 P0700(其值为 1 时才能启用 BOP 面板控制)。按 P 键,显示其参数值。按▲或▼键,修改其参数值为 1。再次按 P 键设定参数。

同以上操作,修改 P0003 和 P0004 参数值为 2。

修改 P0010 参数值为 1,进入快速调试模式。

设定 P1000 参数值为 1,表示用 BOP 操作面板控制。

设定 P1080 和 P1082 参数值,分别为设置电动机频率的最小值(0 Hz)、最大值(50Hz)。

以上几个参数设置顺序可颠倒。设置完成后,应将 P0010 设为 0,进入准备运行状态。

按▲或▼键,直到显示 r0000。按启动键 I,显示数值从 0 变化到 5,此时变频器已启动。按▲键,设定频率为 30～50Hz 之间,可听到继电器变化。若将水泵插线头接上，可以启动水泵。

频率对应的数值为 0－0Hz，16385－50.00Hz，可以提供如下转换公式：

AV＝REAL_TO_WORD(16385 * IN/50)

其中，IN 是目标频率；AV 为要输出的数值。

任务十一　西门子 MM440 变频器的应用

一、任务提出

用 BOP 面板实现变频器控制风机的转动控制。

二、相关知识

本任务的操作主要与变频器参数设置方法有关。

三、任务解决方案

(1)接通电源，变频器显示为：

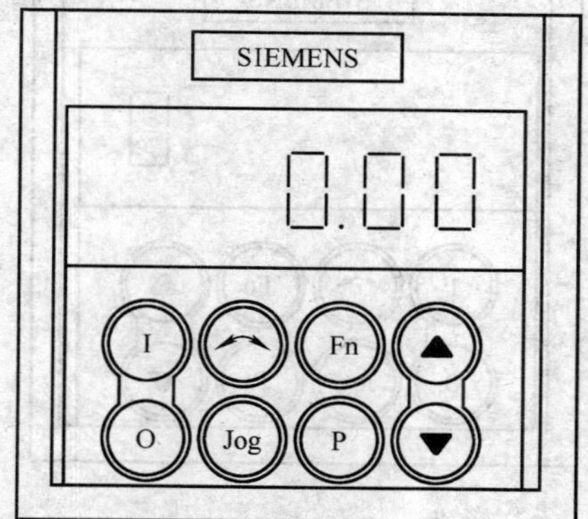

(2)按P键，变频器显示为：

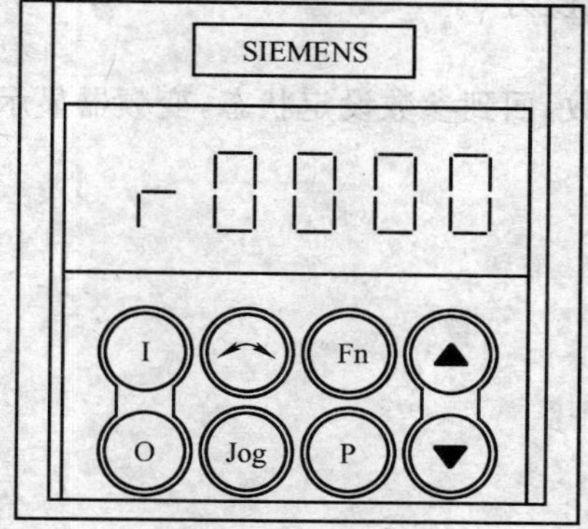

(3)按 将参数调至 P0010,变频器显示为:

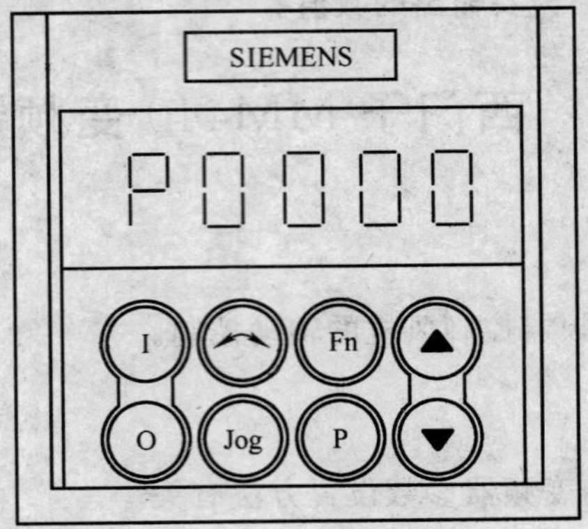

(4)按 键,变频器显示为:

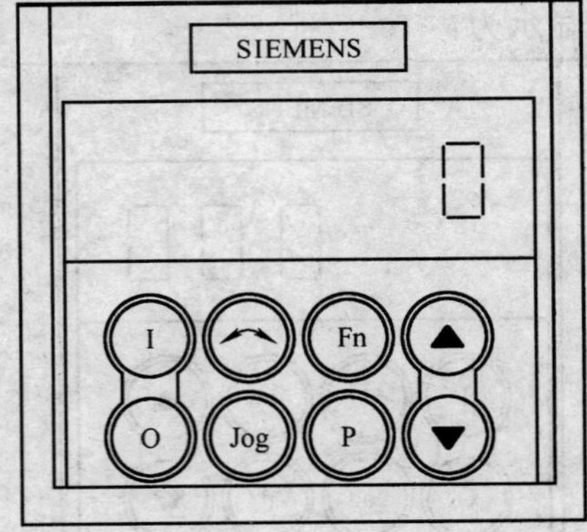

(5)按 键,将参数设为 0。

(6)按 键,确定参数,回到参数设定状态,变频器显示为:

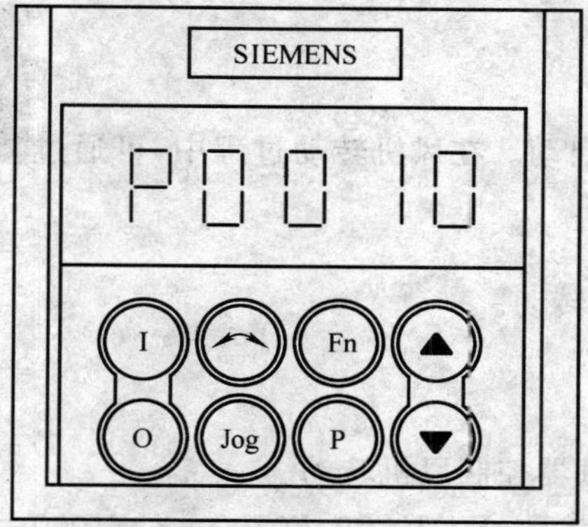

按上述方法，设定参数 P0700＝1，P1000＝1。

(7)按键，返回页面。

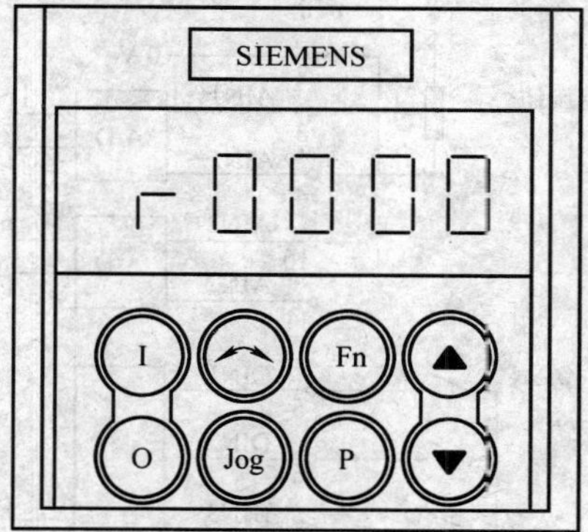

(8)按P键，确定，变频器显示为：

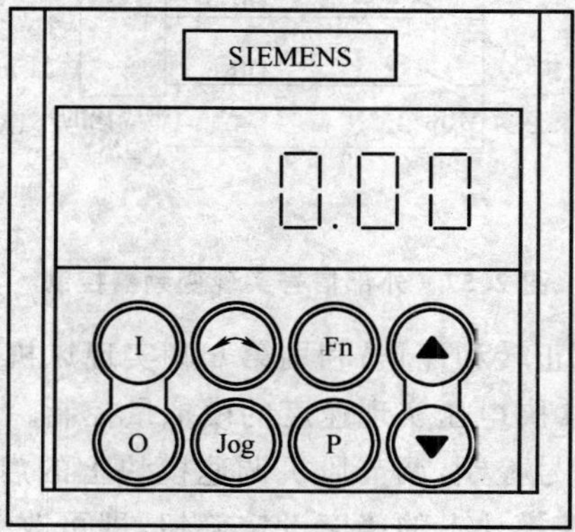

(9)按[I]键，风机启动。在风机转动过程中，可通过[▲▼]调整变频器频率，从而改变转速。

按[O]键，风机停止转动。

四、试一试

用外部信号实现变频器控制风机转动。

按照上述方法，设定参数：P0010＝0、P0700＝2、P1000＝2。此时 BOP 面板上的[I][O]键不起作用。参照图 2.57 实现变频器的外部信号控制。

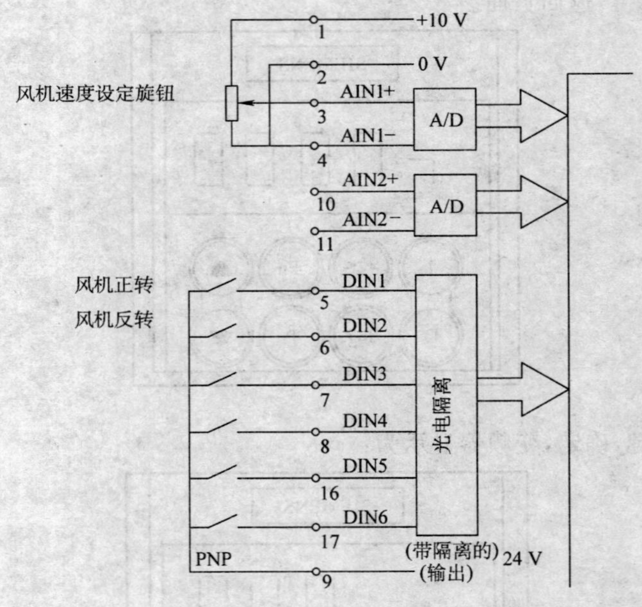

图 2.57 外部信号实现变频器控制

利用第 5 脚实现风机正转和停止；利用第 6 脚实现风机反转和停止；5、6 脚切换实现正反转控制；调节 3、4 脚电压实现速度的模拟量控制。组合使用上述引脚，可以实现如下变频器的外部信号控制：调节风机调速模块上的启动、停止按钮，即可控制风机的转动；调节风机调速模块上的速度设定旋钮，即可改变风机转速；调节风机调速模块上的正转、反转开关，可以改变风机的转向。

任务十二　用DP总线方式实现MM440风机控制

一、任务提出

前面我们练习了BOP面板操作以及外部信号控制。如果变频器远离操作者，则可以使用PROFIBUS DP总线控制。例如，通过DP总线实现风机的变频控制。

二、相关知识

(1)相关硬件组态的知识，见模块二。

(2)相关的软件。

三、任务解决方案

(一)硬件组态

(1)双击“SIMATIC Manager”图标，打开STEP7主画面，如图2.58所示。

图2.58　STEP 7主画面

(2)点击菜单“文件\新建”，得到如图2.69所示的对话框。在“名称”框中输入文件名称(test)，在“储存位置”框中输入文件夹地址，然后点击“确定”，系统将自动生成test项目，如图2.60所示。

(3)选中test项目，点击右键，选中“插入新对象”，点击“SIMATIC 300站点”，将生成一个如图2.61所示的S7-300的项目。如果项目CPU是S7-400，那么选中“SIMATIC 400站点”即可。

(4)将test左面的“+”点开，选中“SIMATIC 300(1)”，然后选中“硬件”并双击或右键点击“打开项目”(如图2.62所示)，便可打开硬件组态画面，如图2.63所示。

(5)双击图2.63窗口中“SIMATIC 300\RACK-300”文件夹，将“Rail”拖到左边空白处，生成空机架，如图2.64所示。

(6)双击“PS-300”文件夹，选中“PS 307 5A”，将其拖到机架的第一个插槽

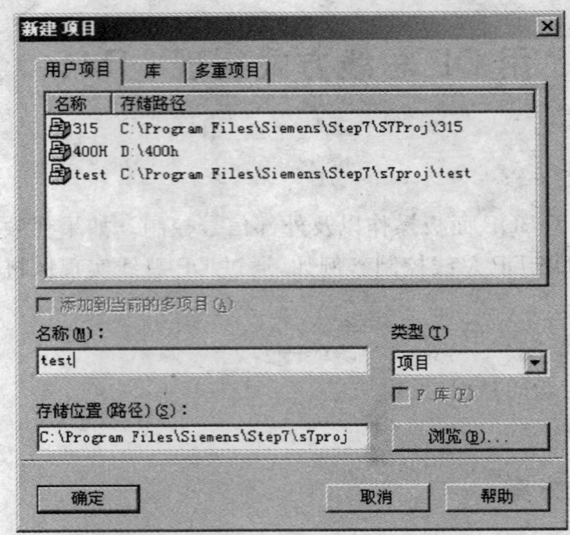

图 2.59 “新建项目”对话框

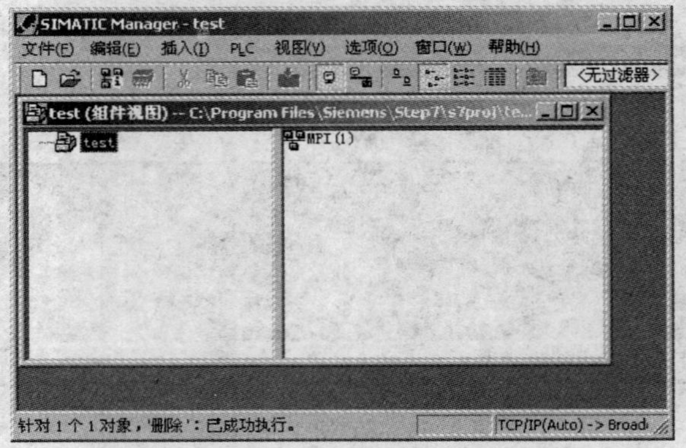

图 2.60 test 项目

(SLOT)，添加电源模块，如图 2.65 所示。

(7)双击“CPU－300”，再双击“CPU 313C－2 DP”，接着双击“6ES7 313－6CF03－0AB0”，选中“V2.6”，将其拖到机架 RACK 的第 2 个插槽，添加 CPU 模块。一个组态“PROFIBUS－DP”的窗口将弹出，在“地址”中选择分配 DP 地址，默认为 2，如图 2.66 所示。

(8)双击机架上的 2.2 DI16/DO16 设备给 IO 模块分配地址，如图 2.67 所示，无特殊情况用系统自动分配的地址即可。

(9)点击机架上的“DP”块，弹出 DP 设置对话框如图 2.68 所示。

点击“属性”，新建一个 DP 网络，如图 2.69 所示。选择该 DP 网络，如图 2.70 所示。则在 CPU 上会出现一条 DP 线。

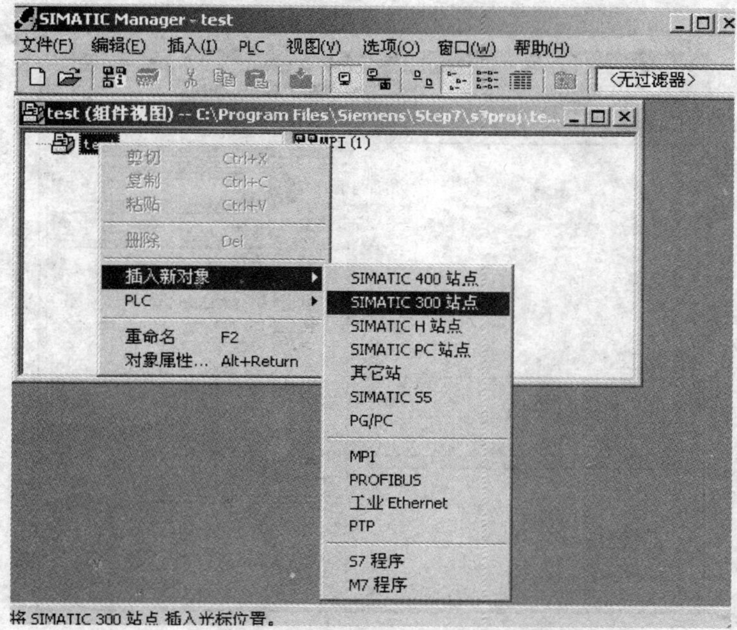

图 2.61　生成一个 S7-300 的项目

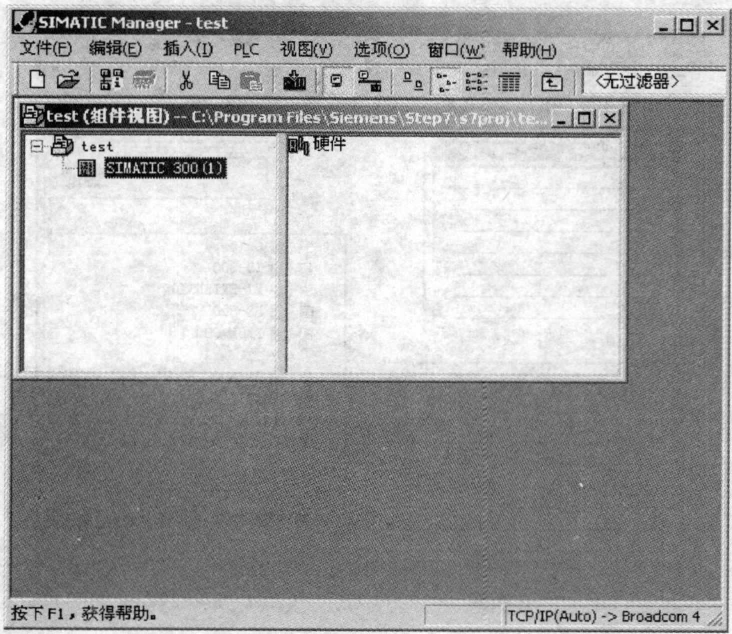

图 2.62　打开硬件组态

(10)将 MICROMASTER 4 电机拖到已经建好的 DP 线上，如图 2.71 所示。

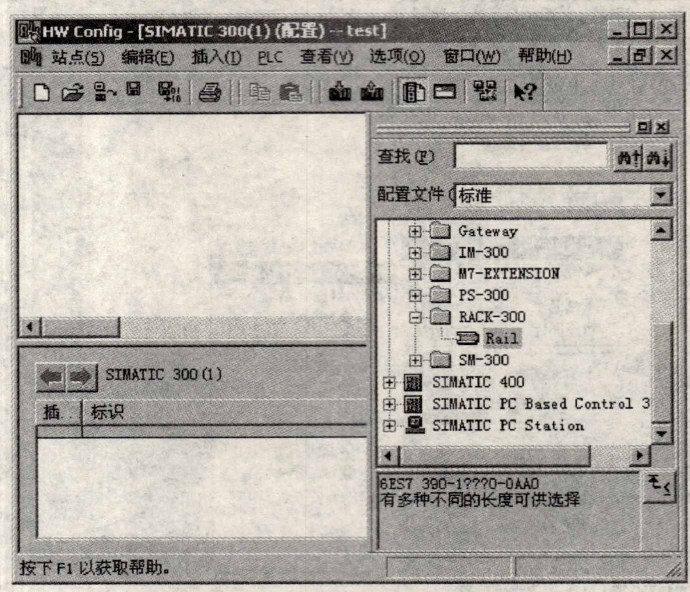

图 2.63　打开的硬件组态画面

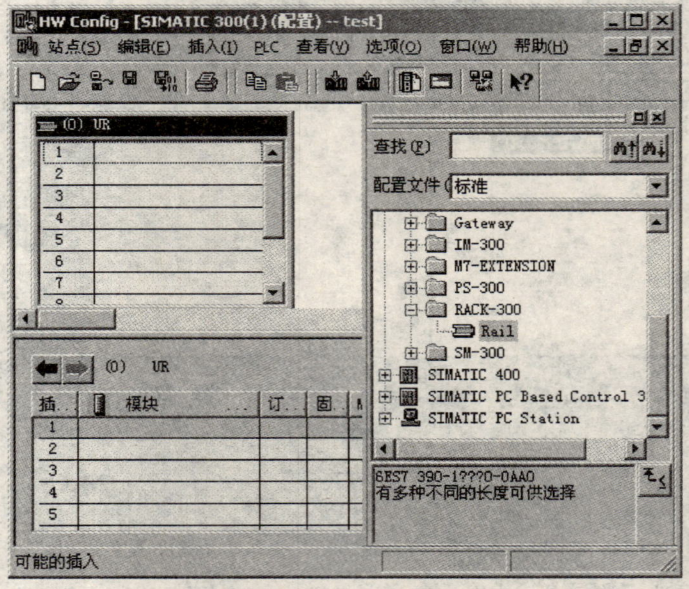

图 2.64　生成机架

将其下拉的 4PKW，2PZD(PPO 1)拖入下方地址空间里并分配地址，如图 2.72 所示。

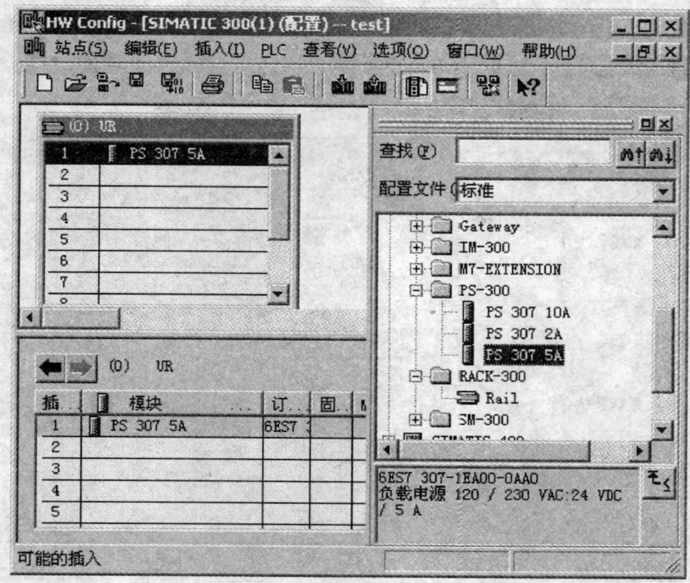

图 2.65 添加电源模块

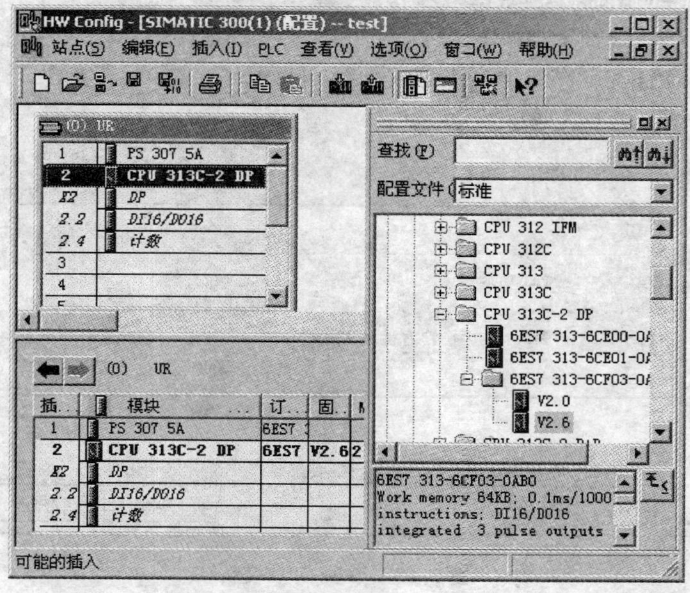

图 2.66 添加 CPU 模块

属性 - DI16/DO16 - (R0/S2.2)
常规
地址
输入
输入
开始(S)：
124
过程映像：
结束：
125
OB1 PI
系统默认(Y)
输出
开始(T)：
124
过程映像：
结束：
125
OB1 PI
系统默认(E)
确定
取消
帮助

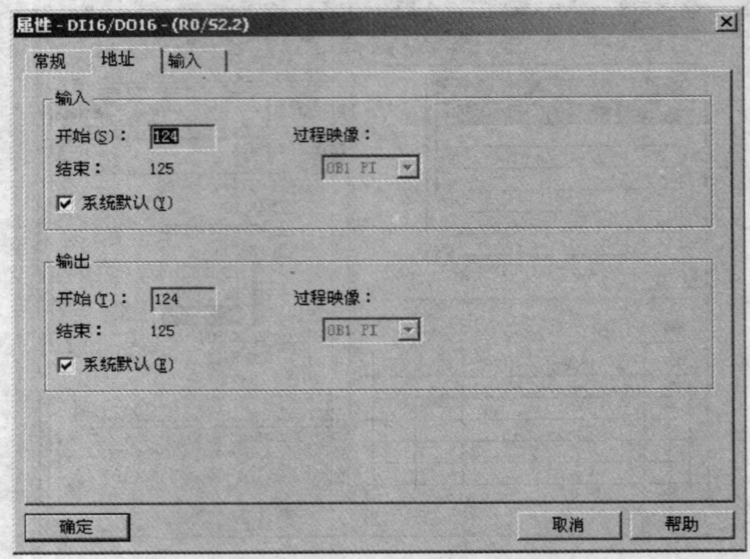

图 2.67　给 IO 模块分配地址

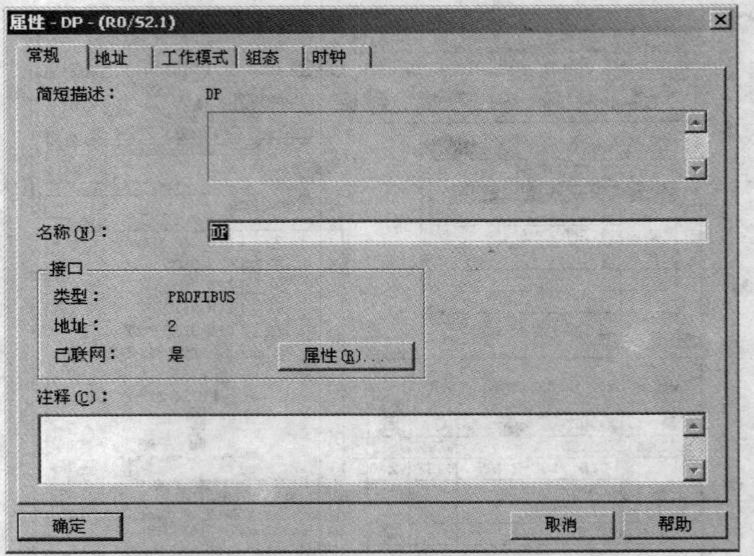

属性 - DP - (R0/S2.1)
常规
地址
工作模式
组态
时钟
简短描述：
DP
名称(N)：
DP
接口
类型：
PROFIBUS
地址：
2
已联网：
是
属性(R)...
注释(C)：
确定
取消
帮助

图 2.68　添加 CPU 模块

(11)点击工具栏中的 (Save and Compile)图标，存盘并编译硬件组态，完成硬件组态工作。

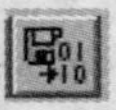

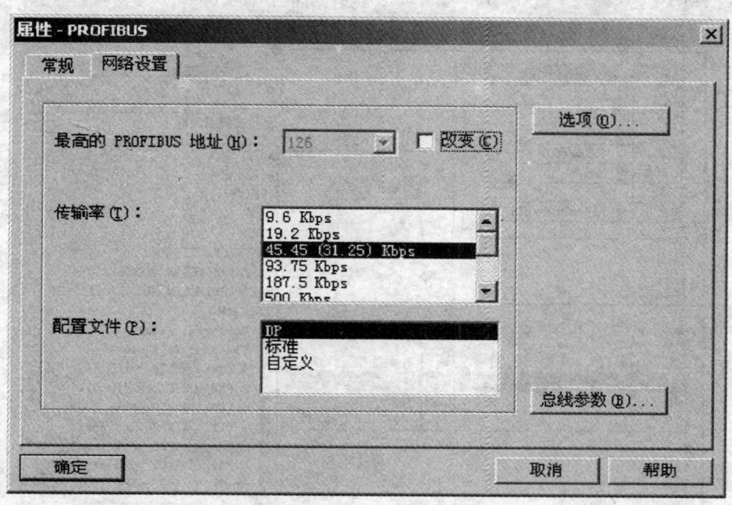

图 2.69　新建 DP 网络

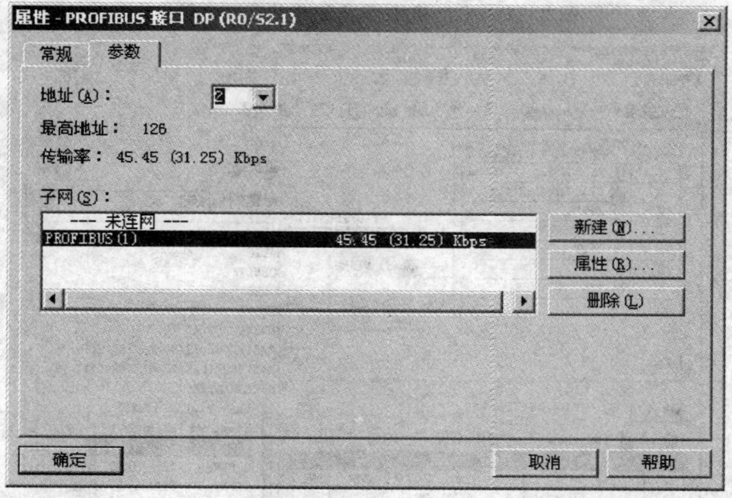

图 2.70　选择 DP 网络

(12)单击“选项”→“设置 PG/PC 接口”，进行通信设置，如图 2.73 所示。在“设置 PG/PC 接口”窗口中，选择“PC Adapter(Auto)”，单击“确定”即可，如图 2.74 所示。

(13) 下载硬件组态点击 (Download)，弹出“选择目标模块”对话框，点击“确定”。其窗口如图 2.75 所示。

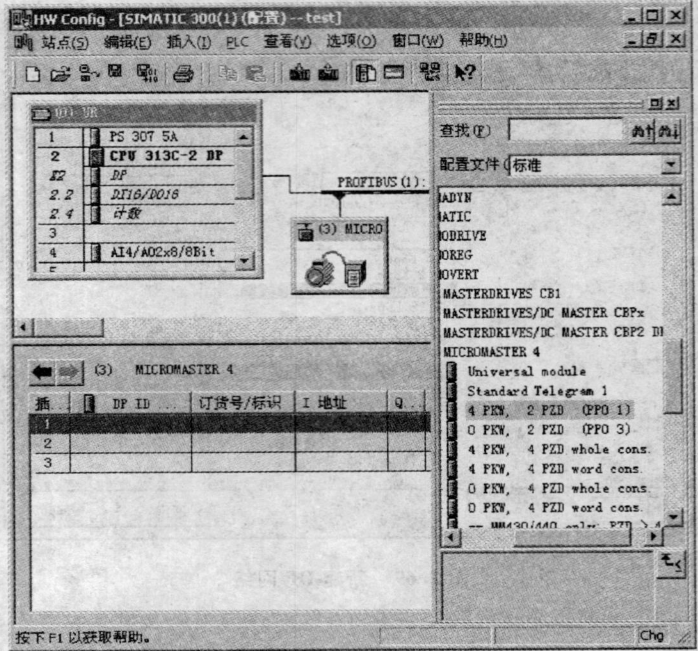

图 2.71 将电机拖到已经建好的 DP 线上

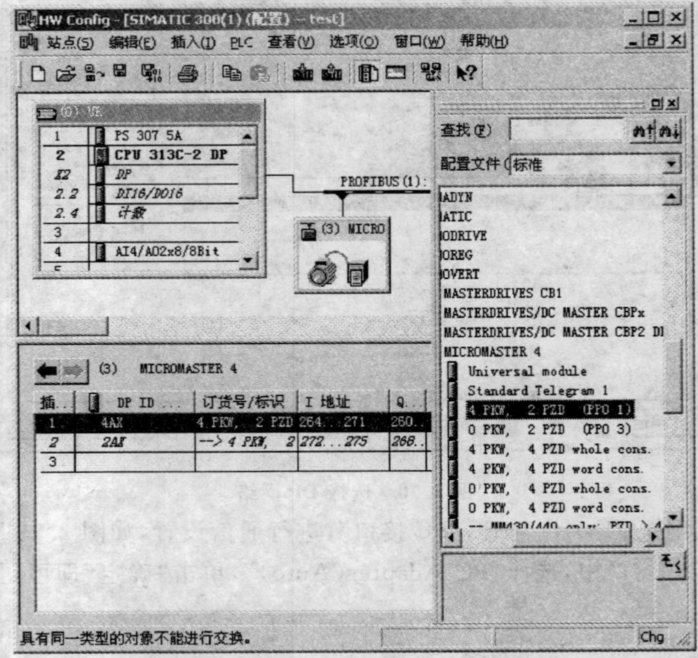

图 2.72 分配地址

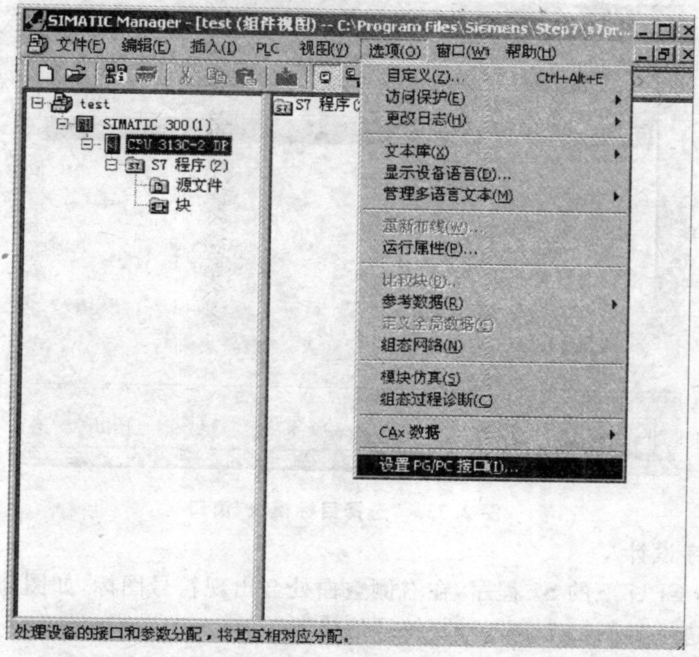

图 2.73　进入通信参数设置

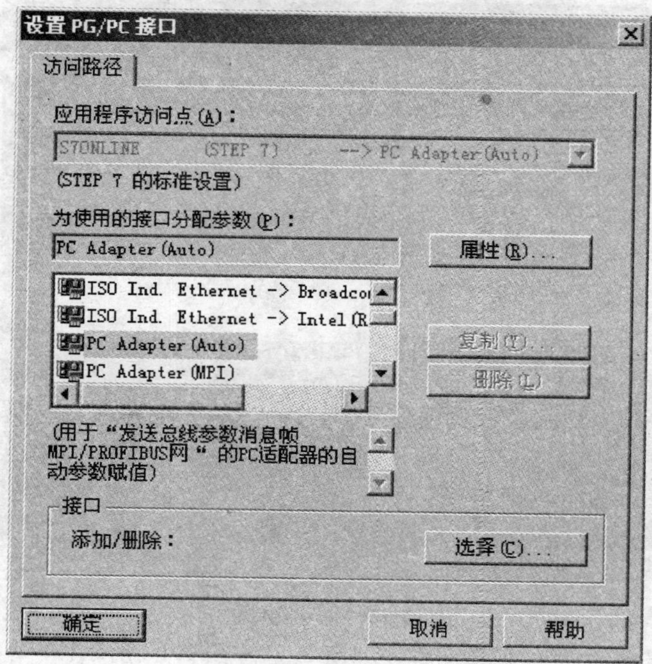

图 2.74　"设置 PG/PC"接口窗口

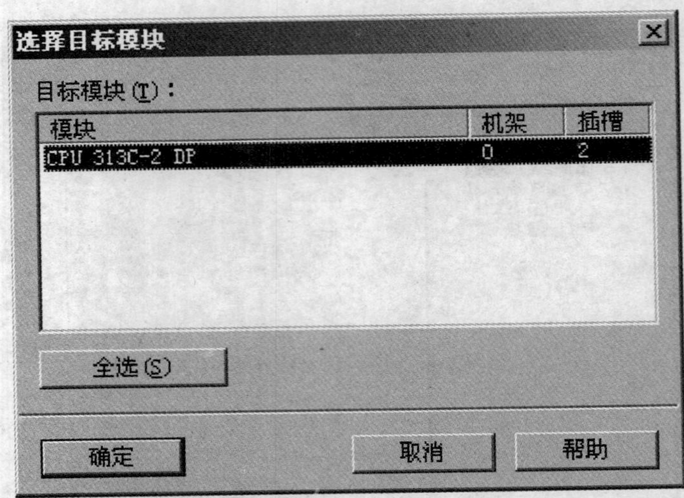

图 2.75 “选择目标模块”窗口

(二)程序设计

(1)点击 CPU 下的 S7 程序,在右侧空白处会出现符号图标,如图 2.76 所示。点击符号图标进入如图 2.77 所示的“符号编辑器”。

(2)在编辑符号表中加入一些符号,保存退出,如图 2.78 所示。

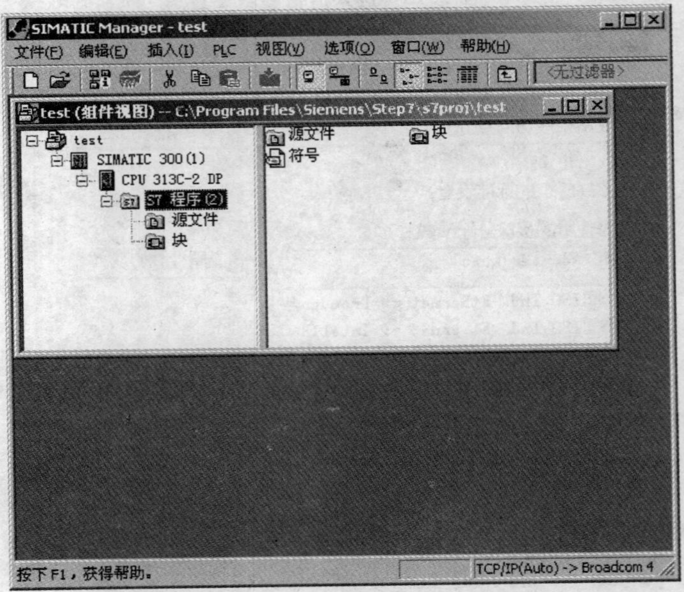

图 2.76 符号图标窗口

(3)编写程序,完成的梯形图程序如图 2.79~图 2.83 所示。

编辑完成后,单击保存,OB1 的编程工作全部完成。整个程序包括三个网络,且都是调用函数来实现。

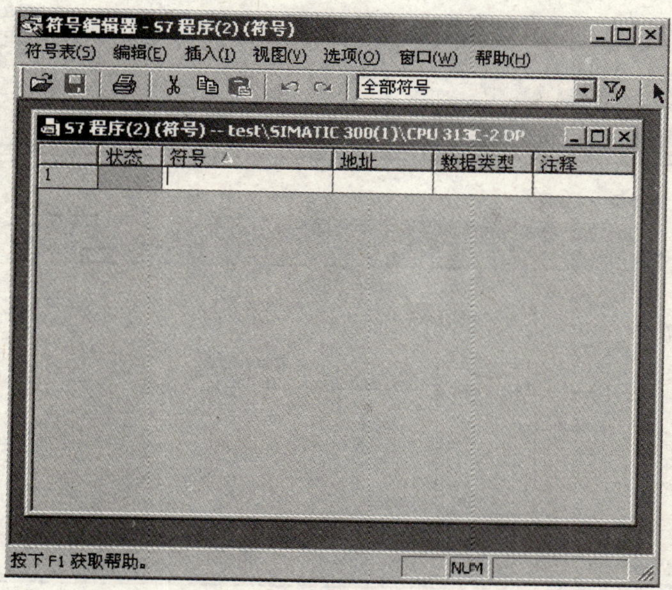

图 2.77　“符号编辑器”窗口

符号编辑器 - S7 程序(2) (符号)

符号表(S)　编辑(E)　插入(I)　视图(V)　选项(O)　窗口(W)　帮助(H)

全部符号

S7 程序(2) (符号) -- test\SIMATIC 300(1)\CPU 313C-2 DP

	状态	符号	地址		数据类型	注释
1		TR_COMMAND	PQW	268	WORD	变频器控制字
2		TR_REAL_POINT	PIW	274	WORD	变频器实际频率
3		TR_SET_POINT	PQW	270	WORD	变频器设定频率
4		TR_STATUS	PIW	272	WORD	变频器状态字
5		VAT_1	VAT	1		
6						
7						
8						
9						
10						
11						
12						
13						
14						
15						
16						
17						
18						
19						
20						
21						

按下 F1 获取帮助。　NUM

图 2.78　编辑符号表

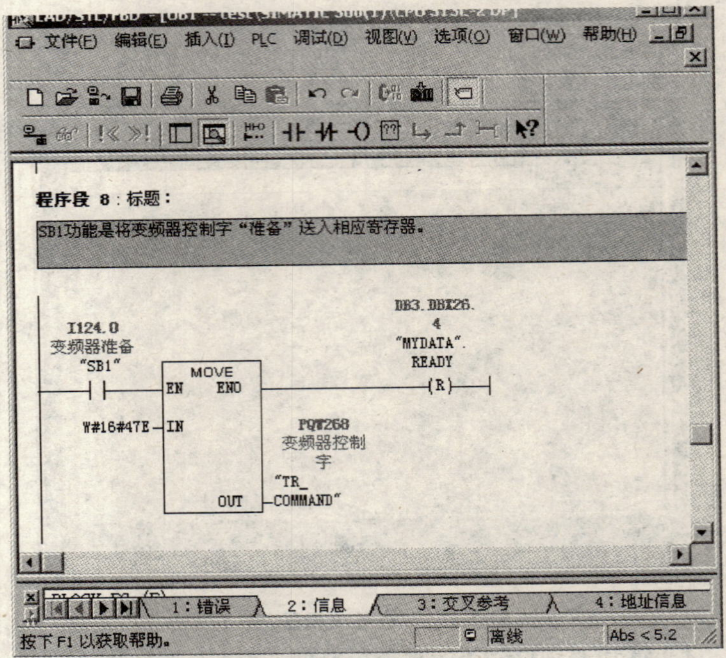

图 2.79 准备

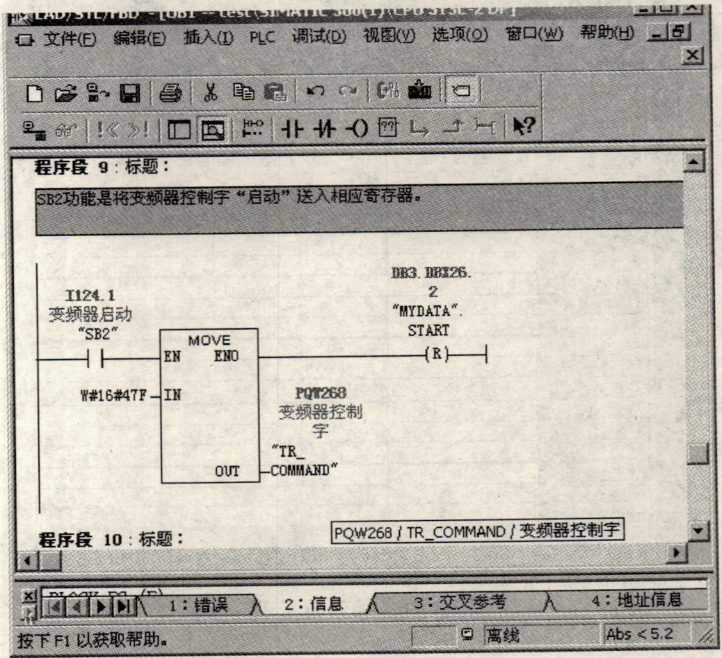

图 2.80 启动

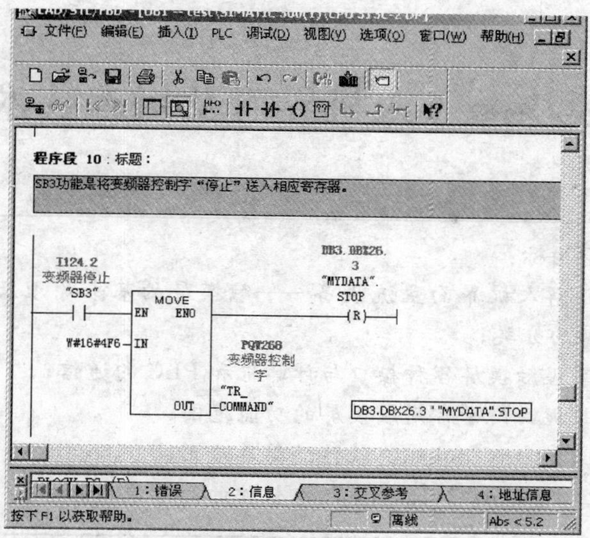

图 2.81　停止

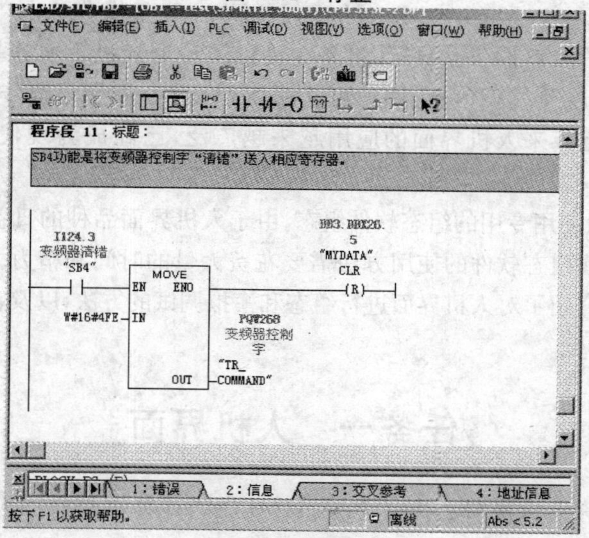

文件(F) 编辑(E) 插入(I) PLC 调试(D) 视图(V) 选项(O) 窗口(W) 帮助(H)
程序段 11：标题：
SB4功能是将变频器控制字“清错”送入相应寄存器。
I124.3
变频器清错
“SB4”
MOVE
EN ENO
W#16#4FE
IN
OUT
PQW268
变频器控制字
“TR_COMMAND”
DB3.DBX26.5
“MYDATA”.CLR
(R)
1：错误 2：信息 3：交叉参考 4：地址信息
按下 F1 以获取帮助。
离线
Abs < 5.2

图 2.82　清除

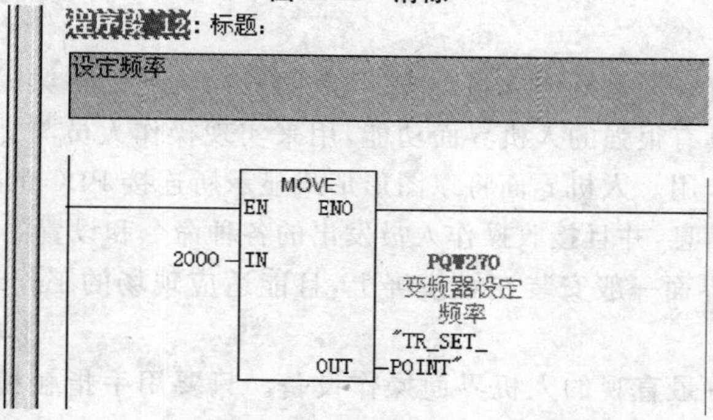

程序段 12：标题：
设定频率
MOVE
EN ENO
2000
IN
OUT
PQW270
变频器设定频率
“TR_SET_POINT”

图 2.83　设定频率

模块三 人机界面及组态技术

学习目标：

➢ 了解人机界面主流设备——触摸屏的基本原理及常用触摸屏的分类；

➢ 掌握触摸屏各种接口与计算机和 PLC 的通信；

➢ 掌握西门子常用触摸屏的功能范围；

➢ 掌握 ProTool 组态软件的简单应用；

➢ 掌握 WinCC flexible 组态软件的简单应用。

人机界面（Human Machine Interface，HMI）一般是操作人员与 PLC 之间进行对话和相互作用的接口设备。HMI 设备允许以图形形式显示所连接 PLC 的操作状态、当前过程数据以及故障信息，用户可使用 HMI 设备方便地操作和观测正在监控的设备或系统。近年来人机界面的应用越来越广泛，已经成为现代工业控制系统不可缺少的设备之一。

人机界面一般使用专用的组态软件组态，由于人机界面品种的日益丰富和功能的不断增强，学习和掌握组态软件的使用方法需要花费大量的时间和精力。本模块通过具体实例，深入浅出地介绍了对人机界面进行组态和模拟调试的方法，以及在控制系统中应用人机界面的工程实例。

任务一 人机界面

人机界面又称人机接口。广义上说，HMI 泛指计算机与操作人员交换信息的设备。在控制领域，HMI 一般特指用于操作人员与控制系统之间进行对话和相互作用的专用设备。

人机界面装置一般是操作人员与 PLC 之间双向沟通的桥梁。很多工业被控对象要求控制系统具有很强的人机界面功能，用来实现操作人员与计算机控制系统之间的对话和相互作用。人机界面将以图形形式显示所连接 PLC 的操作状态、当前过程数据以及故障信息，并且接收操作人员发出的各种命令和设置的参数，再将他们传送到 PLC。人机界面一般安装在触摸屏上，且能适应现场的工作环境，具有较高的可靠性。

触摸屏是一种最直观的人机界面操作设备。只要用手指触摸屏幕上的图形对象，计算机便会执行相应的操作，人的行为和机器的行为变得简单、直接。用户还可以用触摸屏上的文字、按钮、图形和数字信息等，处理或监控不断变化的信息。当前，触摸屏是人机界面发展的主流方向，几乎成了人机界面的代名词，甚至有的专业人机界面生产厂家只生产触摸屏。典型触摸屏设备的应用如图 3.1 所示。

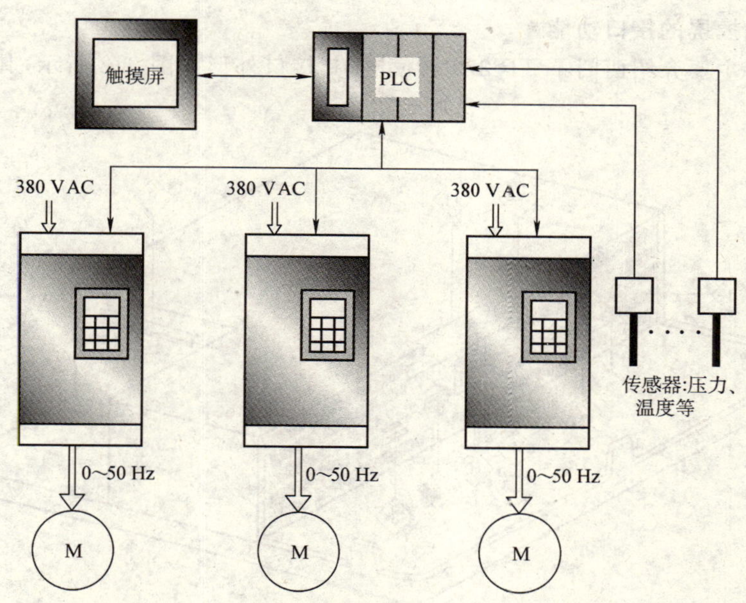

图 3.1　触摸屏在变频调速中的应用

一、任务提出

随着触摸屏设备的广泛应用，人机交互更为直接。介绍触摸屏的工作原理、常用触摸屏的类型、触摸屏的接口以及如何使用触摸屏设备和 PLC 构建一个控制系统，即为本任务的任务。

二、相关知识

(一)触摸屏的工作原理及分类

对于人机界面最主要设备触摸屏，一般包括触摸屏控制器(卡)和触摸检测装置两部分。其中，触摸屏控制器的主要作用是从触摸点检测装置上接收触摸信息，并将它转换成触电坐标，再传送给 CPU，同时能接收 CPU 发来的命令并加以执行。触摸检测装置安装在显示器前端，主要作用是检测用户触摸位置，并传送给触摸屏控制器。触摸屏的传送方法为：当用手指触摸显示器上的触摸屏时，触摸屏控制器检测出所触摸的位置，并通过接口装置送到控制触摸屏的 CPU，从而确定输入的信息。

触摸屏根据其工作原理和传输信息的介质不同，通常把触摸屏分为电阻式、电容感应式、红外线式和表面声波式触摸屏。电阻式触摸屏自进入市场以来，以稳定的质量、可靠的品质及对环境的高适应性占据了广大市场。尤其在工业控制领域，对所处环境和条件的高要求，更显示出电阻式触摸屏的特性，使其在同类触摸屏产品中占有大量的市场，成为市场主流产品。

(二)触摸屏的接口功能

本模块主要介绍西门子 TP 270 触摸屏，其接口外形如图 3.2 所示，其接口功能见表 3.1。

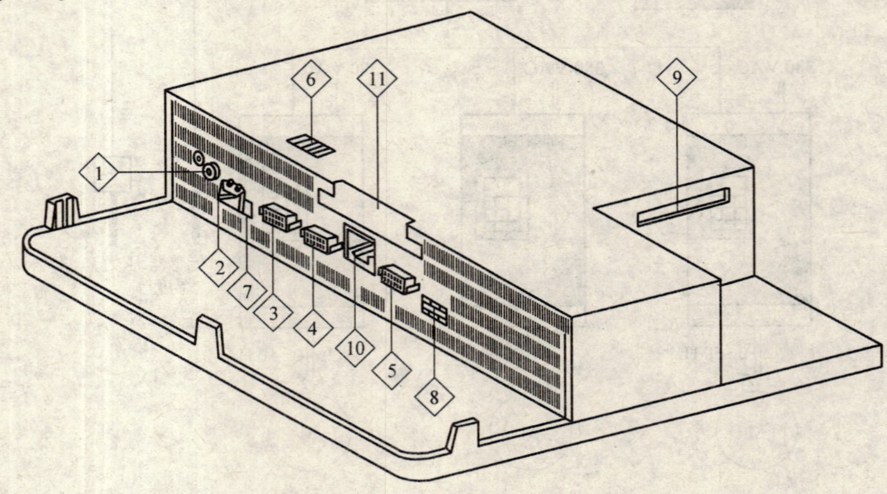

图 3.2 西门子 TP 270 接口排列

表 3.1 接口功能描述

编号	描述	应用
1	接地连接	用于连接到机架地线
2	电源	连接到电源＋24 V DC
3	接口 IF1B	RS 422/RS 485(未接地)接口
4	接口 IF1A	用于 PLC 的 RS 232 接口
5	接口 IF2	用于 PC、PU、打印机的 RS 232 接口
6	开关	用于组态接口 IF1B
7	电池连接	连接可选备用电池
8	USB 接口	用于外部键盘，鼠标等的连接
9	插槽 B	用于 CF 卡
10	以太网接口(只用于 MP 270B)	连接 RJ45 以太网线
11	插槽 A(只用于 MP 270B)	用于 CF 卡

三、任务解决方案

(一)接口连接

1. USB 接口连接

触摸屏设备可以通过其 USB 接口与鼠标、键盘进行连接，其连接示意图如图

3.3 所示。

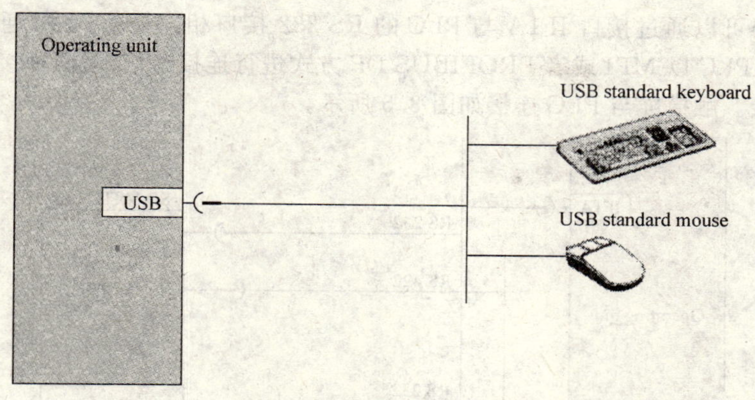

图 3.3 触摸屏通过 USB 接口与键盘/鼠标连接

注:USB 接口可以与外部键盘/鼠标进行连接,但不支持对触摸屏设备 USB 接口上的 USB 内存介质(例如 USB 存储棒)进行连接和操作。另外,在触摸屏设备的 USB 接口使用 USB 分配器(USB 集线器),将限制所连接 USB 设备和触摸屏设备的功能。因此,通过触摸屏设备 USB 接口上的 USB 集线器连接 USB 设备不允许进行同时或交互操作。

2. IF2 接口连接

触摸屏可以通过 IF2 接口与组态计算机的 RS 232 接口相连,也可以通过 IF1B 接口与组态计算机的 MPI/PROFIBUS DP 接口(CP 通信卡)相连,还可通过 USB 接口或者以太网接口与组态计算机相连,进行画面组态。触摸屏与组态计算机连接如图 3.4 所示。

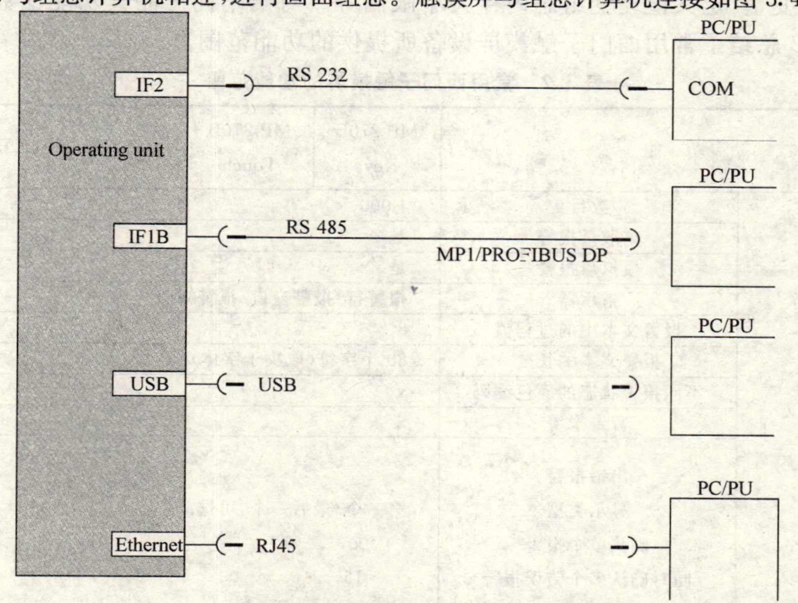

图 3.4 触摸屏与组态计算机连接

3. IF1A 接口连接

触摸屏可以通过接口 IF1A 与 PLC 的 RS 232 接口相连通信，也可通过触摸屏的 IF1B 与 PLC 以 MPI 或者 PROFIBUS DP 方式进行连接通信，但两种接口不可同时进行连接。触摸屏与 PLC 连接如图 3.5 所示。

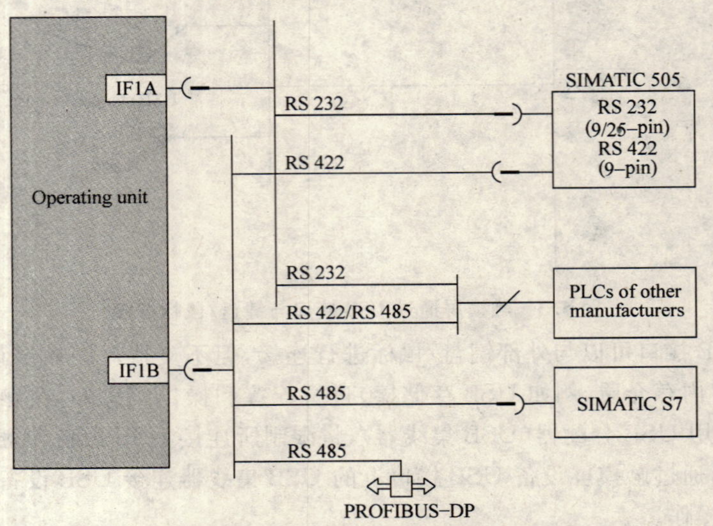

图 3.5　触摸屏与 PLC 连接

(二)其他功能介绍

数字值是触摸屏设备可以处理的数值最大值，主要包括组态最大报警数量和最大组态画面数量等。例如不能同时组态 4 000 个报警和 300 个画面，每个画面最多有 400 个变量，定义值还受组态内存大小限制等。对于不同产品其功能参数有所不同，表 3.2 总结了常用西门子触摸屏设备所提供的功能范围。

表 3.2　常用西门子触摸屏的功能范围

功　能		MP 270B Keys	MP 270B Touch	OP 270	TP 270
报警	数目	4 000			
	离散量报警	是			
	模拟量报警	是			
	指示器	报警行/报警窗口/报警视图			
	报警文本中的过程值	8			
	报警文本的长度	80 个字符(取决于字体)			
	不同报警状态的颜色编码	x			
	警告报警	x			
	出错报警	x			
	显示类型	第一个/最后一个，可选			
	确认单个报警	x			
	同时确认多个错误报警	16			

续表

功　能		MP 270B Keys	MP 270B Touch	OP 270	TP 270
ALARM_S	显示 S7	报警			
报警记录	输出到打印机	x			
易失的报警缓冲区	报警缓冲区容量	512 个报警事件，循环缓冲			
	查看报警	x			
	删除	x			
	打印	x			
报警采集	发生时间	日期/时间			
	报警事件	已到达、已离开、已确认			
画面	数目	500			
	文本对象	10 000			
	每个屏幕的域	200			
	每个屏幕的变量	200			
	操作元素	按钮 开关 I/O 域 图形 I/O 域 符号 I/O 域 报警指示器 报警视图 报警窗口 配方视图 棒图 趋势视图 滚动条控件 量表 日期/时间域 时钟 用户视图 状态强制 SmartClient 视图 符号库			
变量	数目	2 048			
记录	报警	x			
	变量	x			
	记录类型	循环/顺序记录			
	记录数	20			
	用于记录的变量数	20			
	顺序记录数	400			
	每个记录的条目	500 000，受存储介质限制			
	存储位置	PC 卡 CF 卡 以太网		CF 卡 以太网(可选)	
列表	数目	500			
	图形列表	400			
	文本列表	500			
安全性	用户组数目	50			
	用户数目	50			
	授权次数	32			

任务二　组态软件

一、任务提出

为了通过触摸屏设备操作机器或系统,必须给触摸屏设备组态用户界面,该过程被称为"组态阶段"。给触摸屏设备进行组态可以通过多种软件进行操作。西门子触摸屏常用的组态软件有 ProTool、Wincc flexible 等。本模块主要介绍 ProTool 和 Wincc flexible 组态软件,并对组态软件所需设置和装载组态程序重点说明。

二、相关知识

(一)触摸屏设备的装载程序

1. 装载程序

图 3.6 表示触摸屏设备启动期间和运行系统结束时的装载程序界面。

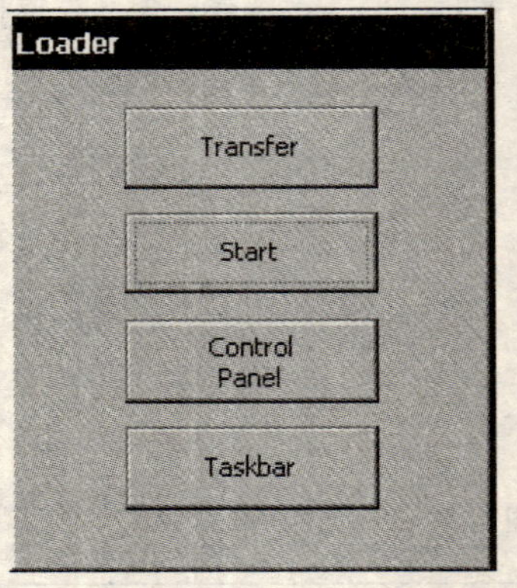

图 3.6　装载程序界面

装载程序界面各按钮具有下述功能。

(1)按下"Transfer(传送)"按钮,将触摸屏设备切换到传送模式,等待组态画面的传送。

(2)按下" Start(开始)"按钮,启动运行系统打开触摸屏设备上已装载的项目。

(3)按下"Control Panel(控制面板)"按钮,访问 Windows CE 控制面板,可在其中定义各种不同的设置。例如,可在此设置传送模式的各种选项和参数。

(4)按下"Taskbar(任务栏)"按钮,以便在 Windows CE 开始菜单打开时显示 Windows 工具栏。

2. 口令保护

通过分配口令,可以保护装载程序免遭未经授权的访问。如果没有输入口令,则只有"Transfer(传送)"和"Start(开始)"按钮可以使用。这将防止错误操作,并增加系统或机器的安全性,因为控制面板中的设置不会被更改。

注意:如果忘记了装载程序的口令,则只能在更新操作系统之后,才可重新访问控制面板。操作系统更新时,将覆盖触摸屏设备上的所有数据。

(二)Windows CE 控制面板

1. Windows CE 控制面板的修改设置

Windows CE 控制面板的修改设置如下。

(1)日期/时间。

(2)网络。

(3)设备属性,例如触摸屏的亮度和校准。

(4)地区设置。

(5)屏幕保护程序。

(6)屏幕键盘。

(7)音量(触摸确认)。

(8)打印机。

(9)备份/恢复。

(10)传送。

(11)UPS(可选)。

2. 打开控制面板的选项

(1)在启动阶段可按下装载程序中的“Control Panel(控制面板)”按钮,打开Windows CE 的控制面板,如图 3.7 所示。若有口令保护时还必须输入一个口令。

(2)在正常操作期间,如果已作了组态,就可激活链接了“打开控制面板”系统功能的操作元素;控制面板也可从 Windows CE 的开始菜单中通过选择“Settings(设置)→Control Panel(控制面板)”来打开。

(3)键盘单元:按下键组合＜CTRL＞＋＜ESC＞可打开 Windows CE 开始菜单。

(4)触摸面板单元:在字母数字屏幕键盘上按下按钮两次(锁定按键),可打开 Windows CE 开始菜单。

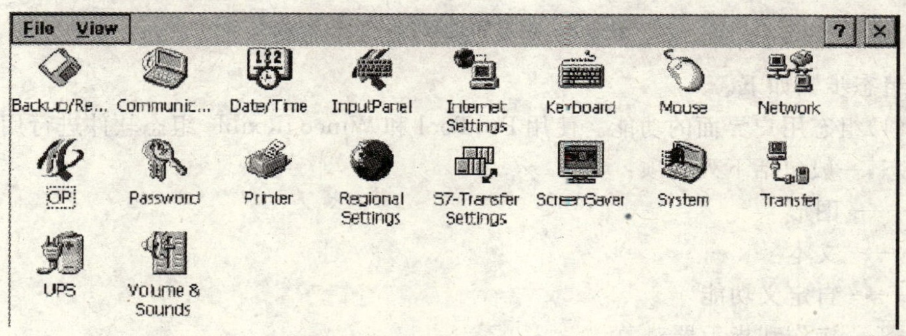

图 3.7　Windows CE 控制面板

3. 修改设置

使用 Windows CE 控制面板对设置进行修改,可进行如下操作。

(1)在修改系统设置之前,应停止系统软件的运行,并使用项目所提供的相关操作元素。

(2)用如上所述任一方法打开控制面板。

(3)修改控制面板中的系统设置。

(4)关闭控制面板:按下触摸面板单元按钮或者按下＜ALT＞键,并使用光标键来选择菜单命令“File(文件)→Close(关闭)”,再按下<ENTER>键以确认选择。

(5)通过装载程序启动运行系统。

(三)组态步骤

为了通过触摸屏设备操作机器或系统,必须给出触摸屏设备组态用户界面,该过程称为“组态阶段”。系统组态就是通过 PLC 以“变量”方式进行操作单元与机械设备或过程之间的通信(见图 3.8)。变量值写入 PLC 上的存储区域(地址),再由操作单元从该区域读取。

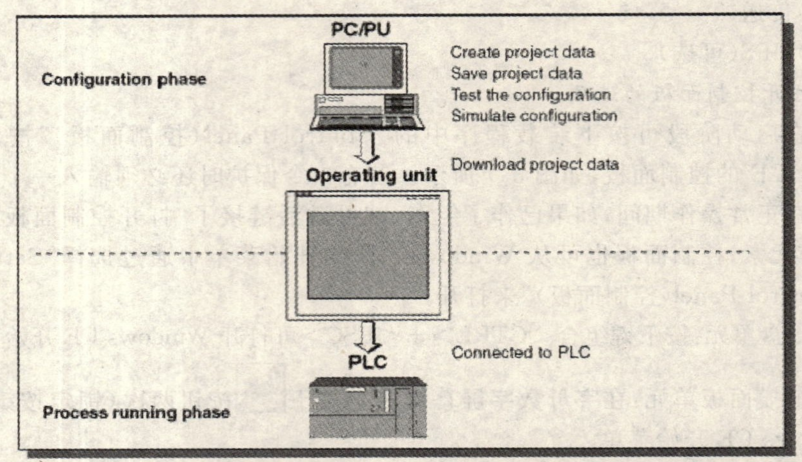

图 3.8　组态和过程运行阶段示意

组态步骤如下。

(1)组态用户界面的功能。使用 ProTool 和 Wincc flexible 组态软件进行用户界面组态,一般包括下列各项:

—— 图形

—— 文本

—— 自定义功能

—— 操作和指示器对象

(2)将组态计算机连接到触摸屏设备,可以采用下列连接方式:

—— 串口

—— MPI/PROFIBUS DP

—— USB 或以太网接口

(3)组态界面传送至触摸屏设备。

(4)将触摸屏设备连接到 PLC。

(5)触摸屏与 PLC 进行通信,根据所组态的信息响应 PLC 中的程序进程(过程运行阶段)。

(四)Protool 软件常用参数的设置

使用 Protool 软件进行组态前,需要将常用参数进行设置,主要包括触摸屏型号、与触摸屏通信的 PLC 型号、触摸屏与组态计算机及 PLC 的通信参数设置等。以下分别介绍各参数的设置。

1. 触摸屏型号和触摸屏通信 PLC 连接型号的设置

在新建项目向导中,首先选择使用的 TP/OP 类型。这里以 TP170B MONO 为例,如图 3.9 所示。

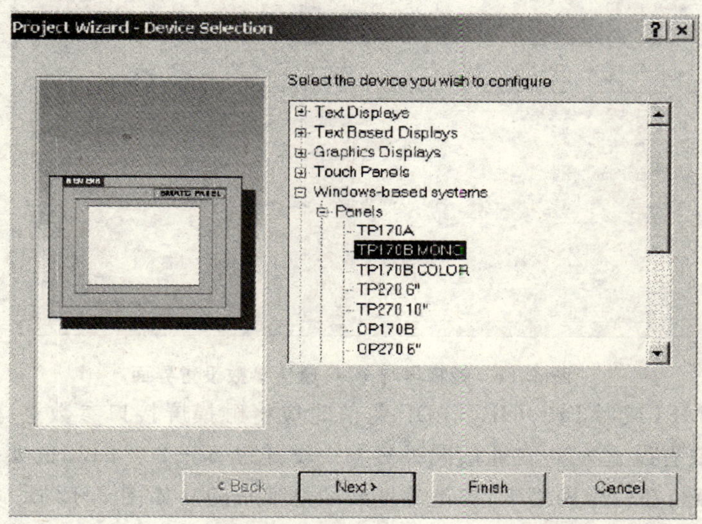

图 3.9　触摸屏种类选择界面

单击“Next(下一步)”,选择连接 PLC 的类型,这里选择为“SIMATIC S7 - 200”,如图 3.10 所示。

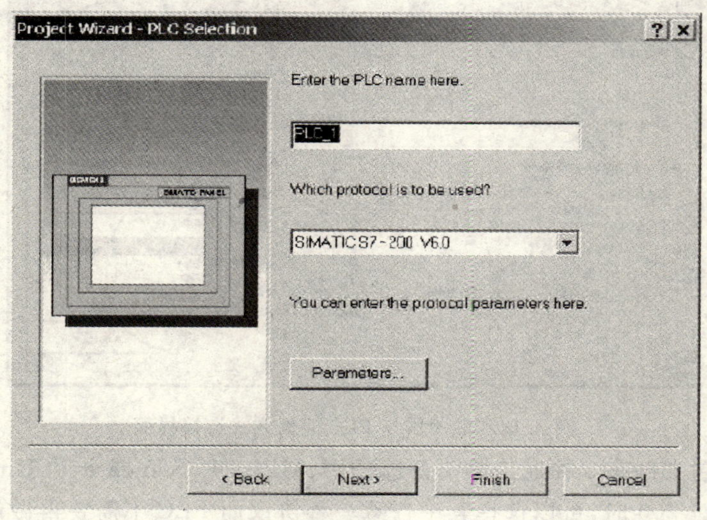

图 3.10　触摸屏连接 PLC 选择界面

2. 触摸屏与 PLC 的通信参数设置

点击图 3.10 界面中的“Parameters”按钮，触摸屏与 PLC 的通信接口、地址、通信方式等组态连接属性可通过图 3.11 进行设置。

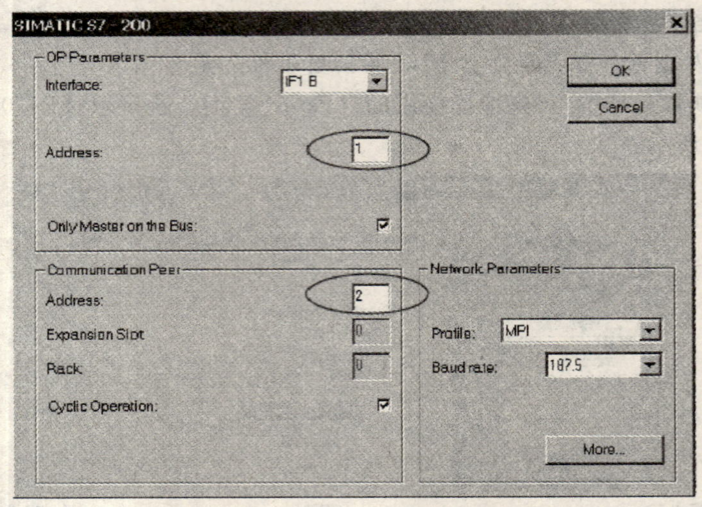

图 3.11　触摸屏与 PLC 通信参数设置界面

当使用 MPI 或者 PROFIBUS DP 通信时应将触摸屏接口参数选择为 IF1B，触摸屏站地址缺省设置为 1，在通信同级参数中设置为 S7 - 200 PLC 的实际站地址，这里设为 2(注意：在一个网络中，各站地址必须是唯一的)，如图 3.12 所示。网络参数中的波特率的选择必须与 PLC 的波特率一致。

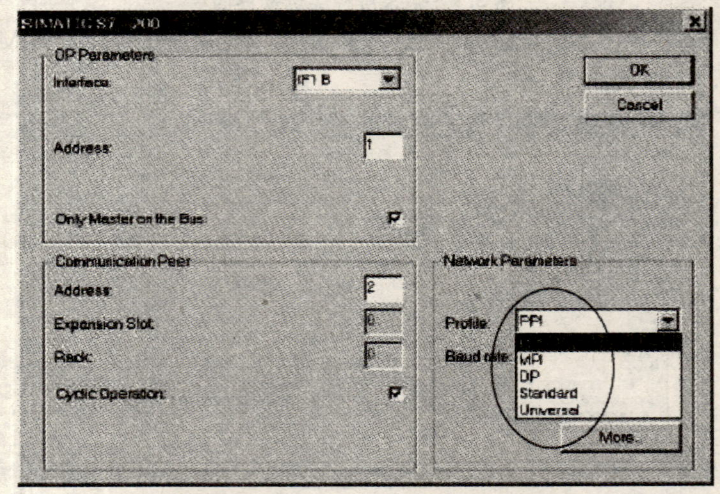

图 3.12　触摸屏与 PLC 通信方式选择界面

网络配置文件有 5 种通信协议备选(PPI、MPI、DP、Standard 和 Universal)。触摸屏连接 S7 - 200 时，可以选择其中任意一种协议而 PLC 不需要再做任何设置，即

S7-200 PLC 能自动选择协议来与触摸屏使用的协议保持一致。

点击“OK”键，确定通信参数设置。

点击“Finish”键，结束“项目向导”。

进行其他组态，然后存盘，准备下载。

3. 触摸屏与组台计算机通信参数设置

1)使用串口通信

将标准串口线(2,3 交叉;4,6 交叉;7,8 交叉;5 接 5)一端接在 PC 的串口上，另一端接在触摸屏的 IF2(RS232)端口上。在 ProTool 上设置下载端口为串口，选择 PC 所使用的串口及其波特率。具体操作如图 3.13 和图 3.14 所示。

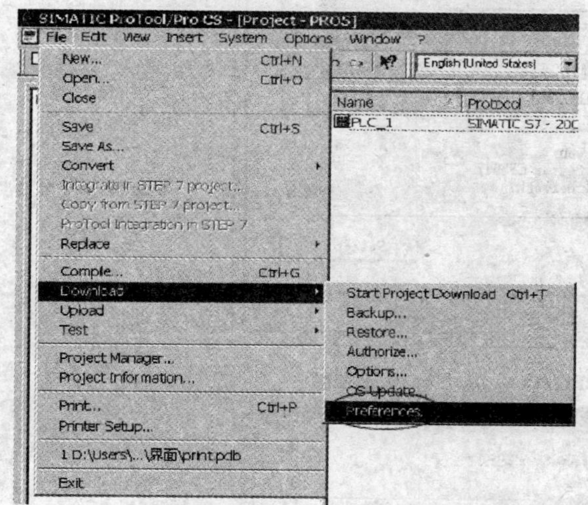

图 3.13　ProTool 组态下载菜单

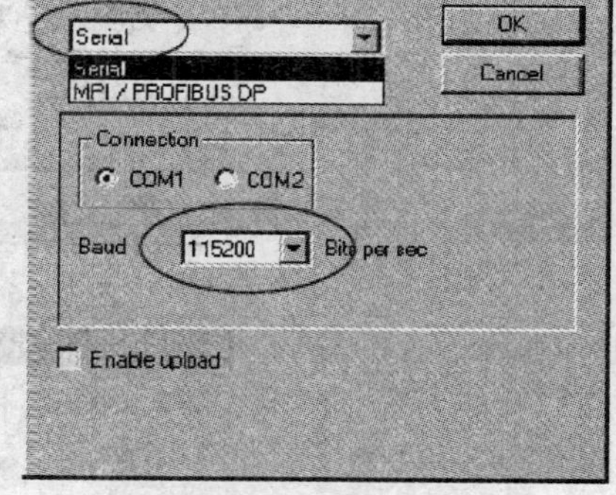

图 3.14　ProTool 组态软件与触摸屏通信选择界面

在触摸屏控制面板的 Transfer 工具中，使能串口，然后将触摸屏打到 transfer 状态，等待与 PC 连接。波特率无需设置，触摸屏会自动选择与 PC 相应的波特率。设置完毕，从 ProTool 中执行下载，如图 3.15 所示。

图 3.15　ProTool 组态软件下载图标

2)使用 MPI/PROFIBUS DP 通信

计算机需要有 CP5611 通信卡，同时使用标准 MPI 或 ProfiBus 电缆，连接在触摸屏的 IF1B 端口上。

注意：无法使用 PC 适配器为面板下载时，可打开 PC 控制面板中的 Set PG/PC Interface，如图 3.16 所示；设置访问节点 S7－ONLINE（Step7）→CP5611/3（MPI）设置 PC 站地址和通信波特率，如图 3.17 所示。

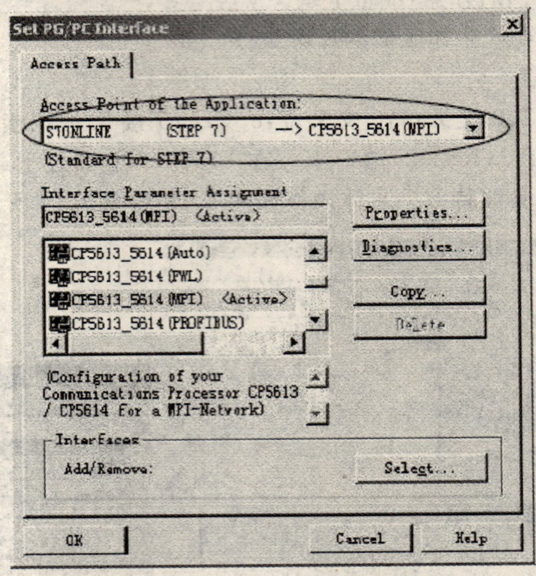

图 3.16　PG/PC Interface 设置界面

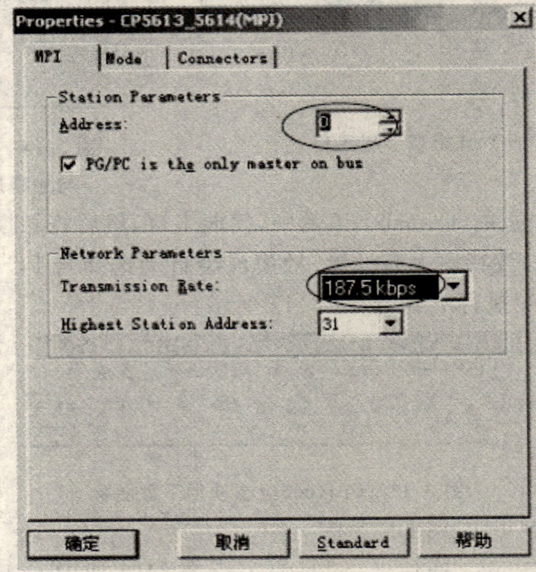

图 3.17　PG/PC Interface 参数设置界面

在 ProTool 上设置下载端口为 MPI/PROFIBUS DP，选择触摸屏的站地址为 1，如图 3.18 所示。

在触摸屏控制面板的 Transfer 工具中，选择 channel 2 中 MPI 通信协议，使能该通道，如图 3.19 所示，在 Advanced 的 MPI 属性中设置触摸屏的站地址和波特率，然后将触摸屏打到 transfer 状态，等待与 PC 连接。设置完毕后，即从 ProTool 中执行下载。

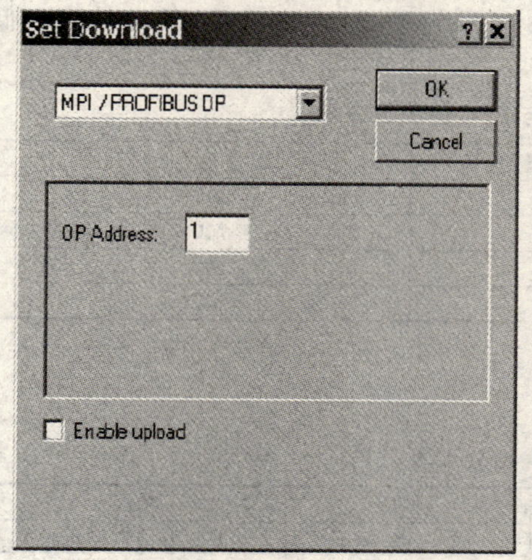

图 3.18　ProTool 下载端口设置界面

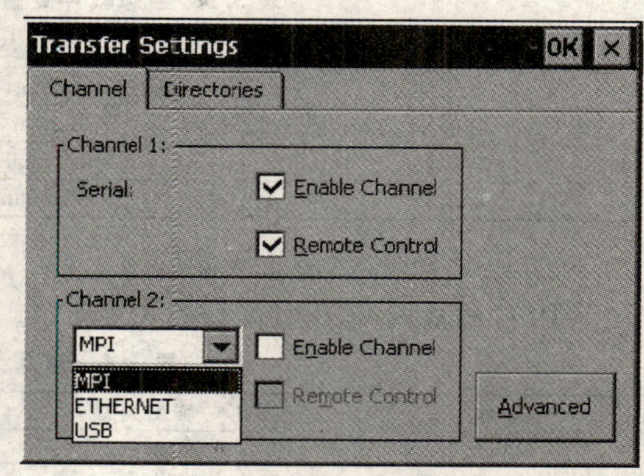

图 3.19　触摸屏控制面板传送设置界面

注意：

①使用 PPI 协议时，一个触摸屏设备只能连接一个 S7－200 PLC。

②使用其他 4 种协议时，一个触摸屏设备一般最多能连接 4 个 PLC，最多连接个数与触摸屏设备的型号有关。

③使用 PPI 协议时，虽然 ProTool V5.x 最多可以为某些面板(如 TP270 等)加入 8 个 S7－200 PLC 的连接，而在 ProTool V6.0 中无论什么型号的面板，只能连接 1 个 S7－200。

任务三　ProTool 组态实例

一、任务提出

利用触摸屏设备对电动机正反转运行进行监控，组态画面要求具有启动、停止、正转和反转 4 个按钮。用手指在触摸屏上触摸它们时，可以实现各自的功能。系统框图如图 3.20 所示。

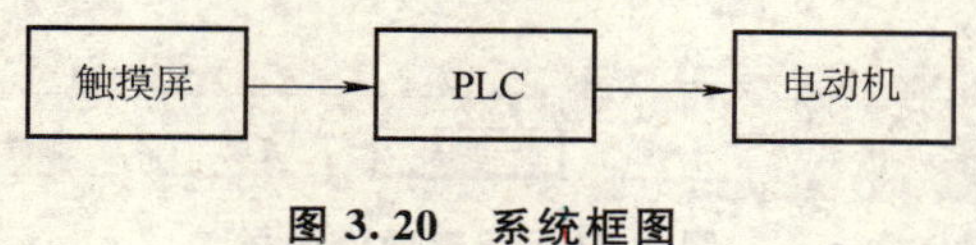

图 3.20　系统框图

二、任务解决方案

1. 变量和 PLC 的地址分配

组态软件变量与 PLC 地址分配如表 3.3 所示，M0.2～M0.5 为 PLC 的内存储区，即 PLC 的地址。

表 3.3 组态软件变量与 PLC 的地址分配

按钮名	组态软件变量	PLC 地址分配
启动	qidong	M0.2
停止	tingzhi	M0.3
正转	zhengzhuan	M0.4
反转	fanzhuan	M0.5

2. PLC 的输入/输出分配

PLC 的输入/输出分配如表 3.4 所示。

表 3.4 输入/输出分配表

地址	输入/输出类型	说明	功能
Q0.0	输出	继电器 K1	控制电动机的正转
Q0.1	输出	继电器 K2	控制电动机的反转
M0.2	输入	按钮	电动机的启动按钮
M0.3	输入	按钮	电动机的停止按钮
M0.4	输入	按钮	电动机的正转按钮
M0.5	输入	按钮	电动机的反转按钮

3. 触摸屏的组态

按以下步骤，进行触摸屏的组态。

(1)打开 ProTool 软件，进入组态软件的开发环境。

(2)单击“文件”菜单，选择“新建”选项，出现“项目向导-设备选择”画面，如图 3.21 所示，按照画面的提示完成相应的设置，将出现如图 3.22 所示的新项目组态环境。

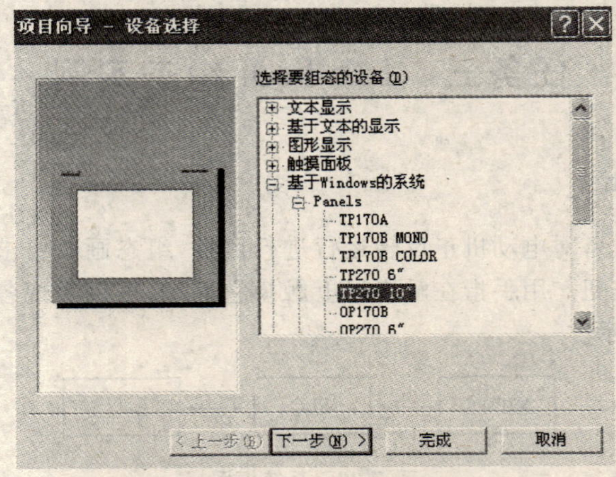

图 3.21 新建项目向导

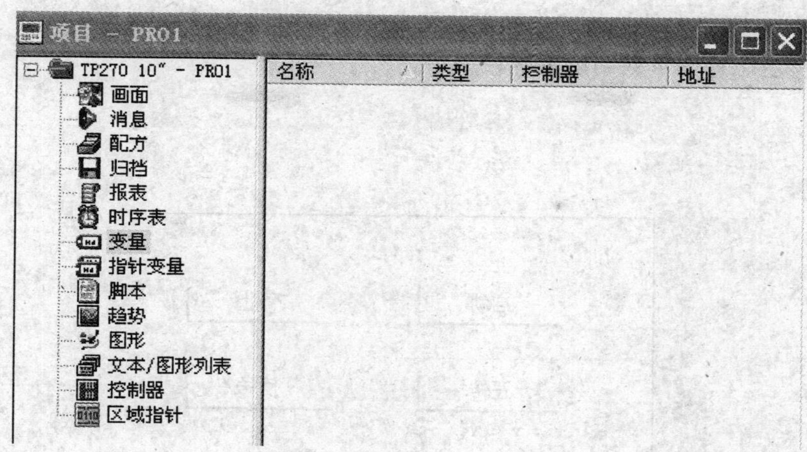

图 3.22　新建项目组态环境

(3) 双击图 3.22 中的“画面”图标，将出现一个新建画面，程序默认命名为“Pictrure1”。

(4) 双击图 3.22 中的“变量”图标，将出现图 3.23 所示的画面。在画面的“常规”选项卡中为变量命名。用“启动”的汉语拼音“qidong”命名第一个按钮；在“PLC(P)”选项中选择 PLC_1，在“类型(T)”选项中选择“BOOL”；在“范围(R)”选项中选择 PLC 所对应的地址，在这里我们用 PLC 的地址为 M0.2，可以在范围(R)选项的下拉菜单中选择 M；“M”字节填入相应的字节号 0；对应的“位”填入 2。这样变量“qidong”对应的 PLC 地址就设置为 M0.2。同理，新建变量“tingzhi”“zhengzhuan”“fanzhuan”，并且对应的 PLC 地址设置为 M0.3、M0.4、M0.5。

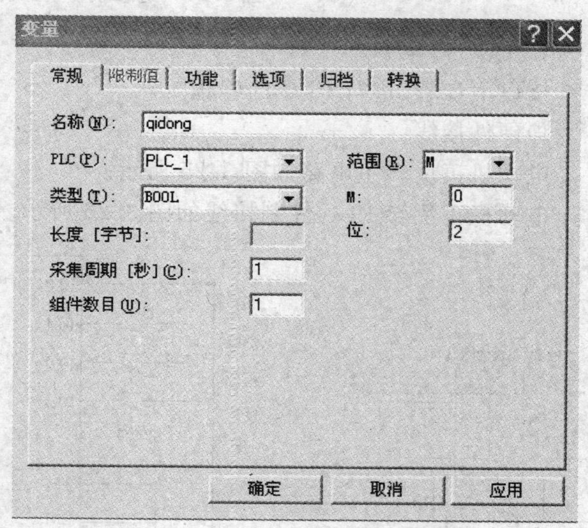

图 3.23　变量的“常规”属性设置界面

(5)打开步骤(3)中新建的画面，用鼠标右键在画面的空白区域单击，在出现的菜单中选择插入“对象”，再选择“按钮”，此时菜单消失，在画面空白区域用鼠标左键单击，在画面中就插入了一个按钮的图标，并添加上文字“启动”。

(6)双击该按钮图标，出现按钮的属性画面，在属性画面的功能项中添加“置位”功能，则此按钮对应的 PLC_1 的 M0.2 位控制功能设置完成。

(7)重复步骤(5)和(6)，再新建 3 个按钮，对应的 PLC_1 地址分别设为 M0.3、

M0.4、M0.5，则组态软件的工作画面如图 3.24 所示。

(8)将组态界面下载到触摸屏设备中。

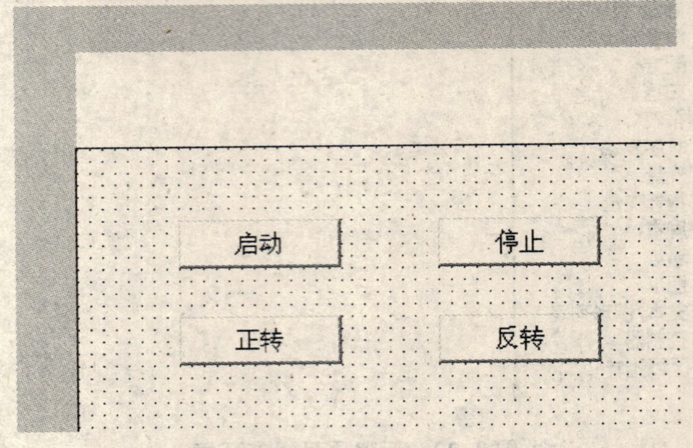

图 3.24　组态软件的工作画面

4. PLC 的编程

按以下步骤，进行 PLC 的编程。

1)硬件接线

电动机正反转主电路如图 3.25 所示。

电动机正反转 PLC 控制接线如图 3.26 所示。

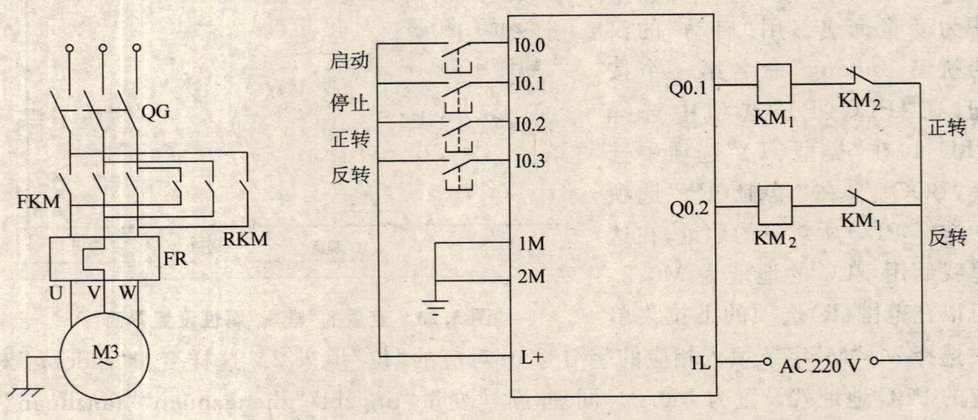

图 3.25　电动机正反转主电路图　　图 3.26　电机正反转 PLC 控制接线图

2)PLC 程序

电动机正、反转程序如表 3.5 所示。

5. 触摸屏控制电动机联机调试

(1)按下启动按钮，组态变量“qidong”置“1”，对应的 PLC 地址 M0.2 也置“1”，此时常闭触电 M0.3 为“1”，所以 M1.0 为“1”。当 M1.0 为“1”时，电动机得到启动信号，可进行下面的正反转操作。

表 3.5　电动机正反转程序

程序	说明
网络 1 M0.2　M0.3　M1.0 M1.0	当 M0.2 为 1,M1.0 得电,并且实现自锁,为启动状态,当 M0.3 为 1,M1.0 失电为停止状态
网络 2 M0.4　M1.0　M0.5　M0.0 M0.0	当 M0.4、M1.0 为 1,M0.0 得电,并且实现自锁;当 M0.5 为 1,M0.0 失电并断开自锁
网络 3 M0.5　M1.0　M0.4　M0.1 M0.1	当 M0.5、M1.0 为 1,M0.1 得电,并且实现自锁;当 M0.4 为 1,M0.1 失电并断开自锁
网络 4 M0.0　Q0.0	当 M0.0 为 1,则 Q0.0 得电,即实现电动机的正转
网络 5 M0.1　Q0.1	当 M0.1 为 1,则 Q0.1 得电,即实现电动机的反转

(2)按下停止按钮,组态变量"tingzhi"置"1",对应的 PLC 常开触电 M0.3 置"1",常闭触电 M0.3 为"0",所以 M1.0 为"0"。当 M1.0 为"0"时,电动机失去启动信号,将不能完成正反转操作,故电动机停止。

(3)按下正转按钮,组态变量"zhengzhuan"置"1",对应的 PLC 地址 M0.4 置"1",此时常开触点 M1.0 为"1",常闭触点 M0.5 也为"1",所以 M0.0 为"1"。当 M0.0 为"1"时,Q0.0 得电,电动机正转。

(4)按下反转按钮,组态变量"fanzhuan"置"1",对应的 PLC 地址 M0.5 置"1",此时常开触点 M1.0 为"1",常闭触点 M0.5 也为"1",所以 M0.1 为"1"。当 M0.1 为"1"时,Q0.1 得电,电动机反转。

任务四　WinCC flexible 组态实例

西门子人机界面组态软件 WinCC flexible 是在被广泛认可的 ProTool 组态软件的基础上发展而来的，并且与 ProTool 保持了一致性，多种语言使它可以全球通用。WinCC flexible 还综合了 WinCC 的开放性和可扩展性，以及 ProTool 的易用性。本任务以一个具体实例演示如何使用 WinCC flexible 进行组态。

一、任务提出

使用 WinCC flexible 软件，对电机启动和停止进行组态。组态画面具有启动和停止两个按钮，并且能显示时间。硬件使用西门子 TP 177B color PN/DP 型触摸屏与 CPU313C－2DP 扩展 CP343－1 模块通过以太网方式进行通信。

二、任务解决方案

使用 WinCC flexible 软件进行组态需要对触摸屏型号、与触摸屏通信的 PLC 型号和触摸屏与组态计算机及 PLC 的通信参数进行设置。下面以项目设计步骤对 WinCC flexible 软件的使用进行简单介绍。

组态步如下。

(1)打开 WinCC flexible 软件，新建一个空项目，如图 3.27 所示。

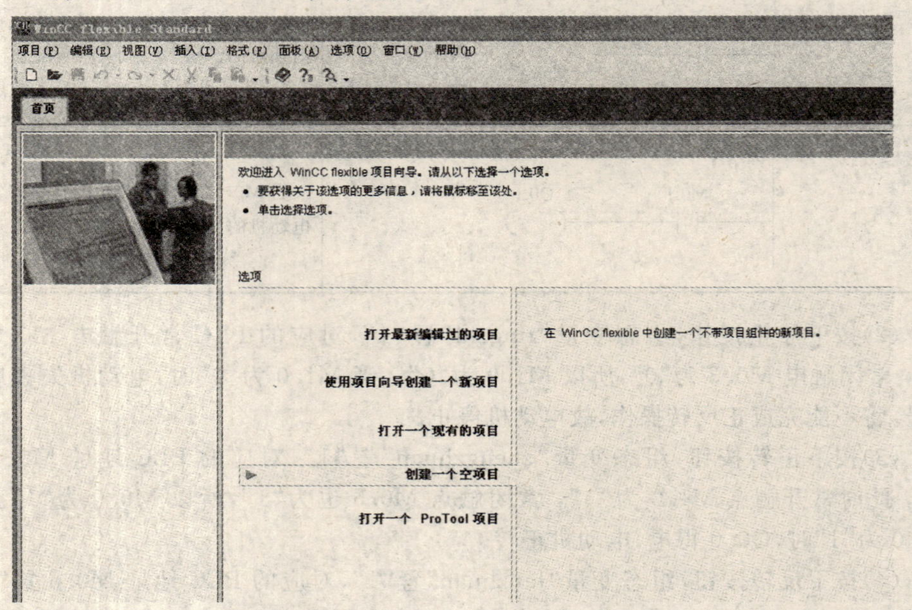

图 3.27　创建一个空项目界面

(2)在设备选择对话框中选取所用触摸屏的型号，如图 3.28 所示。本例选用西门子 TP 177B color PN/DP 型触摸屏。

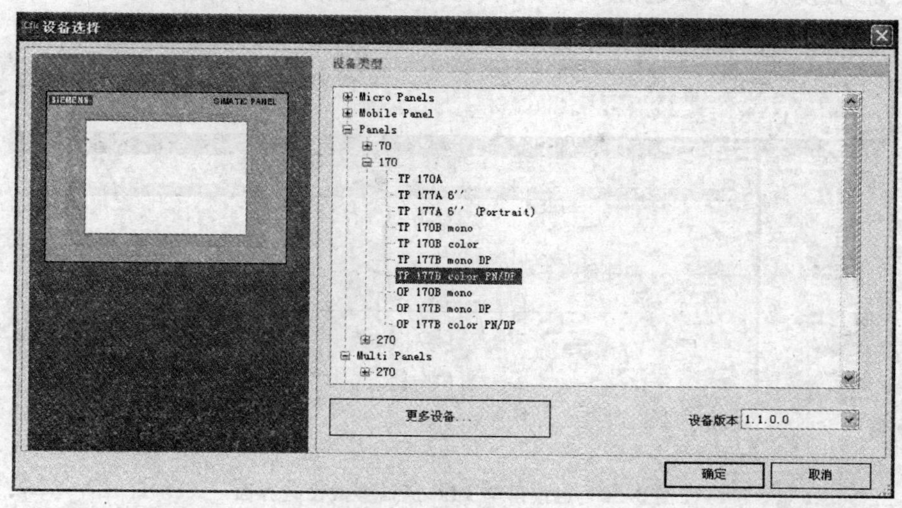

图 3.28　触摸屏型号选择界面

(3)单击“确定”按钮，进入 WinCC flexible 组态界面，如图 3.29 所示。

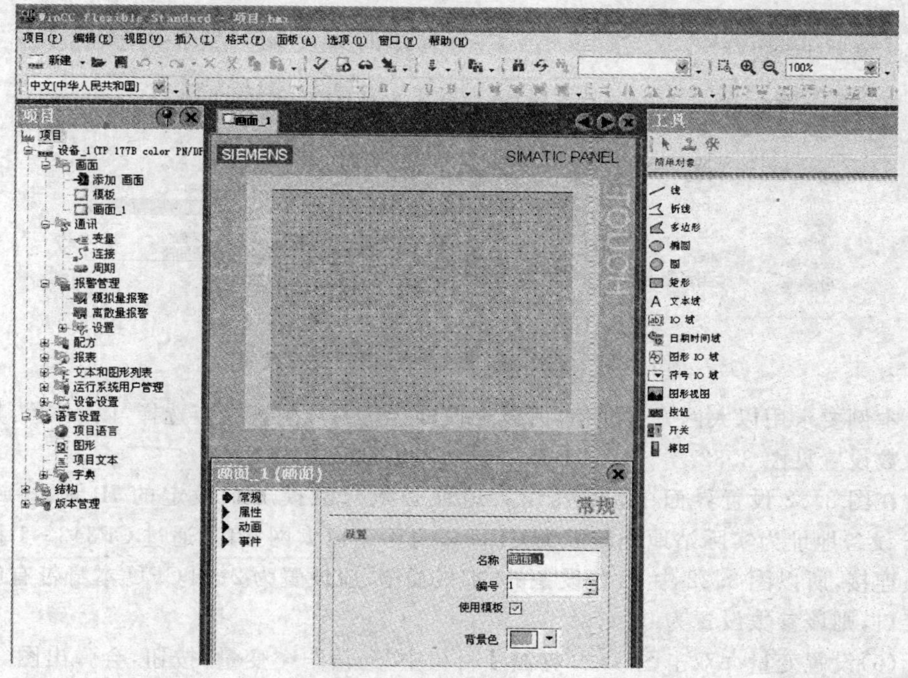

图 3.29　WinCC flexible 组态界面

(4)设置触摸屏和 PLC 的通信参数。双击图 3.29 界面项目树中"通信"→"连接"按钮,触摸屏与 PLC 通信的 PLC 接口、地址、通信方式等组态连接属性可通过图 3.30 进行设置。

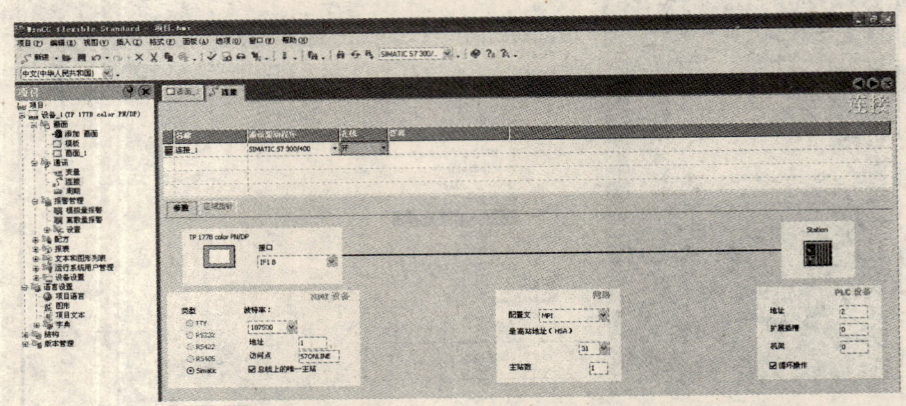

图 3.30　触摸屏与 PLC 通信参数设置界面

在触摸屏接口参数选择中选择 IF1B,可使用 MPI 和 DP 方式与 PLC 进行通信。其通信方式的设置见图 3.31。

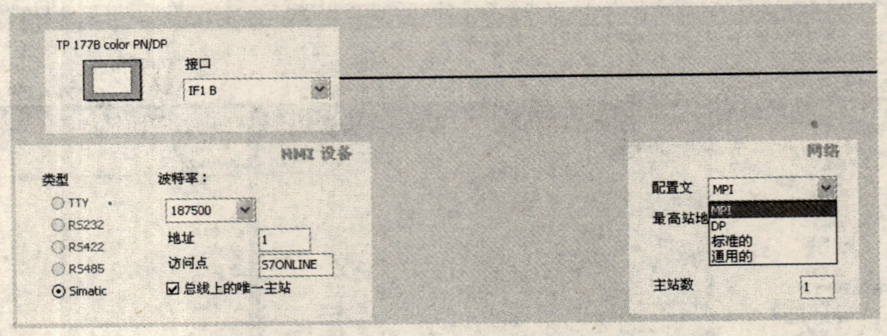

图 3.31　使用 IF1 接口通信参数设置界面

本例要求用以太网方式通信,所以触摸屏接口参数列表中应选择"以太网",其通信参数设置见图 3.32。

在图 3.32 设置界面中,HMI 设备地址必须与触摸屏中设定的 IP 地址一致,PLC 设备地址为实际站地址。因为 CPU 本身不带以太网接口,通过 CP343－1 扩展模块连接,所以图 3.32 中 PLC 设备的"扩展插槽"应设置为 2;如 CPU 本身带有以太网接口,则该参数设置为 0。

(5)设置变量。双击图 3.29 界面项目树中"通信"→"变量"按钮,会弹出图 3.33 所示界面,建立组态画面变量与 PLC 进行连接。本例中的启动、停止变量分别与 S7300PLC 的 M0.0 和 M0.1 连接。

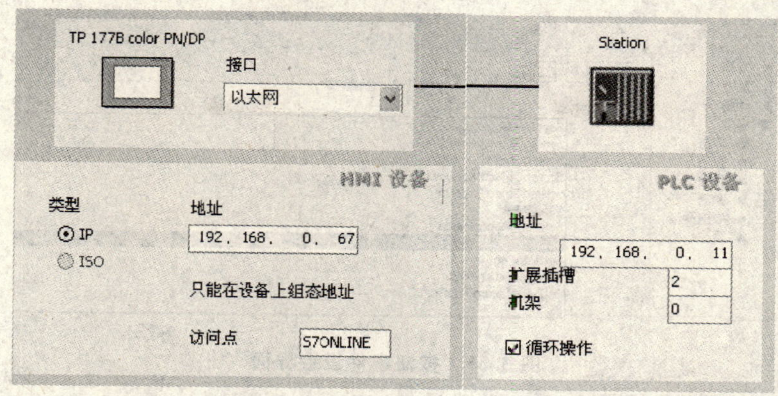

图 3.32　使用以太网方式通信参数设置界面

名称	连接	数据类型	地址	数组计数	采集周期
启动按钮	连接_1	Bool	M 0.0	1	1 s
停止按钮	连接_1	Bool	M 0.1	1	1 s
指示灯	连接_1	Bool	Q 0.0	1	1 s

图 3.33　通信变量参数设置界面

(6)制作组态画面。双击图 3.29 界面项目树中“画面”→“画面_1”按钮，会弹出画面编辑界面，利用右方绘图工具箱中按钮命令在组态界面中添加按钮_1，并将其文本名字修改为“启动”，见图 3.34。

在“启动”按钮属性窗口中单击“事件”子菜单，并且在单击事件中添加“SetBit”函数，如图 3.35 所示。

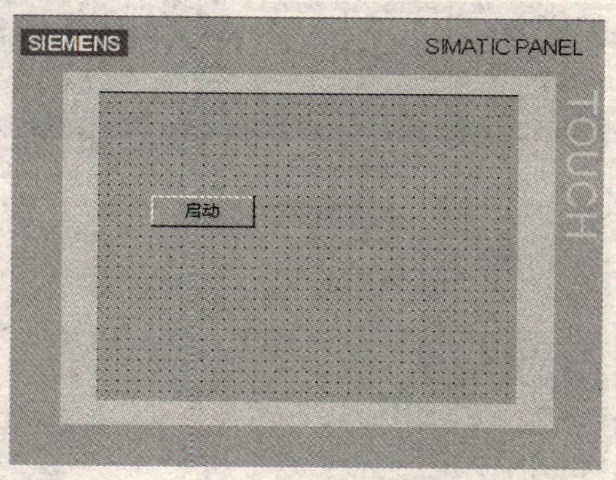

图 3.34　组态界面

按钮事件命令设置好以后，下一步将该按钮与 PLC 相应位进行关联，见图 3.36，本案例的启动按钮与第(5)步建立的启动变量相关联。

同样方法制作停止按钮，并使其与停止变量相关联。为使触摸屏在工作中能返回到触摸屏操作系统，需添加一个退出按钮，该按钮的单击事件函数应设置为“StopRuntime”。然后添加电动机“指示灯”。向工具箱中的库文件夹导入“按钮与开关”库文件“Button_and_switchs. wlf”，如图 3.37 所示。

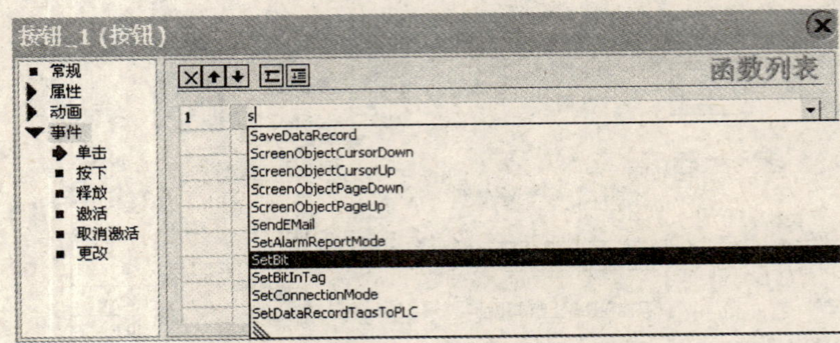

图 3.35　按钮事件设置界面

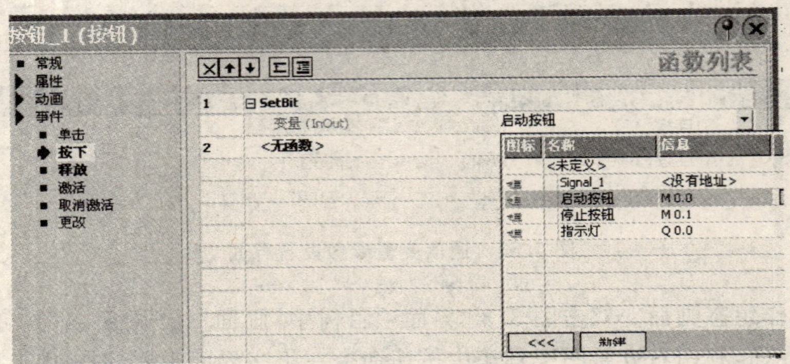

图 3.36　按钮变量设置界面

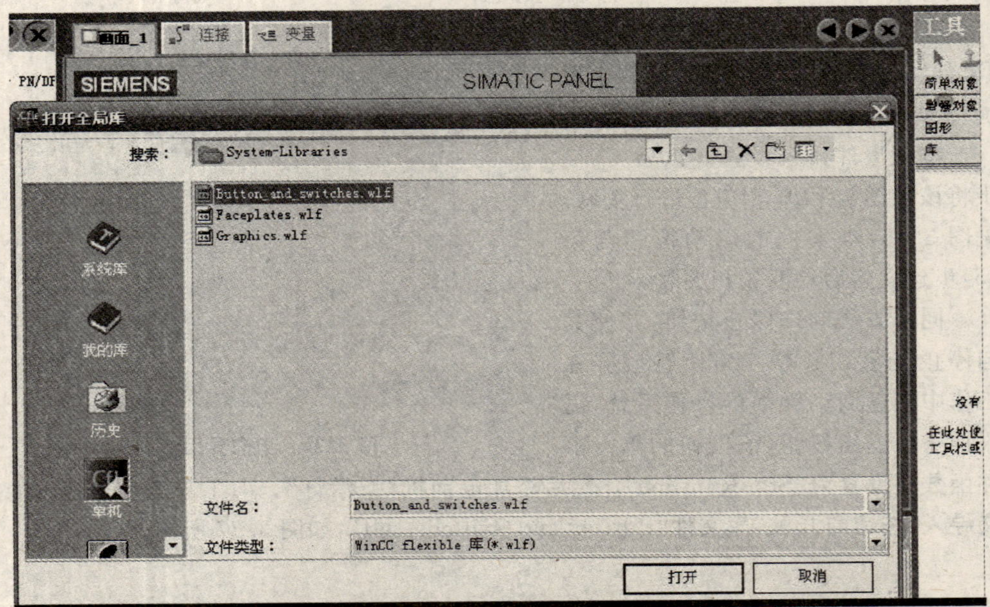

图 3.37　导入“按钮与开关”库文件

从库文件夹选取“指示灯”,如图 3. 38 所示。

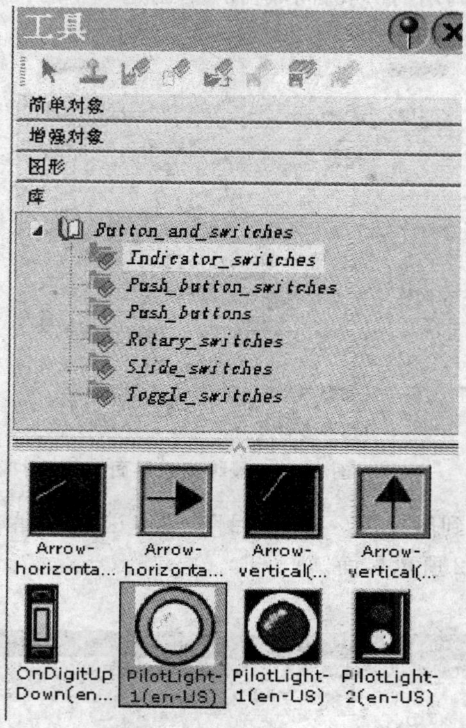

图 3. 38　选取“指示灯”

从“简单对象”中添加文本域“指示灯”,如图 3. 39 所示。

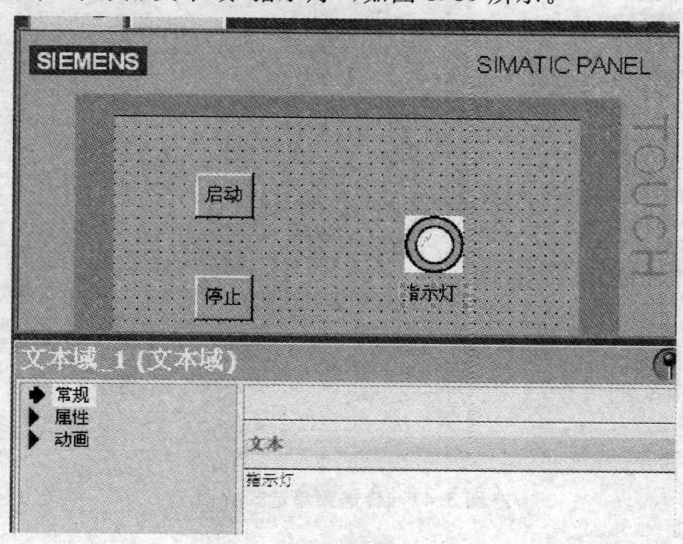

图 3. 39　添加文本域“指示灯”

最后，从工具箱中调用“日期时间域”命令，创建一个时间日期显示条，最终组态界面如图 3.40 所示。

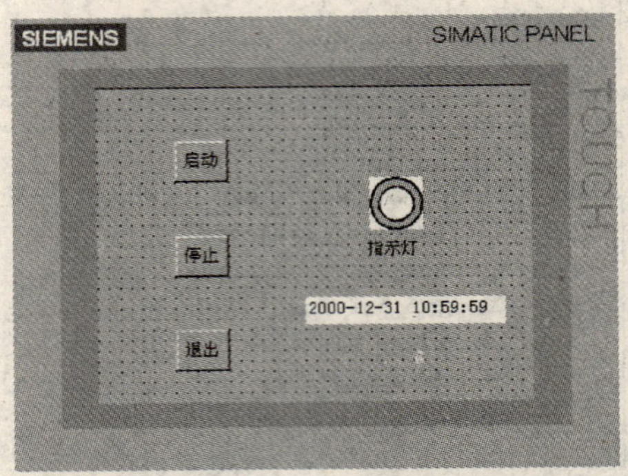

图 3.40　最终组态界面

(7)下载组态画面到触摸屏。在“项目”→“传送”子菜单中单击“传送设置”，见图 3.41，会弹出图 3.42 所示界面。

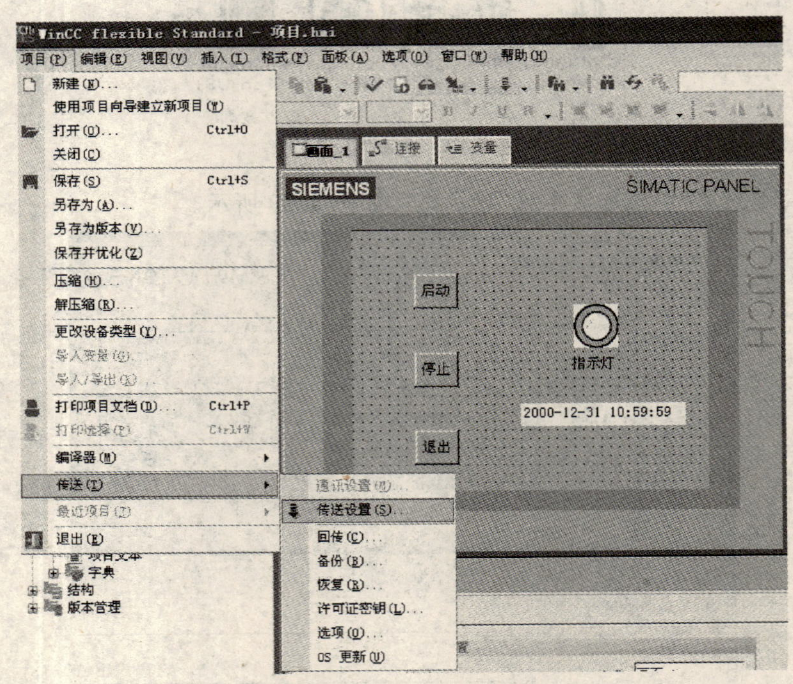

图 3.41　传送菜单选择界面

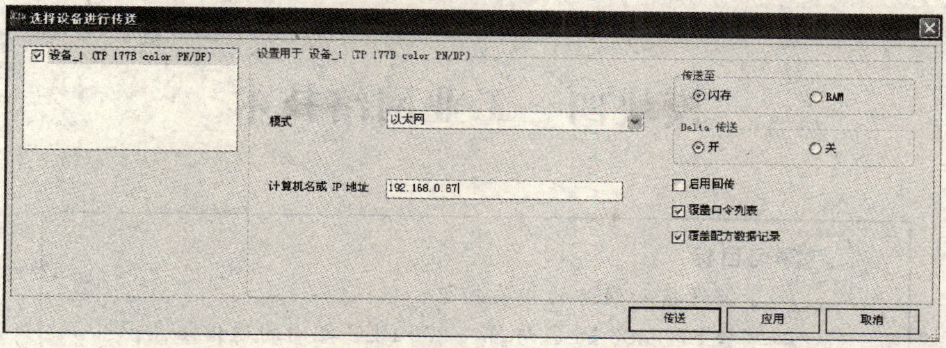

选择设备进行传送
☑ 设备_1 (TP 177B color PN/DP)
设置用于 设备_1 (TP 177B color PN/DP)
模式　以太网
计算机名或 IP 地址　192.168.0.87
传送至　⊙闪存　○RAM
Delta 传送　⊙开　○关
☐启用回传
☑覆盖口令列表
☑覆盖配方数据记录
传送　应用　取消

图 3.42　传送参数设置界面

注意：本任务采用以太网方式通信，所以“模式”应选择以太网，“计算机名称 IP 地址”为触摸屏 IP 地址，其他选项默认即可。最后单击“传送”按钮，出现图 3.42 传送状态后，图 3.43 所做的组态界面及变量的关联被下载到触摸屏。

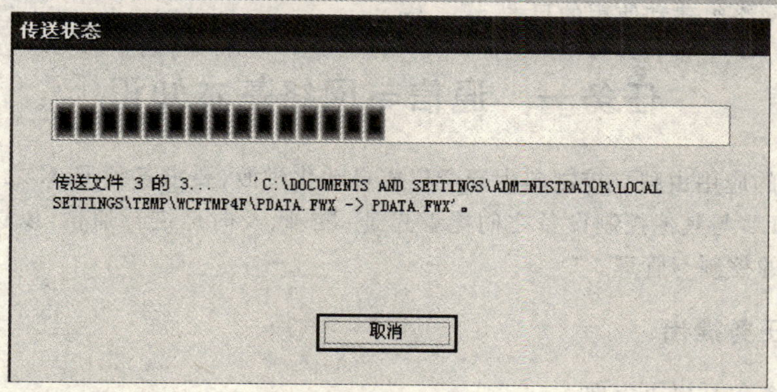

图 3.43　传送状态界面

以上是使用 WinCC flexible 软件对电动机启停界面组态的详细步骤，本任务只涉及 WinCC flexible 软件使用步骤和最基本的功能介绍，如需使用高级功能请查阅相关手册。

模块四　工业网络技术

学习目标：

➢ 了解通信和网络的相关知识；

➢ 掌握 S7－300 PLC 与 S7－200 PLC 之间的通信组态；

➢ 掌握 S7－300 PLC 之间的通信组态方法。

随着计算机技术、网络技术和生产技术的发展，工业中网络通信应用越来越广泛。本章主要介绍工业网络技术，其中包括通信和网络的基本知识、S7－300 PLC 支持的几种通信协议，以及 DP 方式和以太网通信组态的方法。通过本章的学习，能够达到工业网络组建和使用的目的。

任务一　通信与网络基本知识

PLC 的应用由独立控制向生产全集成自动化过渡，要求各种 PLC 之间、PLC 与计算机、PLC 与其他控制设备之间能够迅速、准确、及时地进行通信，以达到准确无误和实时的控制与管理。

一、任务提出

本任务包括以下方面：

(1)数据通信的工作方式和数据传输的方式；

(2)局域网的传输介质；

(3)串行通信常用的形式；

(4)开放系统互连参考模型；

(5)局域网的结构；

(6)现场总线的特点。

二、相关知识

无论是计算机还是 PLC 均为数字设备，其相互之间或与其他具有数据通信功能的数字设备进行交换的信息均为数字信号。数据通信就是将数据信息从一台设备通过适当的媒介传送到另外一台设备，达到数据传送和信息交换的目的。

(一)数据通信

1. 数据通信的工作方式

根据数据电路的传输能力,数据通信可以有单工、半双工和全双工三种通信方式。

(1)单工:两地间只能在一个指定的方向上进行传输,一个数据站固定作为数据源,而另一个固定作为数据宿。在二线连接时可能出现这种工作方式。

(2)半双工:两地间可以在两个方向上进行传输,但两个方向的传输不能同时进行,要么由A站发送而为B站接收,要么由B站发送由A站接收,利用二线电路在两个方向上交替传输数据信息。

(3)全双工:两地间可以在两个方向上同时进行传输。在该方式下,A、B两站间有两个独立的通信网络,两站都可以同时发送和接受数据。因此,在全双工方式下的A、B两站之间至少需要三条传输线,一条用于发送,一条用于接收和一条用于信号地。

2. 数据传输方式

1)并行传输和串行传输

并行传输指的是数据以成组的方式,在多条并行信道上同时进行传输。常用的就是将构成一个字符代码的几位二进制码,分别在几个并行信道上进行传输。例如,采用8单位代码的字符,可以用8个信道并行传输。一次传送一个字符,因此收、发双方不存在字符的同步问题,不需要另加"起"、"止"信号或其他同步信号来实现收、发双方的字符同步,这是并行传输的一个主要优点。其特点是传输速度快,但由于一个并行数据有多少位二进制数,就需要多少根传输线,因而成本较高。通常,并行传输多用于传输速率高的近距离传输的场合。

串行传输指的是数据流以串行方式,在一条信道上传输。一个字符的8位二进制代码,由高位到低位顺序排列,再接下一个字符的8位二进制码,串接起来形成串行数据流传输。串行传输只需要一条传输信道,易于实现,是目前主要采用的一种传输方式。其特点是串行传输通常只需要两根传输线,通信线路简单,成本低,多用于远距离传输。但与并行传输相比较,其传输速度慢。

2)异步传输与同步传输

异步传输一般以字符为单位,不论所采用的字符代码长度为多少位,在发送每一字符代码时,前面均加上一个"起"信号,其长度规定为1个码元,极性为"0",即空号的极性;字符代码后面均加上一个"止"信号,其长度为1或2个码元,极性皆为"1",即与信号极性相同。加上起、止信号的作用就是为了能区分串行传输的"字符",也就是实现串行传输收、发双方码组或字符的同步。这种传输方式的特点是同步实现简单,收发双方的时钟信号不需要严格同步。缺点是对每一字符都需加入"起、止"码元,使传输效率降低,故适用于1 200 bit/s以下的低速数据传输。

同步传输以同步的时钟节拍发送数据信号,因此在一个串行的数据流中,各信号码元之间的相对位置都是固定的(即同步的)。接收端为了从收到的数据流中正确地区分出一个个信号码元,必须首先建立准确的时钟信号。数据的发送一般以组(或称帧)为单位,一组数据包含多个字符收发之间的码组或帧同步,是通过传输特定的传输控制字符或同步序列来完成的,传输效率较高。

3. 数据传输的基本形式

1)基带传输

所谓基带,就是指电信号所固有的基本频带,简称基带。数字信号的基本频带是从0至若干兆赫,由传输速率决定。当利用数据传输系统直接传送基带信号,不经频谱搬移时,则称之为基带传输,这种数据传输系统称之为基带传输系统。

2)频带传输

所谓频带传输,就是把二进制信号(数字信号)进行调制交换,成为能在公用电话网中传输的音频信号(模拟信号),将音频信号在传输介质中传送到接收端后,再由调制解调器将该音频信号解调变换成原来的二进制电信号。这种把数据信号经过调制后再传送,到接收端后又经过解调还原成原来信号的传输,称之频带传输。这种频带传输不仅克服了目前许多长途电话线路不能直接传输基带信号的缺点,而且能够实现多路复用,从而提高了通信线路的利用率。但是频带传输在发送端和接收端都要设置调制解调器,将基带信号变换为通带信号再传输。

4. 局域网的传输介质

传输介质主要是指计算机网络中发送和接收者之间的物理通路,其中有通信电缆,也有无线信道如微波线路和卫星线路。而局域网的典型传输介质是双绞线、同轴电缆和光缆。

1)双绞线

双绞线分非屏蔽双绞线UTP(Unshielded Twisted Pair)和屏蔽双绞线STP(Shielded Twisted Pair)两种。目前,在局域网中,大多数使用的是UTP。双绞线是两根绝缘导线互相绞结在一起的一种通用的传输介质,它可减少线间电磁干扰,适用于模拟、数据通信。在局域网中,UTP已被广泛采用,其传输速率取决于芯线质量、传输距离、驱动和接收信号的技术等。如令牌环网采用第三类UTP,传输速率最高可达16 Mb/s,10BASE-T采用的三类UTP速率达10 Mb/s,100BASE-T采用的五类UTP传输速率达100 Mb/s。UTP价格较低,传输速率满足使用要求,适用于办公大楼、学校、商厦等干扰较小的环境中使用,但不适于噪声大、电磁干扰强的恶劣环境中使用。

2)同轴电缆

同轴电缆由一空心金属圆管(外导体)和一根硬铜导线(内导体)组成。内导体位于金属圆管中心,内外导体间用聚乙烯塑料垫片绝缘。在局域网中使用的同轴电缆共有75 Ω、50 Ω和93 Ω三种。RG-59型75 Ω电缆是共用天线电视系统(CATV)采用的标准电缆,它常用于传输频分多路FDM方式产生的模拟信号,频率可达300～400 MHz,称作宽带传输,也可用于传输数字信号。50 Ω同轴电缆分粗缆(RG-8型或RG-11型)和细缆(RG-58型)两种。粗缆抗干扰性能好,传输距离较远,细缆价格低,传输距离较近,传输速率一般为10 Mb/s,适用于以太网。RG-62型93 Ω电缆是Arcnet网采用的同轴电缆，通常只适用于基带传输，传输速率为 2～20 Mb/s。

3)光缆

光缆是光纤电缆的简称，是传送光信号的介质，由纤芯、包层和外部一层增加强度的保护层构成。纤芯是采用二氧化硅掺以锗、磷等材料制成，呈圆柱形。外面包层用纯二氧化硅制成，它将光信号折射到纤芯中。光纤分单模和多模两种，单模只提供一条光通路，多模有多条光通路，单模光纤容量大，价格较贵，目前单模光纤芯连包层尺寸约为 8.3 μm/125 μm，多模纤芯常用的为 62.5 μm/125 μm。光纤只能作单向传输，如需双向通信，则应成对使用 。

光缆是目前计算机网络中最有发展前途的传输介质，它的传输速率可高达 1 000 Mb/s，误码率低，衰减小，传播延时很小，并有很强的抗干扰能力，适宜在泄漏信号、电气干扰信号严重的环境中使用，所以倍受人们青睐。光缆适用于点一点链路，所以常应用于环状结构网络。缺点是成本较高，还不能普遍使用。

5. 串行通信

串行通信是一种能把二进制数据按位传送的通信，故其所需的传输线条数极少，特别适合于分级、分层和分布式控制系统以及远程通信中。近年来，串行通信发展较快，在分布式工业控制系统中大多采用串行通信，目前应用最广泛的串行通信标准有 RS－232C、RS－422 和 RS－485 等。

RS－232C 标准是美国电子工业协会(EIA)在 1969 年颁布的一种推荐标准，RS 是 Recommended Standard 的缩写。RS－232C 是按位串行通信的总线，可在同步和异步两种通信方式下使用，所传数据类型和帧长均不受限制。PLC 与上位计算机的通信就是通过 RS－232C 标准接口来实现的。目前，RS－232C 标准广泛地用于计算机与终端或外设之间的近距离通信。

RS－232C 标准中规定最大传送距离为 15 m，最高传输速率为 20 kb/s。信号的逻辑“0”电平范围为＋5～＋15 V，逻辑“1”电平范围为－5～－15 V。

目前较为常用的串口有 9 针串口(DB9)和 25 针串口(DB25)，通信距离较近时(小于 12 m)，可以用电缆线直接连接标准 RS－232 端口(RS－422，RS－485 较远)，若距离较远，需附加调制解调器(MODEM)。最为简单且常用的是三线制接法，即地、接收数据和发送数据三脚相连。

1)DB9 和 DB25 的常用信号脚说明

常用信号脚说明如表 4.1 所示。

表 4.1　常用信号脚说明

9 针串口(DB9)			25 针串口(DB25)		
针号	功能说明	缩写	针号	功能说明	缩写
1	数据载波检测	DC	8	数据载波检测	DCD
2	接收数据	RXD	3	接收数据	RXD

续表

9针串口(DB9)			25针串口(DB25)		
针号	功能说明	缩写	针号	功能说明	缩写
3	发送数据	TXD	2	发送数据	TXD
4	数据终端准备	DTR	20	数据终端准备	DTR
5	信号地	GND	7	信号地	GND
6	数据设备准备好	DSR	6	数据准备好	DSR
7	请求发送	RTS	4	请求发送	RTS
8	清除发送	CTS	5	清除发送	CTS
9	振铃指示	DELL	22	振铃指示	DELL

2)RS-232C 串口通信接线方法(三线制)

首先,串口传输数据只要有接收数据针脚和发送针脚就能实现:同一个串口的接收脚与发送脚直接用线相连、两个串口相连或一个串口与多个串口相连。同一个串口的接收脚与发送脚直接用线相连,对9针串口和25针串口,均是2与3直接相连;两个不同串口(不论是同一台计算机的两个串口或分别是不同计算机的串口)如表4.2所示。

表4.2 标准串行口

9针—9针		25针—25针		9针—25针	
2	3	3	2	2	2
3	2	2	3	3	3
5	5	7	7	5	7

表4.2是对微机标准串行口而言的,还有许多非标准设备,如接收GPS数据或电子罗盘数据。必须遵守一个原则:接收数据针脚(或线)与发送数据针脚(或线)相连,彼此交叉,信号地对应相接。

在要求通信距离为几十米到上千米时,广泛采用RS-485串行总线。RS-485采用平衡发送和差分接收,因此具有抑制共模干扰的能力。加上总线收发器具有高灵敏度,能检测低至200 mV的电压,故传输信号能在千米以外得到恢复。RS-485采用半双工工作方式,任何时候只能有一点处于发送状态,因此,发送电路须由使能信号加以控制。RS-485用于多点互连时非常方便,并节省信号线。应用RS-485可以联网构成分布式系统,其允许最多并联32台驱动器和32台接收器。

RS-485与RS-422电路原理基本相同,都是以差动方式发送和接受,不需要数字地线。差动工作是同速率条件下传输距离远的根本原因,这正是二者与RS-232的根本区别,因为RS-232是单端输入输出,双工工作时至少需要数字地线。发送线和接受线三条线(异步传输),还可以加其他控制线完成同步等功能。RS-422通过两对双绞线可以全双工工作收发互不影响,而RS-485只能半双工工作,发收不能同时进行,但它只需要一对双绞线。RS-485与RS-422一样,其最大传输距离为1 219 m,最大传输速率为10 Mb/s。

RS-422和RS-485接口标准均采用平衡驱动差分接收电路,其收发不共地,这可以大大减少共地带来的共模干扰。在许多工业环境中,为了使设备简单和维护方便,总希望用最少的信号线完成远程数据的采集和控制。目前RS-485串行总线在仪器仪表及工业控制中得到广泛的应用。RS－485 实际上是 RS－422 的变型，它与 RS－422 不同之处在于：RS－422 为全双工，而 RS－485 为半双工，RS－422 采用两对平衡差分信号线，RS－485 需其中的一对，因而 RS－485 在多站互连方面应用十分方便。在 RS－485 发送端，驱动器将 TTL 电平信号转换成差分信号输出，在接收端将差分信号还原成 TTL 信号，所以 RS－485 有很强和很高的抗共模干扰能力和接收灵敏度。在传送数据速度达 100 kb/s 时，RS－485 的通信距离可达 1 200 m。

不同编码机制不能混接，如 RS－232C 不能直接与 RS－422 接口相连，市面上有专门的各种转换器卖，必须通过转换器才能连接；线路焊接要牢固，否则会因为接线问题误事。串口调试时，应准备一个好用的调试工具，如串口调试助手、串口精灵等，不可用带电插拔串口。插拔时至少有一端是断电的，否则串口易损坏。

(二)工业局域网

1. 分组交换网的通信协议

1)协议概念和层次结构

为了将众多不同功能、不同配置及不同使用方式的终端设备和计算机互连起来共享资源，就需要找到为解决它们之间互连而协商一致的原则。不同地理位置上两个实体相互通信，需要通过交换信息来协调它们的动作和达到同步，而信息交换必须按照预先共同约定好的过程进行，这种预先建立的原则、约定和标准就称为网路协议。

协议是指系统间互换数据的一组规则，主要是关于相互交换信息的格式、含义、节拍等。协议的制定和实现采用层次结构，即将复杂的协议分解为一些简单的分层协议、再组合成总的协议。

2)开放系统互连参考模型(RM/OSI)

为了互连，需要有一个共同的网路体系结构和技术标准。所谓开放就是背景只要遵循 OSI 标准，一个系统就可以与位于世界上任何地方的也遵循同一标准的其他系统通信。开放系统模型分层分两步进行。第一步，把全部功能划分为数据传输功能和数据处理功能，数据传输功能为数据处理功能提供传送服务。第二步，把上述两项功能进一步划分，设置 7 层，如图 4.1 所示。

发送方	接收方	各层的名称及功能	
7	7	应用层	对面向应用要求的应用程序的接口（读、写）
6	6	表示层	用于下一层分析和解释的数据表达方式（编码）
5	5	会话层	建立和清除临时的站连接通信进程的同步
4	4	传输层	为第 5 层控制数据传输（传输出错、分解成信息包）
3	3	网络层	建立和清除连接，避免网络堵塞
2	2	数据链路层	包括数据安全的总线存取协议描述（介质存取控制）
1	1	物理层	定义介质（硬件）数据编码的传输速度
传输介质			

图 4.1 OSI 开放系统 7 层参考模型

参考模型中的7层分别为物理层、数据链路层、网络层、传输层、会话层、表示层和应用层。以下简述每层的功能。

(1)物理层控制节点与信道的连接,提供物理通道和物理连接以及同步,实现比特信息的传输。物理层协议规定“0”和“1”的电平是几伏,一个比特持续多长时间,DTE与DCE接口采用的接插件的形式等等。

(2)数据链路层是两个通信实体之间一条点—点式信道,包括数据传输电路和数据电路终接设备。数据链路层协议保证数据块从数据链路的一端正确地传送到另一端,使用差错控制技术来纠正传输差错,按一定格式成帧。

(3)网络层用于控制通信子网的运行,管理从发送节点到收信节点的虚电路。协议规定网络节点和虚电路的一种标准接口,完成网络连接的建立、拆除和通信管理,包括路由选择、信息流控制、差错控制以及多路复用等。

(4)传输层是主计算机—主计算机层,或者说端—端传输控制层。传输层的主要功能是建立、拆除和管理传送连接。

(5)会话层是用户进网的接口,着重解决面向用户的功能,例如会话建立时,双方必须核实对方是否有权参加会话,由哪一方支付通信费用,在各种选择功能方面取得一致。

(6)表示层主要解决用户信息的语法表示问题。表示层将数据从适合于某一用户的语法,变换为适合于OSI系统内部使用的传送语法。

(7)应用层的功能是假定网路上有很多不同形式的终端,各种终端的屏幕格式都不同,应用层就要设法转换。

2. 局域网的结构

局域网从20世纪60年代末70年代初开始起步,经过近30年的发展,日趋成熟。其主要特点是形成了开放系统互连网络,网络走向了产品化、标准化。许多新型传输介质投入实际使用,以数据传输速率达100 Mb/s的以光缆为基础的FDDI技术和双绞线为基础的100BASE－T等技术已投入商用。局域网的互连性越来越强,各种不同介质、不同协议、不同接口的互连产品已纷纷投入市场。微计算机的处理能力增强很快,局域网不仅能传输文本数据,而且可以传输和处理话音、图形、图像、视像等媒体数据。局域网的拓扑结构指网络中节点和通信线路的几何排序,它对整个网络的设计、功能、经济性、可靠性都有影响。对局域网一般有如下5种结构:星型、总线型、环型、树型、网状型等,如图4.2所示。

1)星型结构

星型结构以中央节点为中心,一个节点向另一个节点发送数据,必须向中央节点发出请求,一旦建立连接,这两个节点之间就是一条专用连接线路,信息传输通过中央节点的存储—转接完成。这种结构要求中央节点的可靠性很高,否则出现故障就会危及整个网络。星型结构的优点是结构简单、网络控制容易、便于扩充;缺点是资源共享不便、可靠性较低，目前 100BASE－VG 采用此种结构。

2）总线型结构

总线型结构的所有节点都通过相应硬件接口连接到一条无源公共总线上，任何一个节点发出的信息都可沿着总线传输，并与总线上其他任何一个节点接收。它的传输方向是从发送点向两端扩散传送，是一种广播式结构。每个节点的网卡上有一个收发器，当发送节点发送的目的地址与某一节点的接口地址相符，该节点即接收该信息。

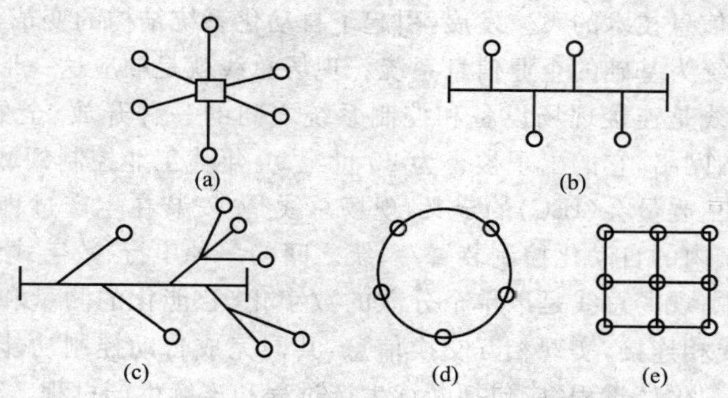

图 4.2 局域网的结构

(a)星型；(b)总线型；(c)树型；(d)环型；(e)网状型

总线型结构的优点是安装简单、易于扩充、可靠性高，一个节点损坏，不会影响整个网络工作 ，但由于共用一条总线，所以要解决两个节点同时向一个节点发送信息的碰撞问题，这对实时性要求较高的场合不太适用。目前，10BASE－T、100BASE－T 使用这种拓扑结构。

3）树型结构

树型结构是总线型的延伸，它是一个分层分支的结构。一个分支和节点故障不影响其他分支和节点的工作。像总线结构一样，它也是一种广播式网络。任何一个节点发送的信息，其他节点都能接收。此种结构的优点是在原网上易于扩充，但缺点是线路利用率不如总线型结构高。

4）环型结构

环型结构中的各节点通过有源接口连接在一条闭合的环型通信线路中，是点一点式结构。环型网中每个节点对占用环路传送数据都有相同权力，它发送的信息流按环路设计的流向流动。为了提高可靠性，可采用双环或多环等冗余措施来解决。目前的环型结构中采用了一种多路访问部件 MAC，当某个节点发生故障时，可以自动旁路，隔离故障点，这也使可靠性得到了提高。

环型结构的优点是实时性好，信息吞吐量大，网的周长可达 200 km，节点可达几百个。但因环路是封闭的。所以扩充不便。这种结构在 IBM 于 1985 年推出令牌环网后，已为人们所接受，目前推出的 FDDI 网就是使用这种双环结构。

5)网状型结构

在一组节点中,将任意两个节点通过物理信道连接成一组不规则的形状,就构成网状结构。它的优点是最大限度地提供了专用带宽;缺点是造价高,结构较复杂,目前在ATM局域网中使用这种结构。

3. 现场总线概述

随着控制、计算机、通信、网络等技术的发展,信息交换沟通的领域正在迅速覆盖从工厂的现场设备层到控制、管理的各个层次,覆盖从工段、车间、工厂、企业乃至世界各地的市场。信息技术的飞速发展,引起了自动化系统结构的变革,逐步形成以网络集成自动化系统为基础的企业信息系统。现场总线就是顺应这一形式发展起来的新技术。现场总线是连接现场设备和控制系统之间的一种开放、全数字化、双向传输、多分支的通信网络,它的出现被誉为20世纪90年代工业控制领域的一场革命。

根据国际电工委员会(IEC)的定义,现场总线是“安装在生产过程区域的现场设备/仪表与控制室内的自动化控制装置/系统之间的一种串行、数字式、多点通信的数据总线”。或者说,现场总线是以单个分散的数字化、智能化的测量和控制设备作为网络节点,用总线相连接,实现相互交换信息,共同完成自动控制功能的网络系统与控制系统。其中,“生产过程”应包括断续生产过程和连续生产过程。现场设备/仪表指位于现场层的传感器、驱动器、执行机构等设备。因此,现场总线是面向工厂底层自动化及信息集成的数字化网络技术。

现场总线技术的主要特点有以下几个。

(1)现场总线使用数字化通信信号取代传统的4~20 mA模拟信号,可用一条通信电缆将控制器与现场设备连接,使用数字化通信完成底层设备通信及控制要求。

(2)现场总线要求现场设备数字化、智能化,因此,现场设备是带有串行通信接口的智能化设备。

(3)现场总线系统中的控制器可从现场设备获取大量信息,可实现设备状态、故障、参数信息传送,可完成设备远程控制、参数化及故障诊断工作。

(4)现场总线是计算机网络通信向现场级的延伸,现场总线技术采用计算机数字化通信技术,使自控系统与设备加入工厂信息网络,完成了企业信息系统的覆盖范围一直延伸到生产现场的要求。

(5)现场总线技术是实现工厂底层信息集成的关键技术,要成功地实施CIMS,各层次的信息集成及支撑技术(计算机网络问题)就必须得到解决。现场总线是工厂计算机网络到现场设备的延伸,是支撑现场级与车间级信息集成的技术基础。

最早成为国际标准的现场总线是CAN总线,它是关于道路交通运输工具方面的国际标准。工业控制领域的现场总线标准主要是指国际电工委员会指定的2个协议簇IEC61158和IEC62026。IEC61158在公布后,马上进入了标准修订程序,到2002年6月已进行了2次大范围的修改,根据最新的IEC/T65文件,该标准目前包括10种技术类型:IEC技术报告、ControlNet、Pnet、Profibus、WorldFIP、FF HSE、

FF Application Layer、SwiffNet、Interbus、PROFI NET。统一的现场总线国际标准至今尚未最终确定，经多方争执和妥协而形成的仍然是多总线标准并存的局面，各种总线组织仍然继续完善各自总线的功能，期望能占领更多的市场份额，成为事实上的标准。

现场总线是当今自动化领域技术发展的热点之一，被誉为自动化的计算机局域网，它导致传统控制系统结构的变革，形成了新型的网络集成式全分布控制系统——现场总线控制系统 FCS，最终将取代传统的 DCS。它的出现，标志着工业控制技术领域又一个新时代的开始，并将对该领域的发展产生重要影响。其深度与广度将超过历史上的任何一次，将开创自动化的新纪元。

(三)西门子工业网络

现代大型工业企业的控制系统多采用分级网络管理，其结构如图 4.3 所示，有工厂管理层、生产控制层和自动化层(现场层)三层。最下层负责现场的监测与控制，中间层负责生产过程的监控和优化，最上层负责生产管理。在工厂自动化系统中，不同的 PLC 厂家的网络结构的层数及各层的功能都有所不同。但各层之间均在通信的基础上，起到协调、控制生产的目的。

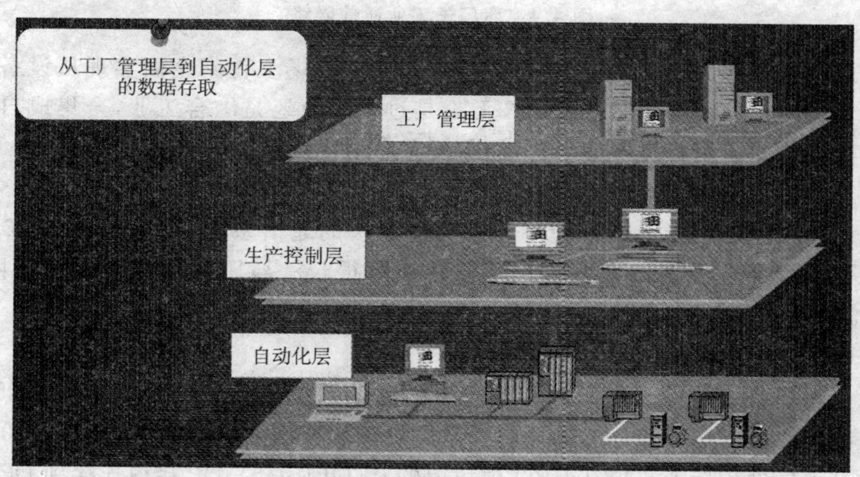

图 4.3　工业网络结构

S7-300 PLC 具有很强的通信功能，CPU 模块本身集成了 MPI 的通信接口，另外，还配有 PROFIBUS-DP 和工业以太网的通信模块，以及点对点(PtP)通信模块。PLC 可以通过现场总线与分布式的 I/O 模块之间进行自动的交换数据。另外，还可以与计算机、人机接口、变频器之间进行通信，从而达到理想的控制方式和目的。

S7 通信对象的服务通过集成在系统中的功能块来进行，可提供的通信服务有以下 3 种：

(1)采用 MPI 的标准 S7 通信；

(2)采用 MPI、K 总线、PROFIBUS - DP 和工业以太网的 S7 通信；

(3)与 S5 通信对象和第三方设备的通信，包括通过 PROFIBUS - DP 和工业以太网的 S5 兼容通信和标准通信。

西门子工业通信网络如图 4.4 所示。

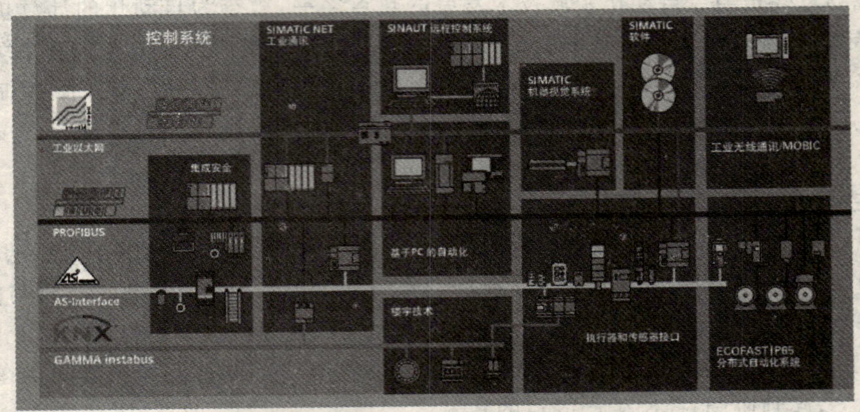

图 4.4　西门子工业通信网络

通过引入全集成自动化理念，西门子公司成为市场上首家全面实现从设备到提供集成化自动化的解决方案的公司。无论是过程工业还是综合工业，全集成自动化都是一种独特的通用解决方案平台，涵盖所有应用领域。各个通信系统如下。

1)工业以太网(Industrial Ethernet)

工业以太网是用于工厂管理层和车间监控层的通信系统，符合 IEEE 802.3 和 802.11 国际标准。工业以太网可用于构建横跨很长一段距离的高性能通信网络。其传输速率为 10M/100 Mb/s，最多 1 024 个网络节点。

2)PROFIBUS

工业现场总线是用于车间级和现场层的通信系统，它符合 IEC61158/EN50170 标准，具有开放性，符合该标准的厂商生产的设备均可接入同一网络。S7 - 300 PLC 可以通过通信处理器或集成在 CPU 模块上的 PROFIBUS - DP 接口连接到 DP 网络中。通过该接口，可以实现 CPU 高速、方便地控制分布式 I/O。PROFIBUS 的物理层是 RS - 485，最大传输速率为 12 Mb/s，最多可以与 127 个网络上的节点进行数据交换。

3)执行器-传感器接口(AS - i)

AS - i 是位于自动控制系统最底层的网络，用来连接有 AS - i 接口的现场二进制设备，只能传送少量的数据，例如开关量的状态等。

4)KNX

KNX 是一国际标准，是构成楼宇自动化的基础。通过控件和网络实现网络交换。

5)多点接口(MPI)

S7－300 CPU 集成了 MPI 通信协议,其物理层是 RS－485,最大的传输速率为 12 Mb/s。PLC 通过 MPI 可与计算机、人机界面、编程器等通信。

6)点对点通信(PtP 通信)

PtP 通信可以连接两台 S7 PLC 和 S5 PLC,以及计算机、打印机扫描仪等设备。使用 CP340、CP341 和 CP441 模块,或通过 CPU 上集成的 PtP 通信接口实现 PtP 通信。

任务二　PROFIBUS－DP 组态连接实例

一、任务提出

实现 S7－300 和 S7－200 PLC 之间的 PROFIBUS－DP 通信连接和实现 S7－300 PLC 之间的 PROFIBUS－DP 通信连接是本节任务。

二、相关知识

在 PROFIBUS 现场总线中,PROFIBUS－DP 的应用最广。PROFIBUS－DP 用于设备级的高速数据传送,主要用于中央控制器(如 PLC)通过高速串行线同分散的设备进行通信。

PROFIBUS－DP 设备可分以下三类。

1)第一类 DP 主站

它包括集成了 DP 接口的 PLC,如 CPU313－2DP 等;没有集成 DP 接口的 CPU 加上支持 DP 主站功能的通信处理器(CP);插有 PROFIBUS 网卡的 PC;IE/PB 链路模块;ET200 S/ET200 X 主站模块。

2)第二类 DP 主站

它包括 PC 加 PROFIBUS 网卡、操作员面板/触摸屏等。

3)DP 从站

它包括分布式 I/O、智能 DP 从站、具有 PROFIBUS－DP 接口的现场设备。

三、任务解决方案

1. S7－300 与 S7－200 之间的 DP 通信

S7－300 可与支持 PROFIBUS－DP 协议的第三方设备进行通信。PROFIBUS－DP(或 DP 标准)是欧洲标准 EN50170 定义的一种远程 I/O 通信协议。DP 表示分布式外围设备,亦即远程 I/O,PROFIBUS 表示过程现场总线。通过 EM277 PROFIBUS－DP 扩展从站模块,可将 S7－200 CPU 连接到 PROFIBUS－DP 网络。EM277 经过串行 I/O 总线连接到 S7－200 CPU。PROFIBUS 网络经过其 DP 通信端口，连接到 EM277 PROFIBUS - DP 模块，此端口的波特率为 9.6 kb/s～12 Mb/s。

作为 DP 从站，EM277 模块接受从主站来的多种不同的 I/O 组态，向主站发送和接收不同数量的数据。用户根据实际应用的需要，可以修改所传输的数据量。比如 S7 - 300 与 S7 - 200 之间通过 EM277 实现 PROFIBUS - DP 通信，只需要在 STEP7 中进行 S7 - 300 站组态，在 S7 - 200 系统中不需要对通信进行组态和编程，只需将要进行通信的数据整理存放在 V 存储区与 S7 - 300 的组态 EM277 从站时的硬件 I/O 地址相对应就可以了。本例介绍如何利用 PROFIBUS - DP 模块 EM277 实现 S7 - 300 和 S7 - 200 之间的 DP 通信。网络组态步骤如下。

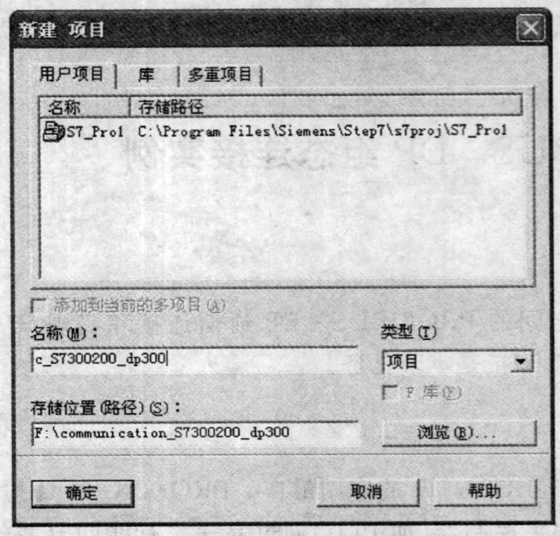

图 4.5　新建 S7 - 300 PLC 项目

(1)双击桌面“”图标，打开 S7 - 300 编程软件，新建一个项目，如图 4.5 所示，为项目指定保存路径和名称“c_S7300200_dp300”。

(2)插入一个 S7 - 300 的站点，如图 4.6 所示。

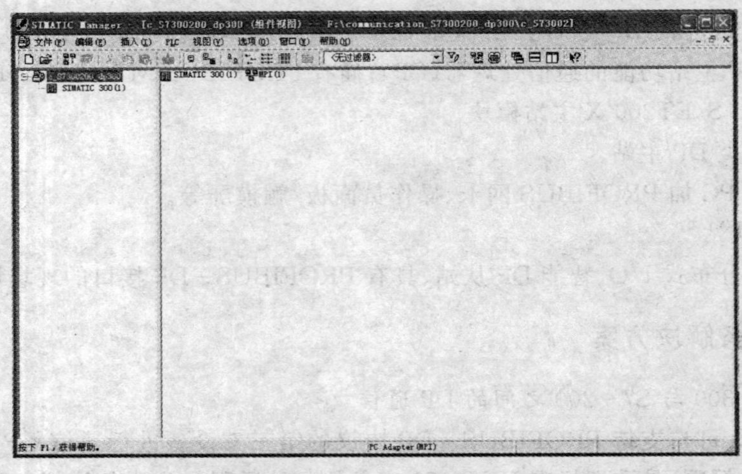

图 4.6　插入 S7 - 300 站点

(3)对 S7 - 300 主站进行硬件组态，在组态过程中，机架“UR”的配置要与实际的硬件配置一致。硬件组态如图 4.7 所示，该实例中采用的硬件配置为电源模块

"PS307 5A"、CPU"CPU313－2DP"、扩展模拟量模块 SM334。在配置过程中，一定要注意订货号要与实际的硬件订货号一致。

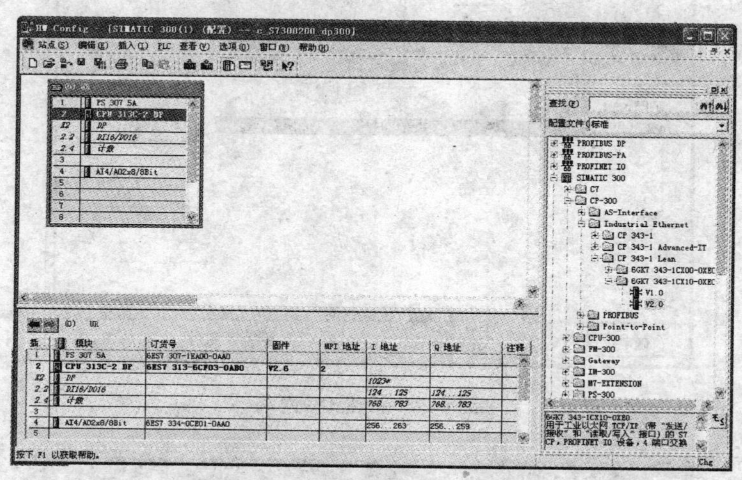

图 4.7　硬件组态

(4)在硬件组态画面中，双击 CPU313－2DP 下面的"DP"，会出现如图 4.8 所示的对话框。

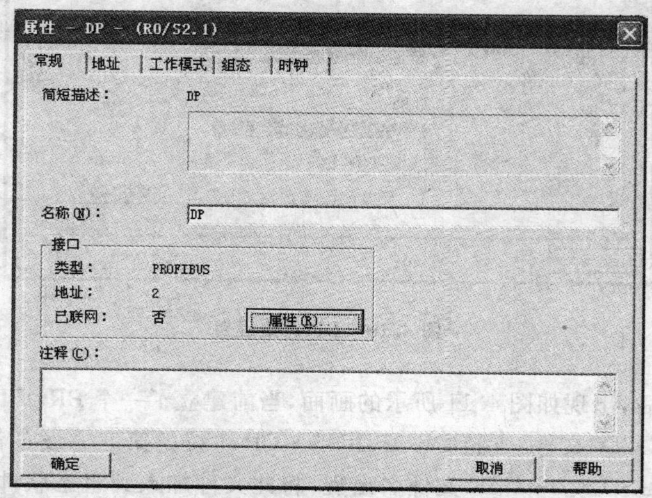

图 4.8　DP 属性

然后，点击"属性"按钮，会出现如图 4.9 所示的画面。

此时，还没有建立"PROFIBUS－DP"网络，点击"新建"按钮，新建一个 PROFIBUS 网络，在"网络设置"中选择波特率等参数，如图 4.10 中 187.5 kb/s，设置完毕后，点击"确定"。

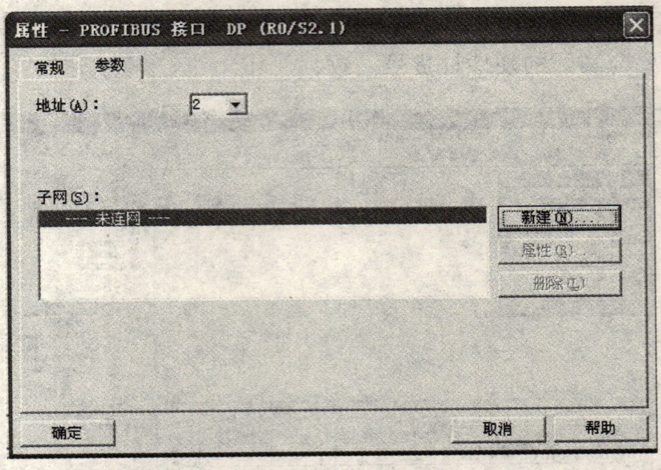

图 4.9 新建 DP 网络

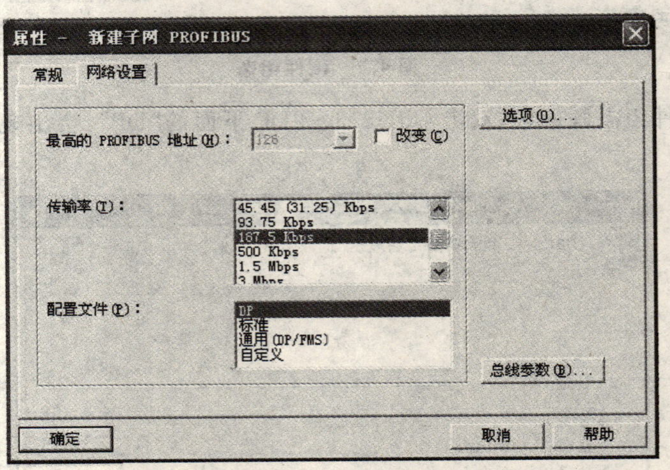

图 4.10 DP 网络设置

编译存盘后，出现如图 4.11 所示的画面，当前建立了一个 PROFIBUS DP 网络。

(5)安装“GSD”文件，支持 PROFIBUS－DP 协议的第三方设备都会有 GSD 文件，通常以 *.GSD 或 *.GSE 文件名出现，将此文件加入到组态软件中就可以组态第三方设备从站的通信接口了。点击菜单栏“选项”，在下拉菜单中，点击“安装新的 GSD”，出现如图 4.12 所示的画面。找到“siem089d.gsd”文件并安装。

(6)按路径“PROFIBUS DP”→“Additional Field Devices”→“PLC”→“SIMATIC”→“EM 277 PROFIBUS DP”，找到 EM277 模块，并挂到建好的 PROFIBUS－DP 网络上。同时选择数据缓冲区的大小，此处选择了“8 bytes Out/8 bytes In”。在图 4.13 的左下方，系统分配的输入输出口地址可以根据实际需要进行改动。

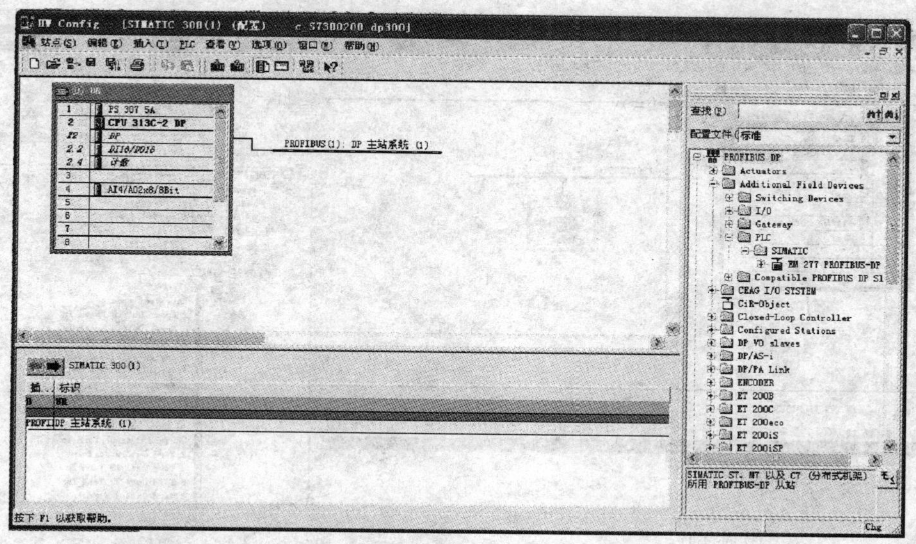

图 4.11　建立完成 DP 网络

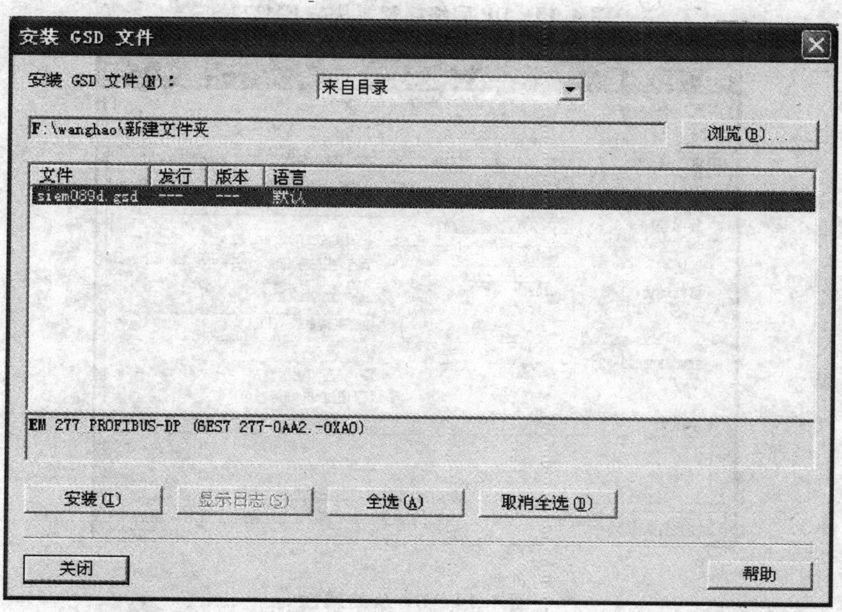

图 4.12　安装 GSD 文件

在图 4.13 中，双击 EM277 分站，便出现如图 4.14 所示的对话框。EM277 的站地址一定要与实际 EM277 上的拨码开关一致，该例中 EM277 的站地址为 9。

点击“参数赋值”选项卡，出现如图 4.15 的对话框。

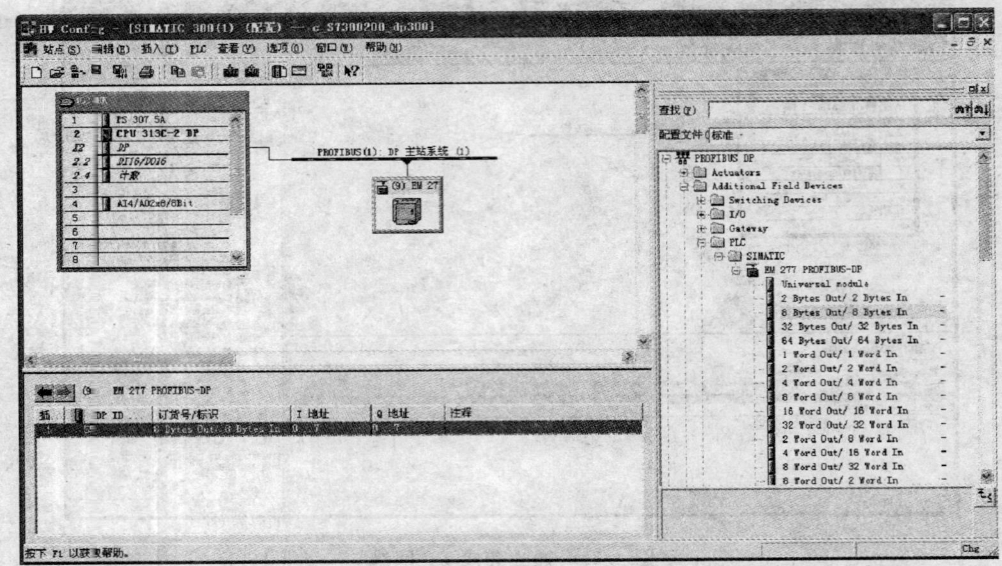

图 4.13　DP 网络挂智能从站 EM277

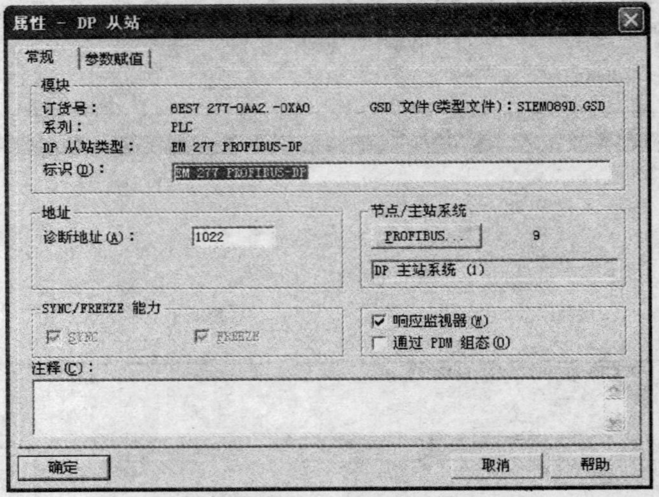

属性 - DP 从站

常规　参数赋值

模块

订货号：　6ES7 277-0AA2.-0XA0　　GSD 文件(类型文件)：SIEM089D.GSD

系列：　PLC

DP 从站类型：　EM 277 PROFIBUS-DP

标识(D)：　EM 277 PROFIBUS-DP

地址

诊断地址(A)：　1022

节点/主站系统

PROFIBUS...　9

DP 主站系统 (1)

SYNC/FREEZE 能力

SYNC　FREEZE

响应监视器(W)

通过 PDM 组态(O)

注释(C)：

确定　取消　帮助

图 4.14　DP 从站属性

在图 4.15 对话框中,“I/O Offset in the V - memory”项用来设置 S7 - 200PLC 中通信映像区的偏置量。该例中,采用了 10,在组态数据通信区时,CPU200 中的数据发送区从 VB10 开始。

数据通信如图 4.15 所示。组态后 S7 - 300 与 S7 - 200 中的数据发送区和接收区如表 4.3 所示,实际通信过程监控如图 4.16 和图 4.17 所示。

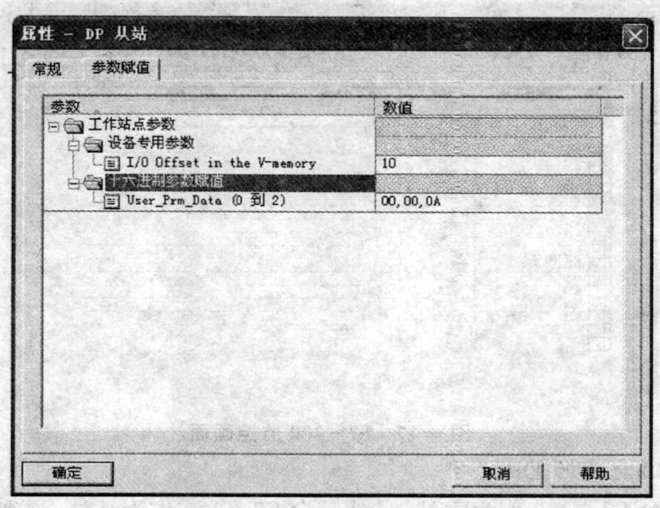

图 4.15　DP 从站参数赋值

表 4.3　发送区和接收区对应表

主站(S7-300 PLC)		从站(S7-200 PLC)	
发送区	接收区	发送区	接收区
PQB0～PQB7			VB10～VB17
	PIB0～PIB7	VB18～VB25	

变量 - VAT_1

VAT_1 -- @s7300200_dp300\SIMATIC 300(1)\CPU 313C-2 DP\S7 程序(1)　ONLINE

	地址		符号	显示格式	状态值	修改数值
1	PIB	0		HEX	B#16#0A	
2	PIB	1		HEX	B#16#2A	
3	PIB	2		HEX	B#16#2D	
4	PIB	3		HEX	B#16#34	
5	PIB	4		HEX	B#16#0C	
6	PIB	5		HEX	B#16#04	
7	PIB	6		HEX	B#16#36	
8	PIB	7		HEX	B#16#7B	
9						
10	PQB	0		HEX		B#16#01
11	PQB	1		HEX		B#16#02
12	PQB	2		HEX		B#16#03
13	PQB	3		HEX		B#16#04
14	PQB	4		HEX		B#16#05
15	PQB	5		HEX		B#16#06
16	PQB	6		HEX		B#16#07
17	PQB	7		HEX		B#16#08
18						

图 4.16　S7-300 监控画面

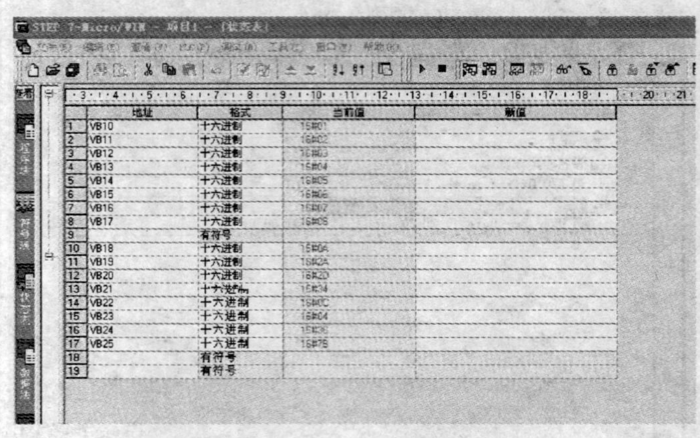

图 4.17　S7 - 200 监控画面

2. S7 - 300 之间的 DP 通信

本例以一台 S7 - 300 作为主站，另外一台 S7 - 300 作为从站，详细介绍如何实现 PROFIBUS - DP 协议下的通信连接。网络配置如图 4.18 所示。

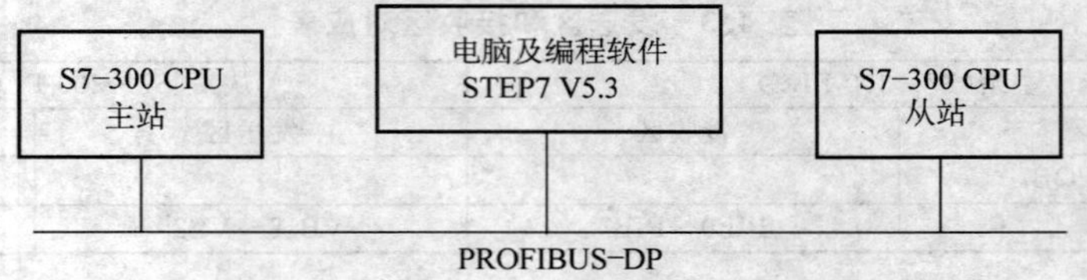

图 4.18　网络配置

组态步骤如下。

(1)先建立项目“S7_300_300dp”，确定项目保存路径，如图 4.19 所示。

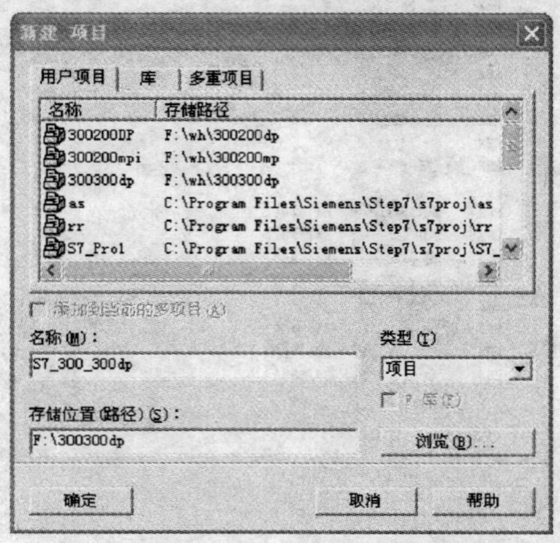

图 4.19　新建 S7 - 300 项目

(2)插入 S7－300 站,根据实际硬件对硬件进行组态,组态画面如图 4.20 所示。

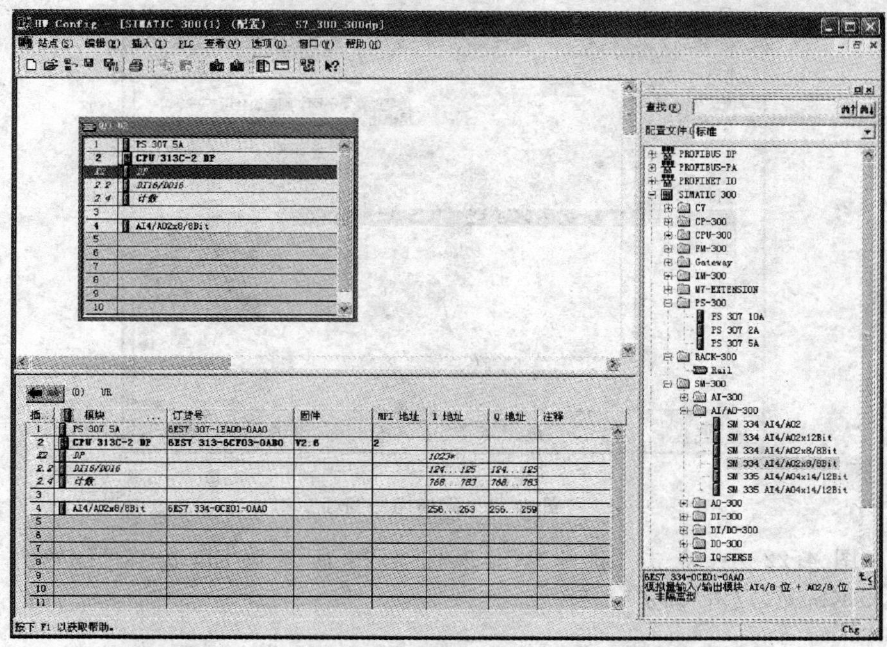

图 4.20　硬件组态画面

(3)硬件组态完成后,双击槽架 CPU 中的“DP”,出现图 4.21 所示画面。

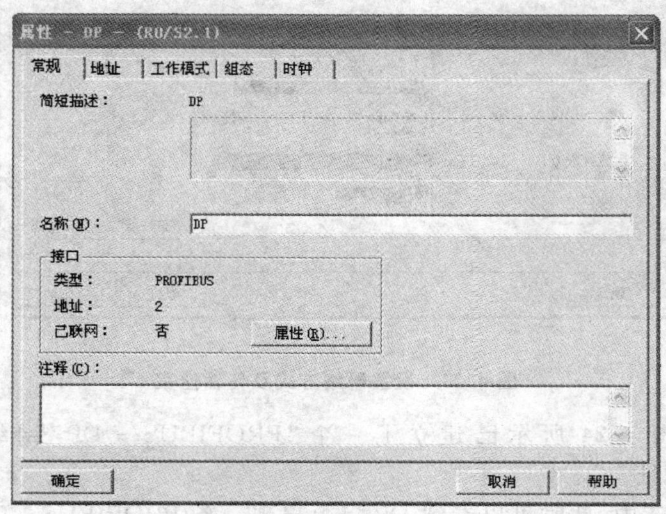

图 4.21　DP 网络组态

此时,还没有建立 PROFIBUS－DP 网络,点击“属性”按钮,出现如图 4.22 所示画面。

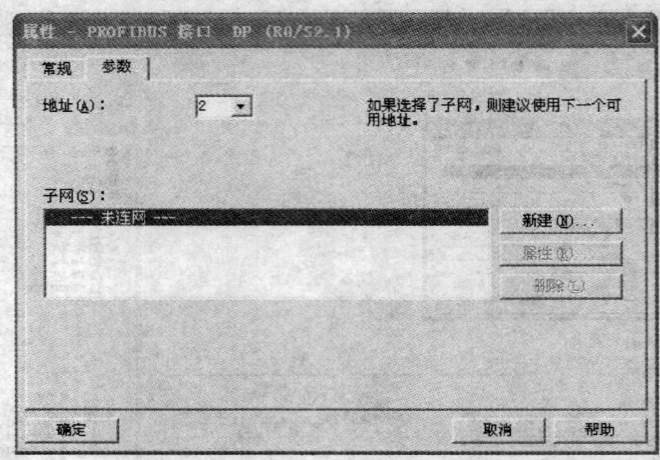

图 4.22 新增网络画面

在图 4.22 中，点击“新建”，出现图 4.23 所示画面，选择“DP”方式及“187.5 Kbps”，点击“确定”。

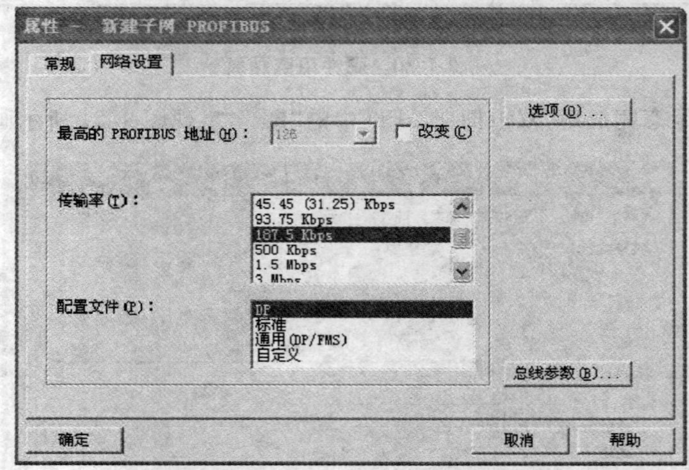

图 4.23 设置网络方式及传输速率

此时，如图 4.24 所示已建立了一个“PROFIBUS - DP”网络，波特率为 187.5 kb/s，地址为 2。

在硬件组态中，此时可以看到 DP 口上出现一条 PROFIBUS - DP 的总线，如图 4.25所示。说明已经建立了一个 PROFIBUS - DP 网络。

(4)在硬件组态中，双击 CPU313 - 2DP 模块下的“DP”栏，会出现如图 4.26 所示的 DP 属性对话框，选择“工作模式”菜单，在该选项中，选择从站。表示该 CPU 将被组态为从站 CPU。

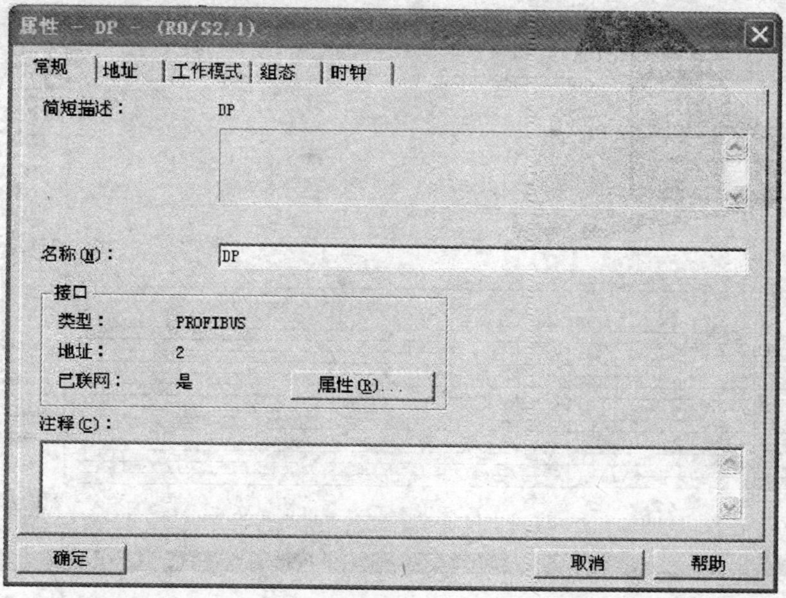

图 4.24　DP 网络参数

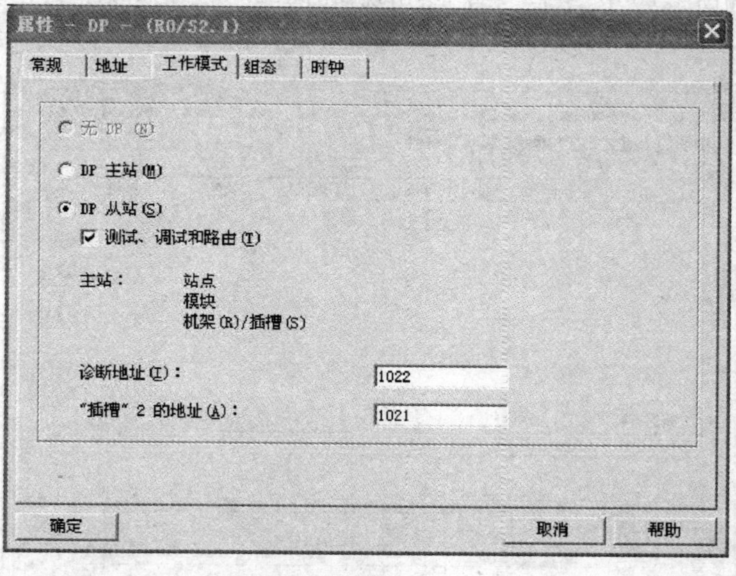

图 4.25　选择 DP 从站

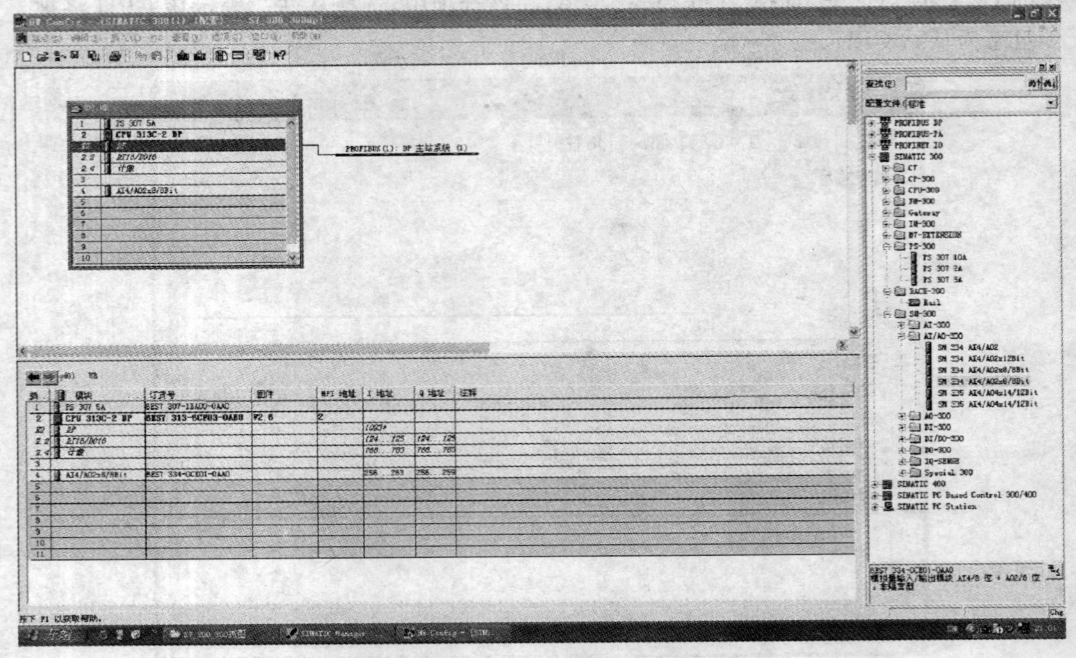

图 4.26　硬件组态(PROFIBUS－DP 网络)

(5)选择图 4.26 中“组态”菜单,会出现如图 4.27 所示的对话框。在该对话框中用于组态通信双方的交换数据的地址及通信的字节数。

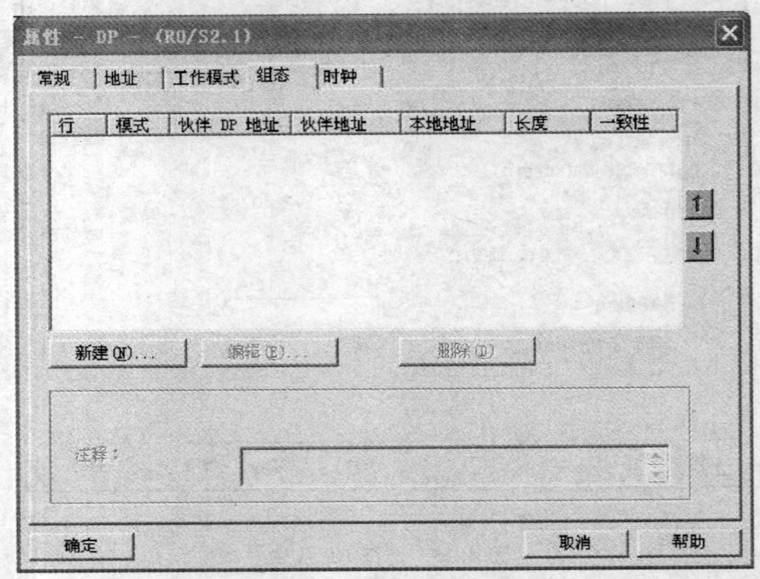

图 4.27　组态通信接口数据区

在图 4.27 中点击“新建”，出现图 4.28 和图 4.29 所示的画面，分别用来组态从站的接收缓冲区和发送缓冲区。在图 4.28 中，地址类型选择“输入”，表示组态输入缓冲区。地址选择“100”，表示输入缓冲区的起始地址为“IB100”。长度选择“10”，单位选择“字节”，表示传送 10 个字节的数据。同理，在图 4.29 中，组态从站输出缓冲区，地址类型选择“输出”，地址选择“100”，表示组态的输出缓冲区的起始地址为“QB100”，输出 10 个字节的数据。

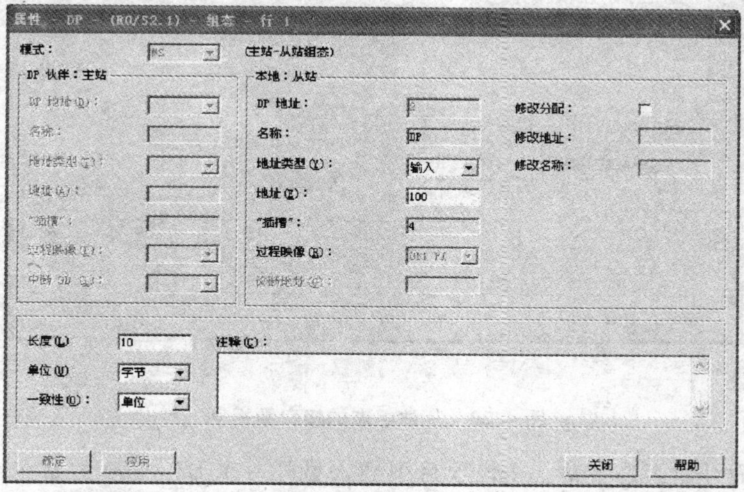

图 4.28　组态接收缓冲区

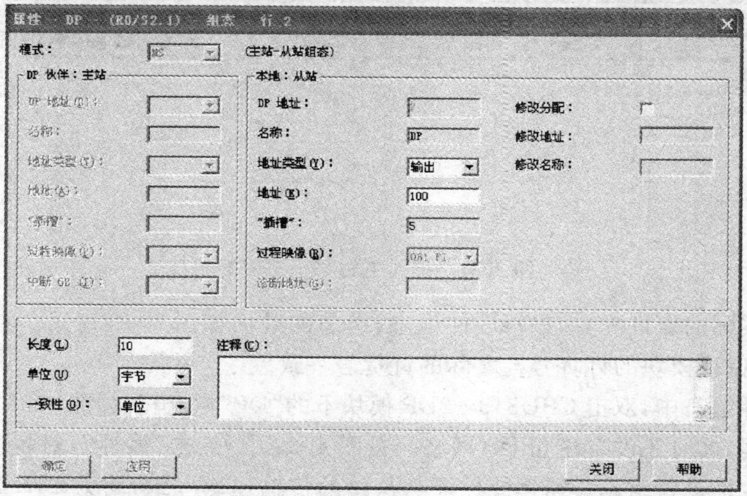

图 4.29　组态输出缓冲区

从站接收和发送缓冲区已经组态完毕，如图 4.30 所示。

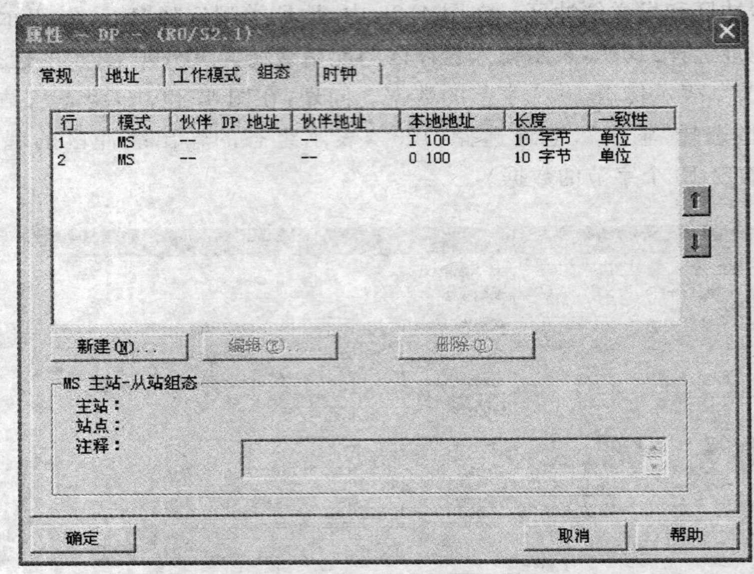

图 4.30　从站组态的接口数据区

(6)下面开始组态主站。在该项目中插入另外一个 S7 - 300 的站点，如图 4.31 所示。

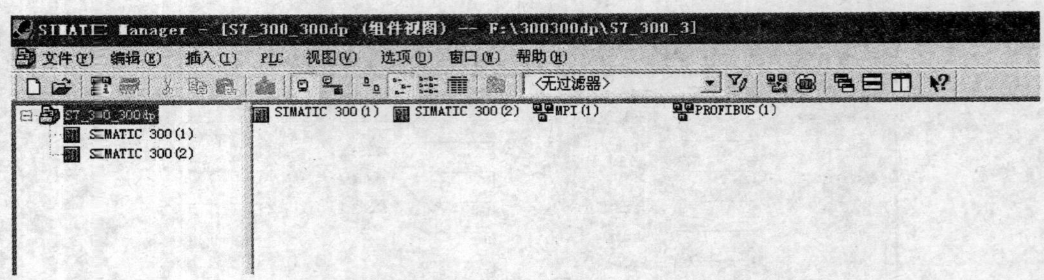

图 4.31　插入主站 S7 - 300(2)

根据实际的硬件配置，进行硬件组态，组态的画面如图 4.32 所示。在选择模块时，一定要保证模块的订货号与实际的订货号一致。

在硬件组态中，双击 CPU313 - 2DP 模块下的“DP”栏，出现如图 4.33 所示的 DP 属性对话框，此时还没有建立 DP 网络。在图 4.33 中，点击“属性”，对主站 DP 网络的速率和地址进行组态。速率要保证与从站的传输速率一致，均为 187.5 kb/s。另外，地址必须不同。从站设为 2，主站地址设置为 3，如图 4.34 所示。

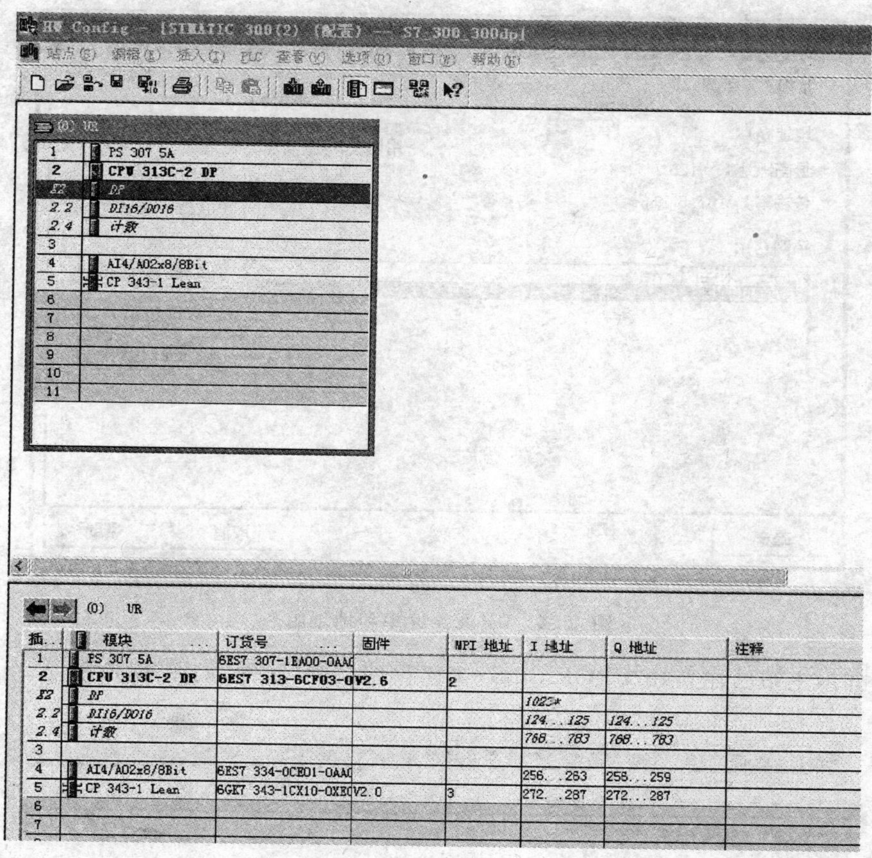

图 4.32 主站硬件组态

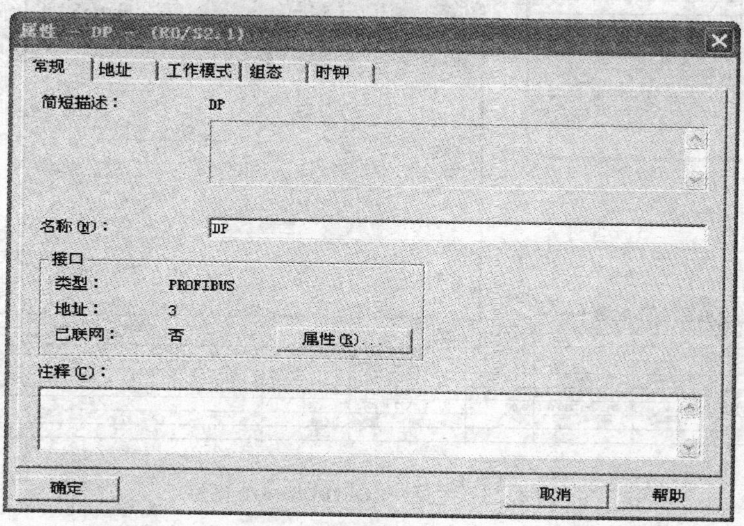

属性 - DP - (R0/S2.1)

常规 | 地址 | 工作模式 | 组态 | 时钟

简短描述： DP

名称(N)： DP

接口

类型： PROFIBUS

地址： 3

已联网： 否 属性(R)...

注释(C)：

确定 取消 帮助

图 4.33 DP 属性对话框

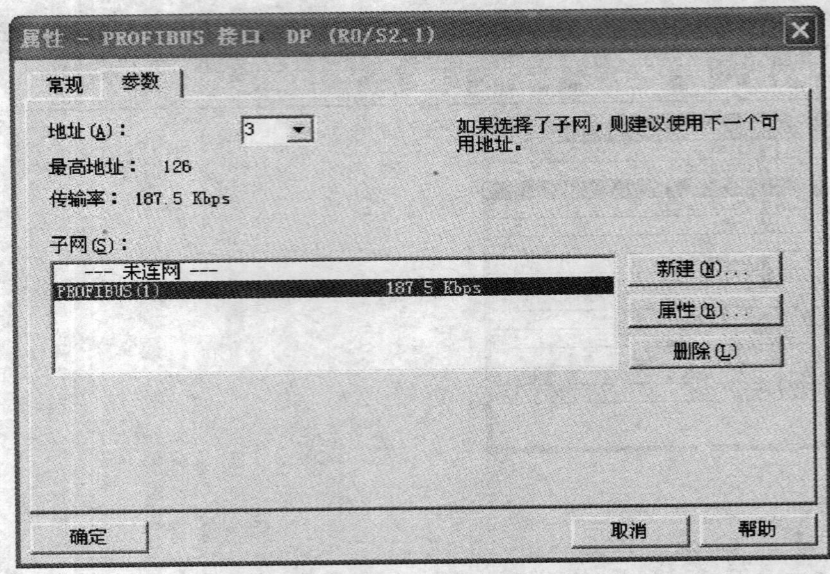

图 4.34 DP 网络速率和地址组态

此时，主站已建立好“PROFIBUS－DP”网络，并已联网，如图 4.35 所示。

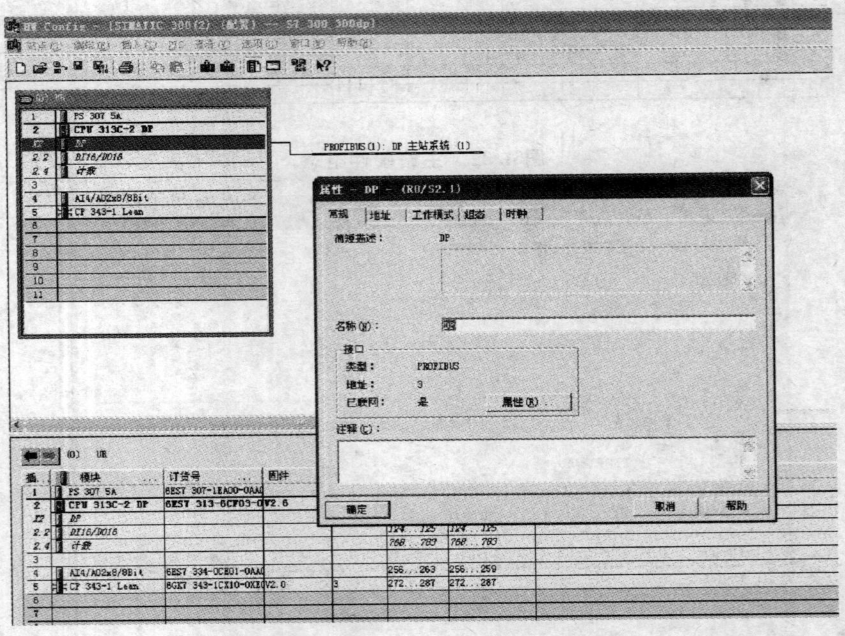

图 4.35 主站 PROFIBUS－DP 网络

(7)在 DP 属性对话框中,点击"工作模式"选项,声明为"主站",如图 4.36 所示。

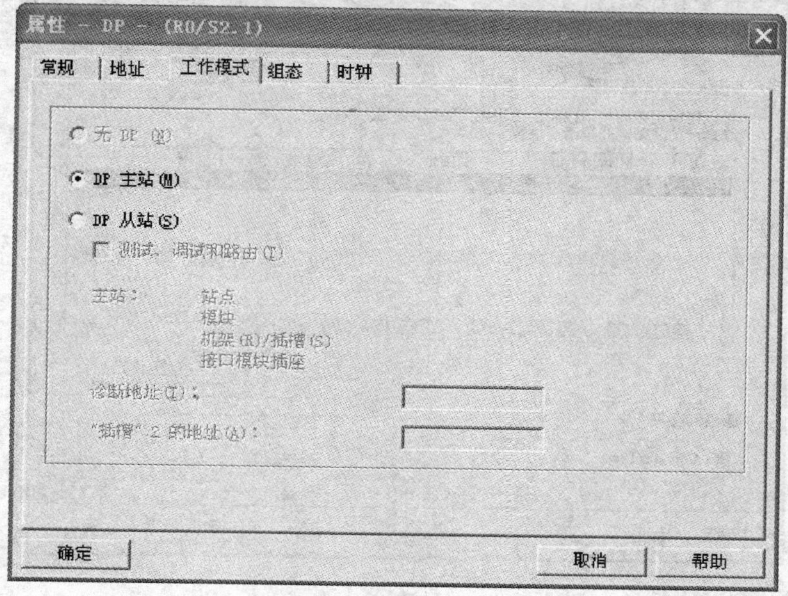

图 4.36 声明 DP 主站

如图 4.37 所示,在右面的模块菜单中,在"PROFIBUS - DP"下面找到"CPU31x"模块,并把它拖放到主站的 PROFIBUS - DP 网络上,此时会自动弹出如图 4.38 所示的对话框。

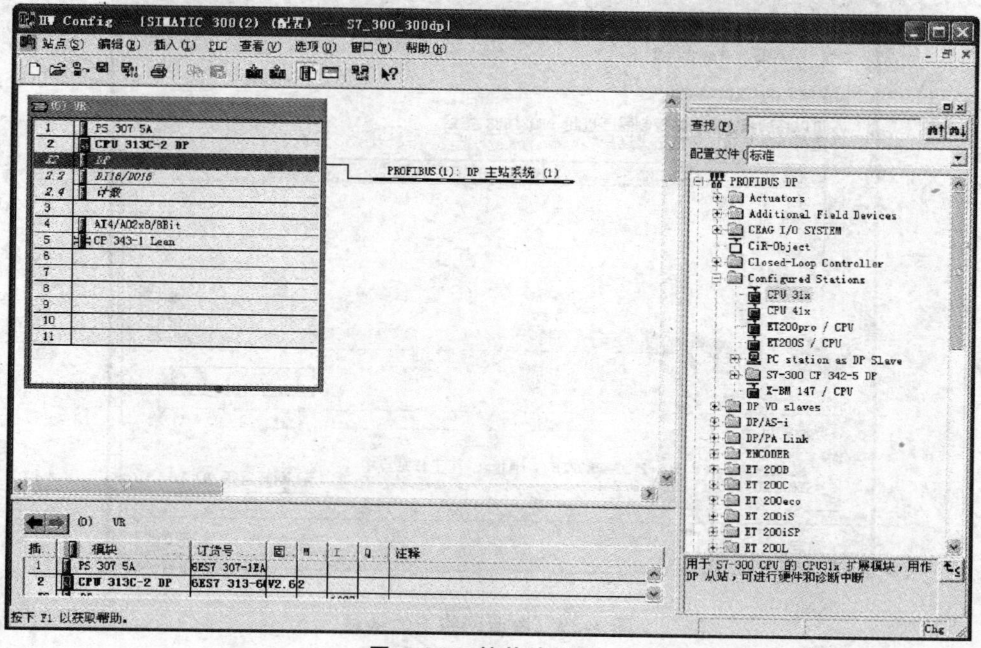

图 4.37 挂从站 CPU

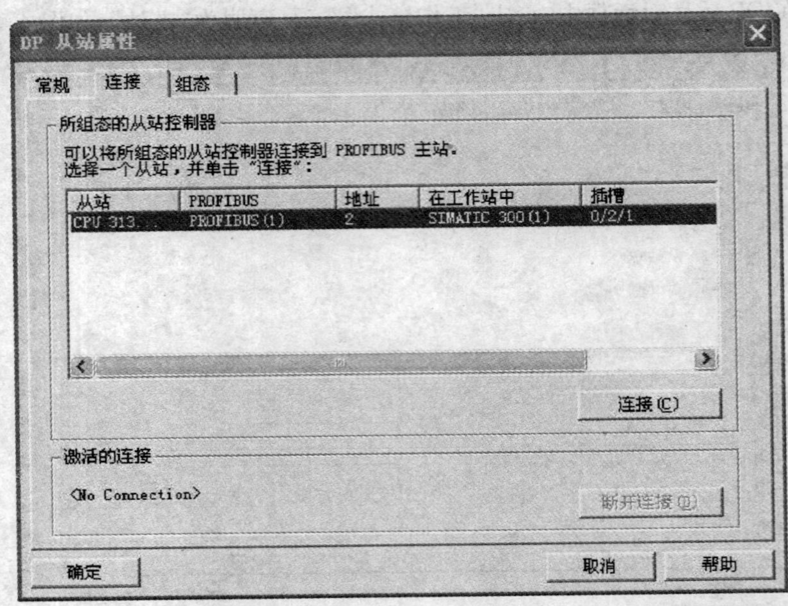

图 4.38　DP 从站属性

(8)在图 4.38 中，显示出从站的信息，地址为 2，名称为“SIMATIC 300(1)”，点击“连接”按钮，激活的网络上的从站如图 4.39 所示。

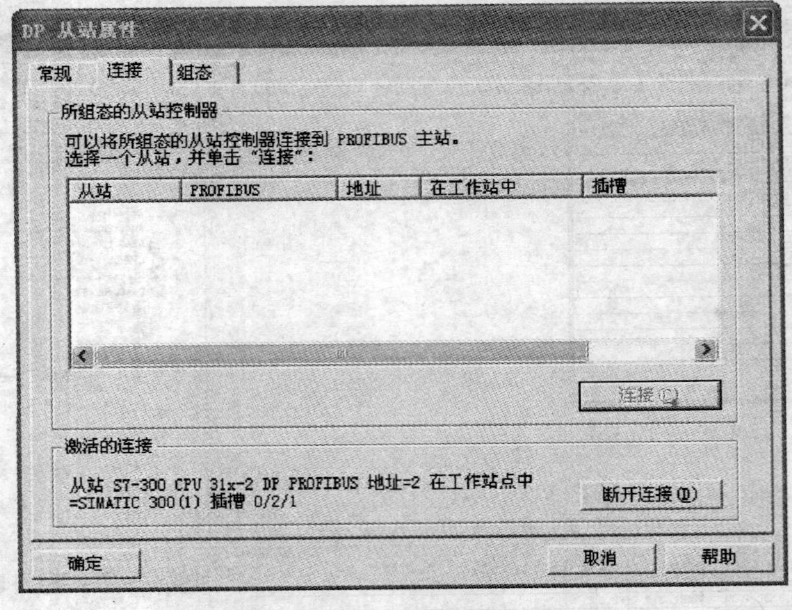

图 4.39　激活网络上的从站

在图 4.39 中，点击“组态”选项卡，组态主站的通信接口数据区。组态对话框中，分别选中行 1 和行 2，然后点击“编辑”，出现如图 4.40 和图 4.41 所示的对话框。两个对话框中分别用来组态主站的数据输出和输入缓冲区。在图 4.40 中，主站的地址类型设置为“输出”，表示组态主站的数据输出缓冲区。地址设置为“50”，表示主站的发送缓冲区的起始地址为“QB50”，传送的字节数设置为“10 个字节”。在图 4.41 中，组态主站的数据输入缓冲区，主站的数据接收区为“IB50”，传送的字节数设置为“10 个字节”。

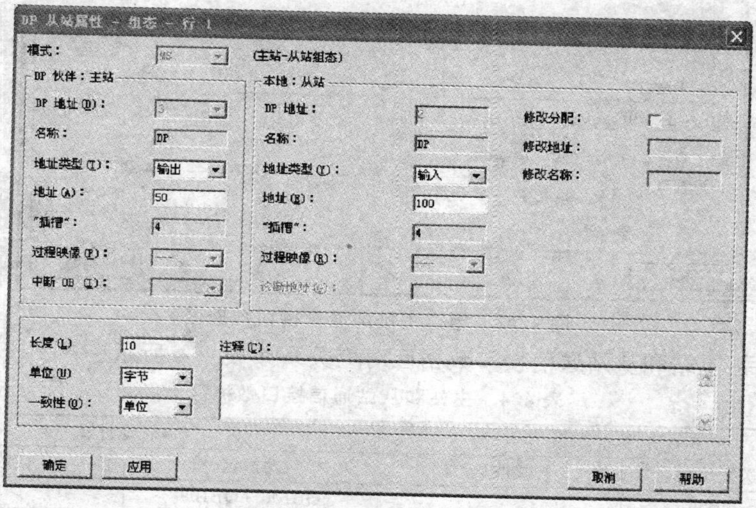

图 4.40　组态主站的数据输出缓冲区

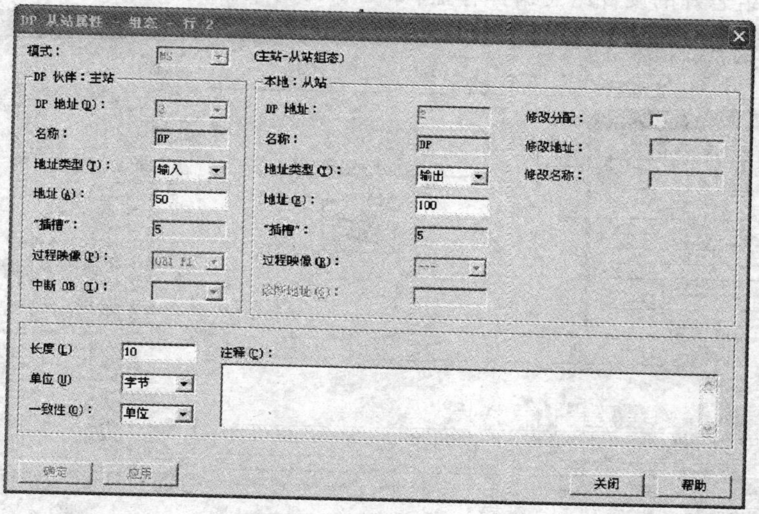

图 4.41　组态主站的数据输入缓冲区

组态完成后，主站的通信接口数据区如图 4.42 所示。

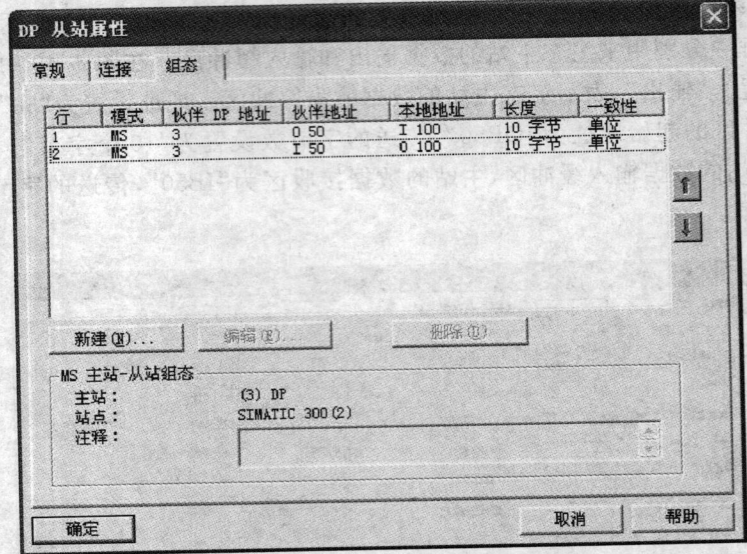

图 4.42　组态主站的通信接口数据区

组态后，主站和从站通信接口数据区对应关系如表 4.4 所示。

表 4.4　主站和从站通信接口数据区

主站(地址 3)		从站(地址 2)	
发送区	接收区	发送区	接收区
QB50～QB59		QB100～QB109	
	IB50～IB59		IB100～IB109

(5)将组态好的硬件组态编译存盘，如图 4.43 所示，然后下载到 CPU 中。

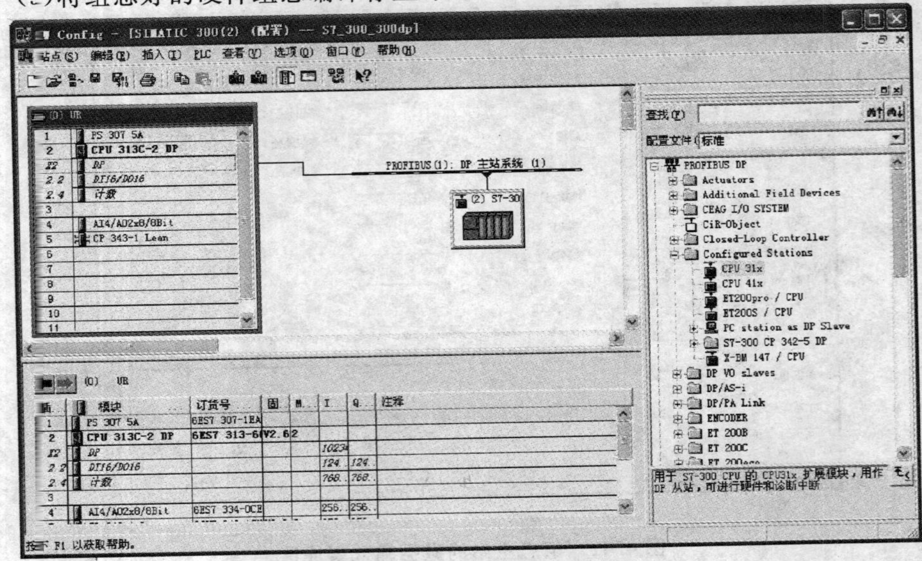

图 4.43　组态好的硬件组态

如果在 PROFIBUS－DP 网络上有任何一个站坏掉或损坏，将会产生不同的中断，并且调用不同的 OB 块，如果在程序中没有这些块，CPU 将会停止运行程序。如果允许，当出现这些问题时让 CPU 不停止运行，应该调用相关 OB 块，如图 4.44 和图 4.45 所示。

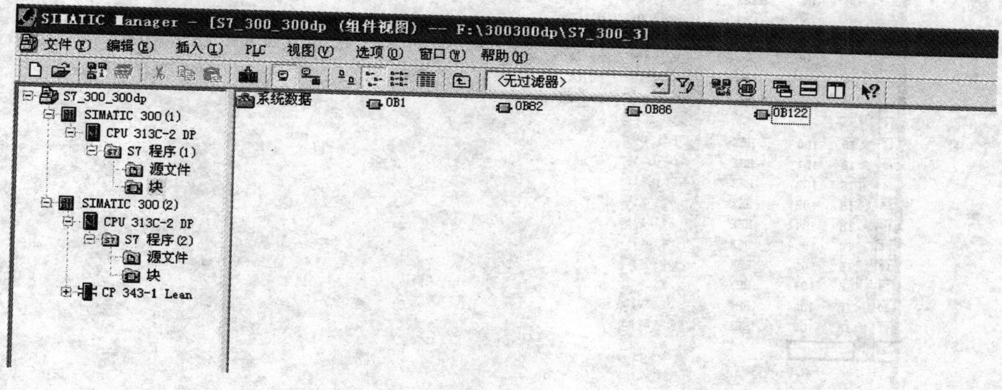

图 4.44　从站中插入相关的 OB 块

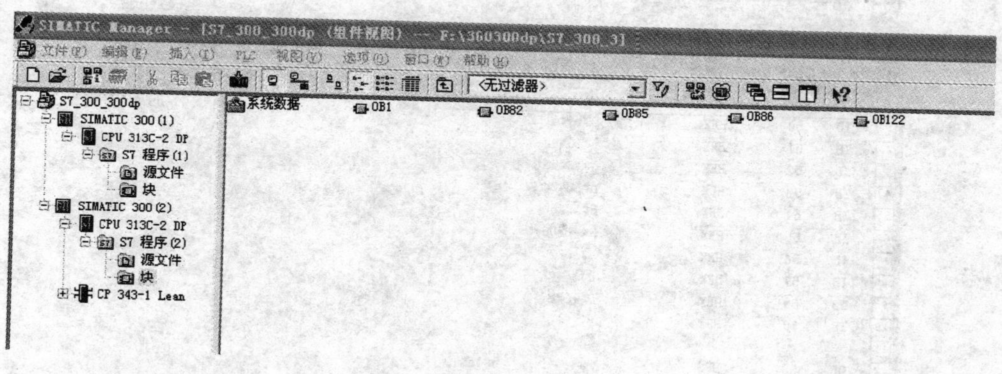

图 4.45　主站中插入相关的 OB 块

运行后，监控从站和主站的数据发送和接收缓冲区如图 4.46 和图 4.47 所示。从站的数据发送区 QB100～QB109 对应主站的数据接收区 IB50～IB59。主站的数据发送区 QB50～QB59 对应从站的数据接收区 IB100～IB109。

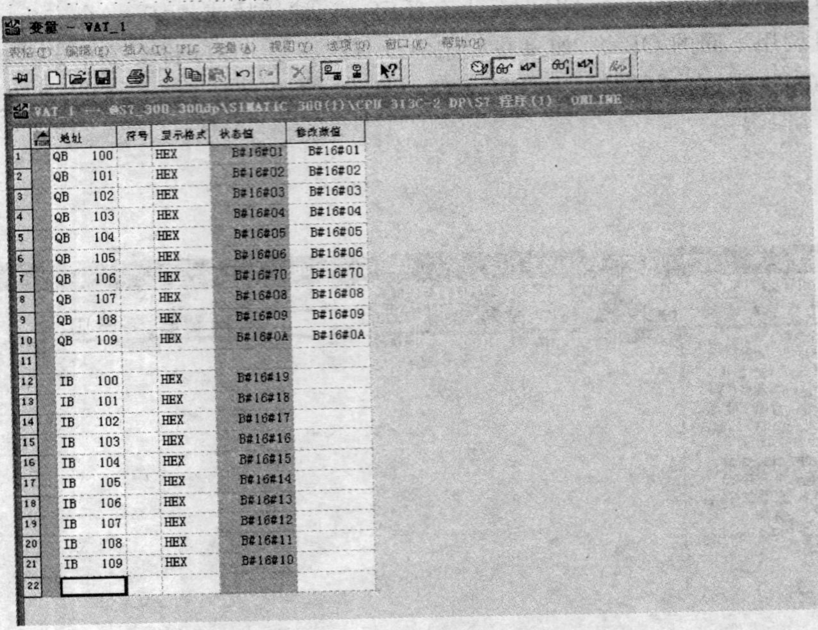

	地址		符号	显示格式	状态值	修改数值
1	QB	100		HEX	B#16#01	B#16#01
2	QB	101		HEX	B#16#02	B#16#02
3	QB	102		HEX	B#16#03	B#16#03
4	QB	103		HEX	B#16#04	B#16#04
5	QB	104		HEX	B#16#05	B#16#05
6	QB	105		HEX	B#16#06	B#16#06
7	QB	106		HEX	B#16#70	B#16#70
8	QB	107		HEX	B#16#08	B#16#08
9	QB	108		HEX	B#16#09	B#16#09
10	QB	109		HEX	B#16#0A	B#16#0A
11						
12	IB	100		HEX	B#16#19	
13	IB	101		HEX	B#16#18	
14	IB	102		HEX	B#16#17	
15	IB	103		HEX	B#16#16	
16	IB	104		HEX	B#16#15	
17	IB	105		HEX	B#16#14	
18	IB	106		HEX	B#16#13	
19	IB	107		HEX	B#16#12	
20	IB	108		HEX	B#16#11	
21	IB	109		HEX	B#16#10	
22						

图 4.46　从站数据区监控

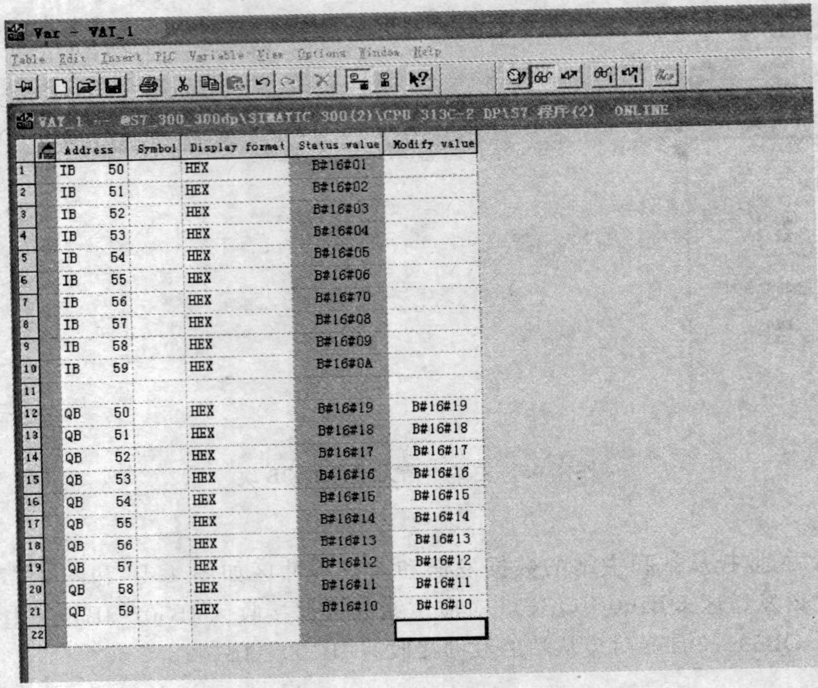

	Address		Symbol	Display format	Status value	Modify value
1	IB	50		HEX	B#16#01	
2	IB	51		HEX	B#16#02	
3	IB	52		HEX	B#16#03	
4	IB	53		HEX	B#16#04	
5	IB	54		HEX	B#16#05	
6	IB	55		HEX	B#16#06	
7	IB	56		HEX	B#16#70	
8	IB	57		HEX	B#16#08	
9	IB	58		HEX	B#16#09	
10	IB	59		HEX	B#16#0A	
11						
12	QB	50		HEX	B#16#19	B#16#19
13	QB	51		HEX	B#16#18	B#16#18
14	QB	52		HEX	B#16#17	B#16#17
15	QB	53		HEX	B#16#16	B#16#16
16	QB	54		HEX	B#16#15	B#16#15
17	QB	55		HEX	B#16#14	B#16#14
18	QB	56		HEX	B#16#13	B#16#13
19	QB	57		HEX	B#16#12	B#16#12
20	QB	58		HEX	B#16#11	B#16#11
21	QB	59		HEX	B#16#10	B#16#10
22						

图 4.47　主站数据区监控

任务三　工业以太网组态连接实例

一、任务提出

实现 S7－300 和 S7－200 PLC 之间的以太网通信连接和实现 S7－300 PLC 之间的以太网通信连接是本节任务。

二、相关知识

工业以太网是为工业应用专门设计的，它是遵循国际标准 IEEE 802.3，传输速率为 10 Mb/s 的开放式、高性能的区域和单元网络。工业以太网将自动化系统各个工作站互相连接，同时还可以与计算机连接，是一种高速开放型网络。以太网市场占有率高达 80%，是当今世界各地局域网(LAN)应用中的领先网络。它具有以下优点：

(1)连接简单，启动快速；

(2)灵活性好，可随时方便地增加或减少网络设备；

(3)可靠性好，网络可采用冗余的拓扑结构；

(4)通信功能强，可利用交换技术扩展通信性能；

(5)网络覆盖面大，不同区域，通过网络都可以连接。

目前，西门子 SIMATIC NET 产品提供符合 IEEE 802.3 标准，传输速率为 100 Mb/s 的高速工业以太网，具有交换和全双工功能。工业以太网网络主要由以下 4 类网络部件组成：

(1)PG/PC 的工业以太网通信处理器，用于将 PG/PC 连接到工业以太网；

(2)SIMATIC PLC 的工业以太网通信处理器，用于将 PLC 连接到工业以太网；

(3)通信介质为普通双绞线、工业屏蔽双绞线和光纤；

(4)连接部件包括快速连接(FC)插座、电气连接模块(ELS)、电气交换模块(ESM)、光纤交换模块(OSM)和光纤电气转换模块(MC TP11)。

三、任务解决方案

1. S7－300 与 S7－200 之间以太网通信

该例采用通信处理器 CP243－1 和 CP343－1 实现 S7－200 与 S7－300 PLC 之间的通信。CP243－1 是一种通信处理器，适用于 S7－200 的自动化系统中。可将 S7－200 系统连接到工业以太网中，直接通过 STEP7 Micro/Win 编程软件即可实现对 S7－200 的组态、编程和诊断。而且，一台 S7－200 PLC 还可以通过以太网与其他 S7－200、S7－300 或 S7－400 PLC 进行通信。CP343－1 通信处理器是用于 S7－300 的全双工以太网通信处理器，通信速率为 10 Mb/s 或 100 Mb/s。S7－300 PLC 通过该通信处理器可与编程器、计算机、人机界面装置和其他 PLC 通信。

本例 S7－200 为客户机，S7－300 为服务器，网络结构如图 4.48 所示。

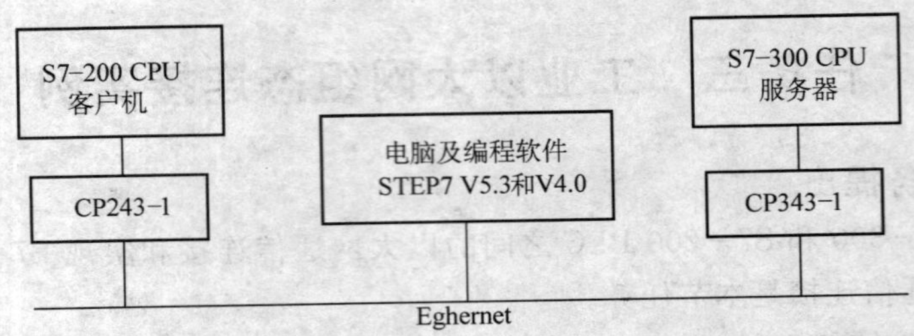

图 4.48　S7-300 与 S7-200 以太网网络结构图

(二)新建一个 S7-200 PLC 的项目,然后在“向导”中找到“以太网”,进行以太网设置向导,如图 4.49 和图 4.50 所示。

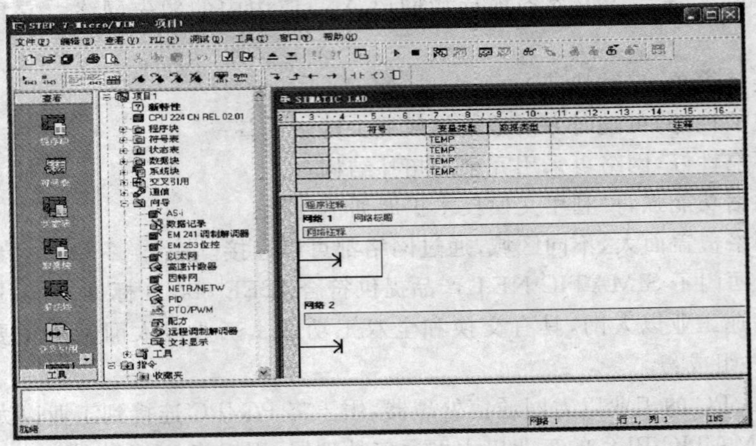

图 4.49　建立新项目及打开以太网向导

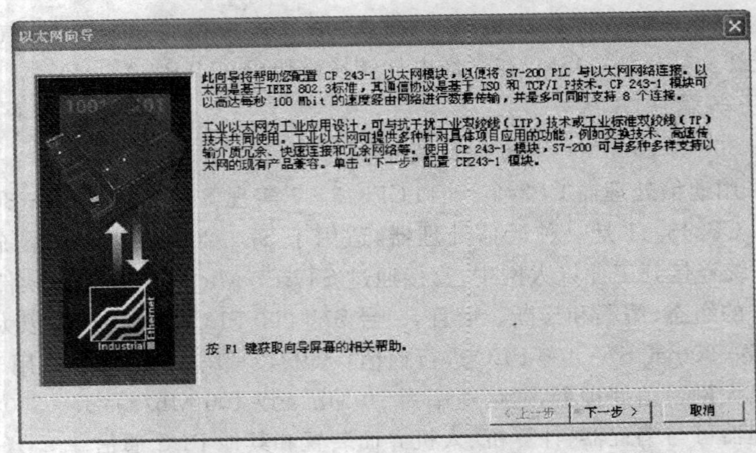

图 4.50　以太网向导简介

(2)设置以太网模块的位置或“读取模块”,如图 4.51 所示。输入 IP 地址等,如图 4.52 所示。

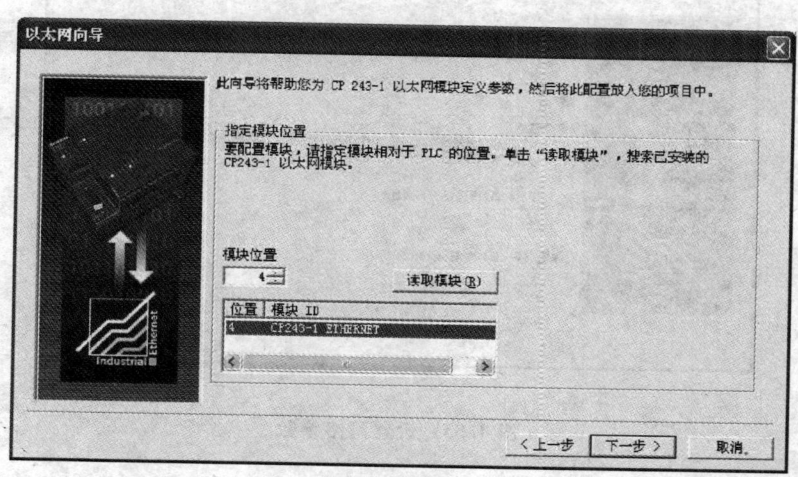

图 4.51 设置模块位置

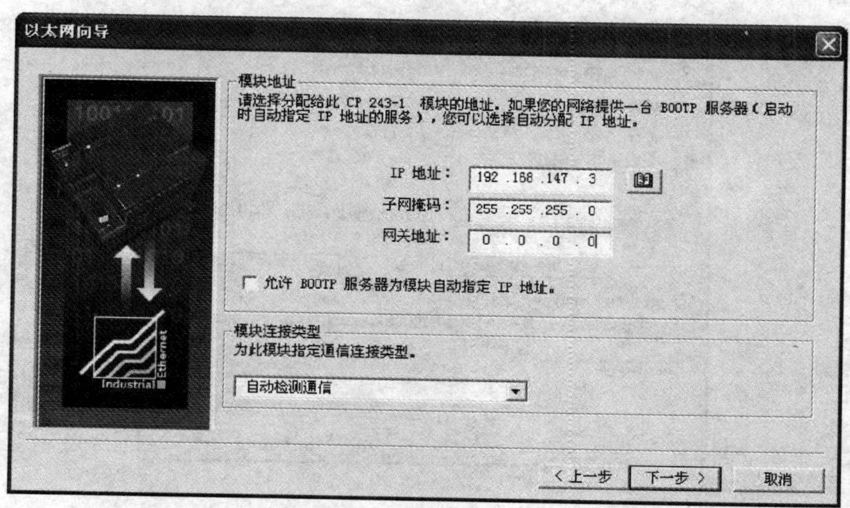

图 4.52 设置客户机的 IP 和子网掩码

(3)输入连接数目,本例是 1,如图 4.53 所示。选择客户机、输入服务器的 IP 及 TSAP,如图 4.54 所示。

(4)点击图 4.54 中的“数据传输”,出现图 4.55 画面,点击“新传输”,会出现如图 4.56 的画面。

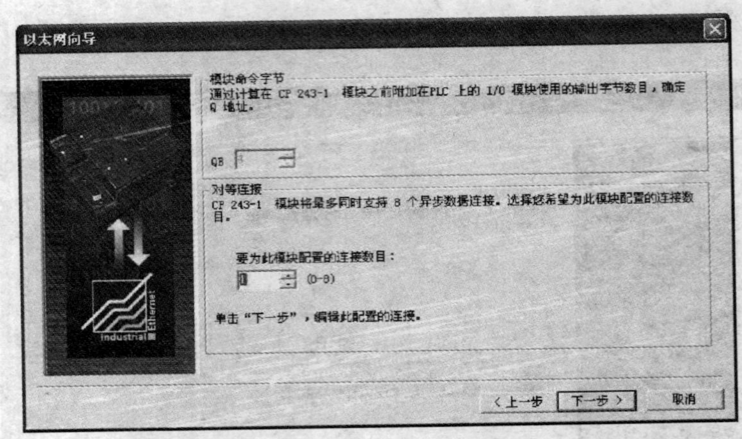

图 4.53　设置网络参数

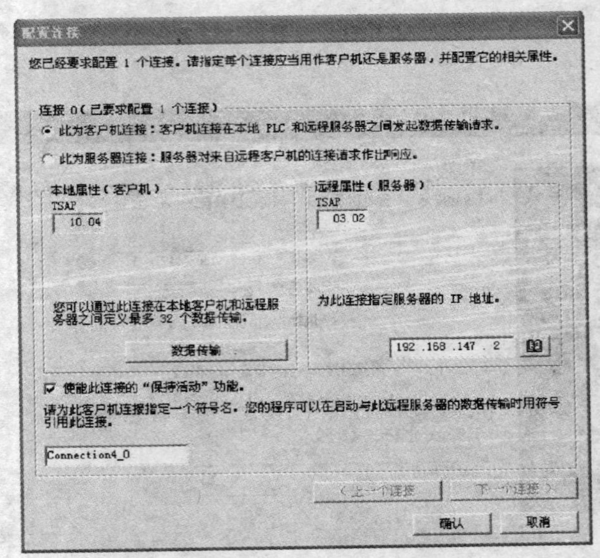

图 4.54　设置客户机

(5)点击“是”，增加一个连接。选择发送和接收的数据区，如图 4.57 所示。本例中设置发送 5 个字节的数据。选择配置“CRC”，如图 4.58 所示。

(6)本向导会自动分配占用的 V 区域，一般为默认设置，切记占用区不可为其他用途。另外，本向导自动生成的子程序和有关信息如图 4.59 所示。

在客户机中，声明建立了与服务器的发送和接收数据区的对应关系，如表 4.5 所示。

图 4.55　配置 CPU 的数据传输

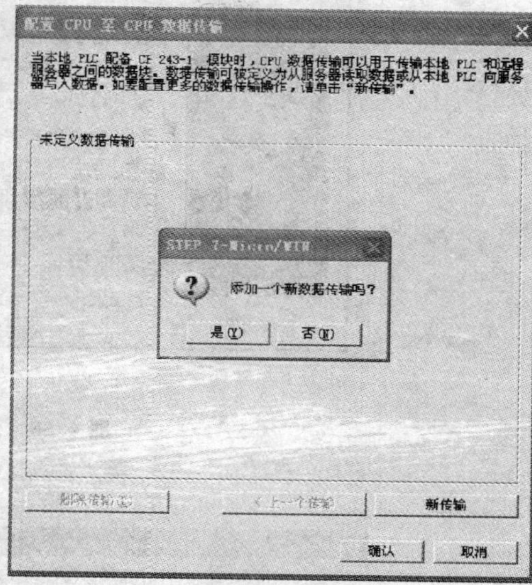

图 4.56　添加 CPU 的数据传输

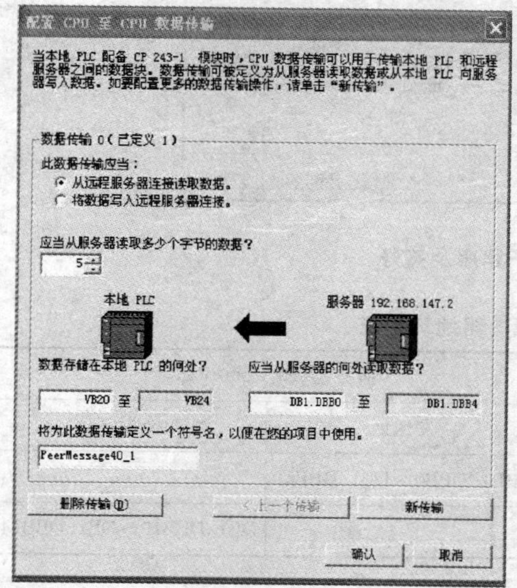

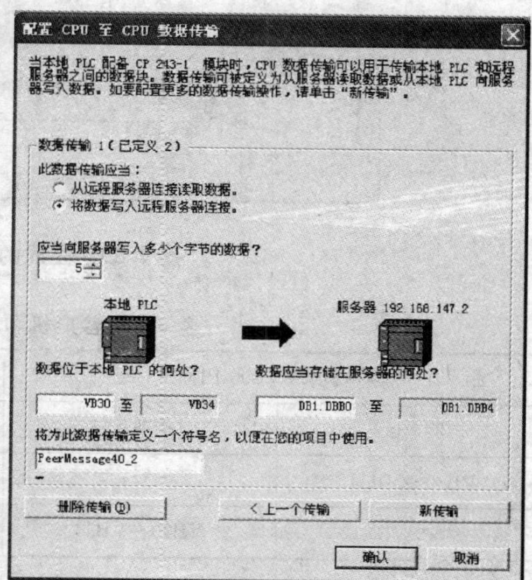

图 4.57　建立读连接和写连接

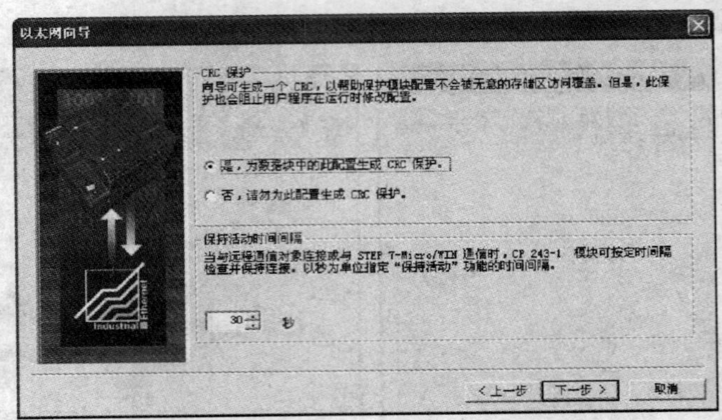

图 4.58 选择 CRC

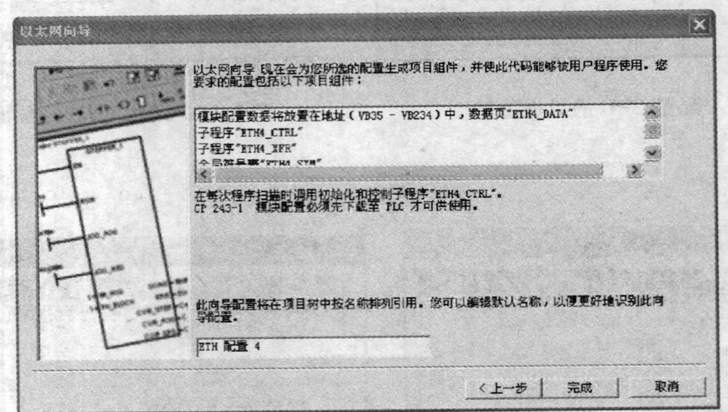

图 4.59 生成的子程序及符号

表 4.5 客户机和服务器地址分配

客户机(S7-200 PLC)		服务器(S7-300 PLC)	
发送区	接收区	发送区	接收区
VB30～VB34		DB1.DBB0～DB1.DBB4	
	VB20～VB24		DB1.DBB10～DB1.DBB14

在客户机主程序中，编写程序，如图 4.60 所示。

服务器 S7-300 PLC 组态过程如下。

(1)新建项目“S7300200_ethernet300”，如图 4.61 所示。

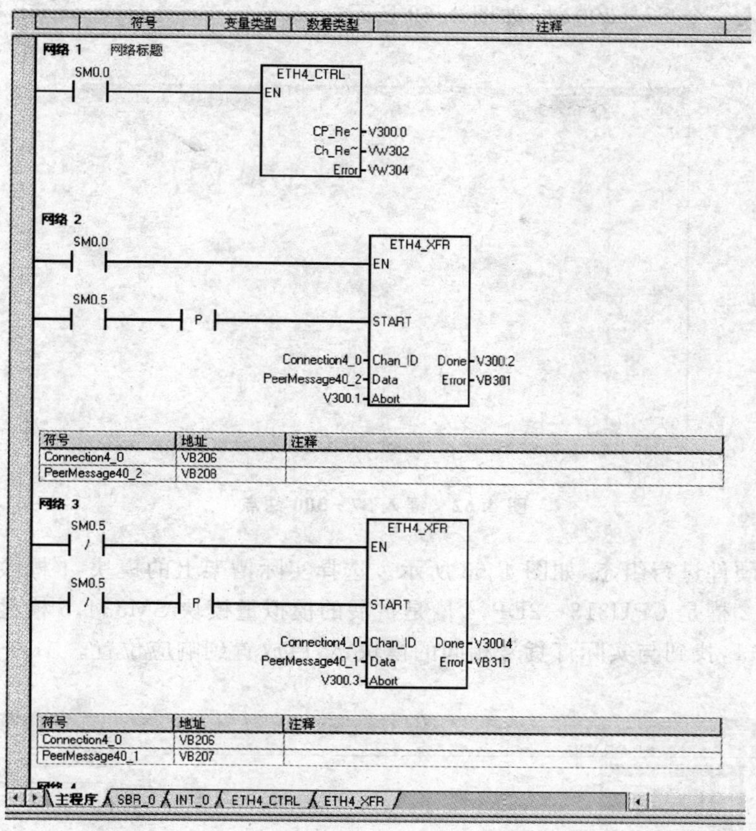

符号	地址	注释
Connection4_0	VB206	
PeerMessage40_2	VB208	

符号	地址	注释
Connection4_0	VB206	
PeerMessage40_1	VB207	

图 4.60　客户机梯形图程序

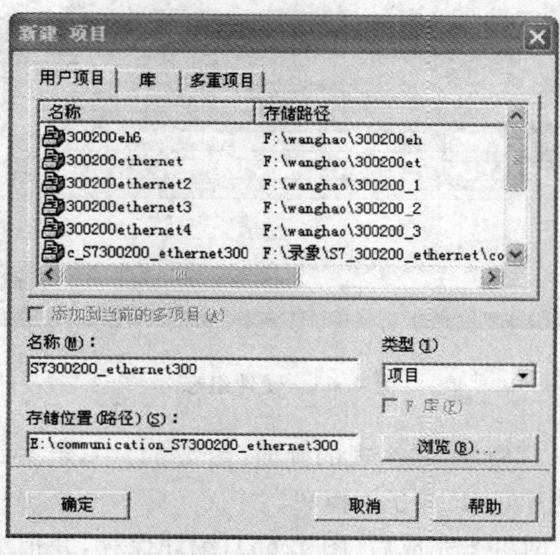

图 4.61　新建 S7－300 项目

(2)插入一个 S7-300 站,如图 4.62 所示。

图 4.62　插入 S7-300 站点

(3)对硬件进行组态,如图 4.63 所示。选择实际槽架上的模块,1 槽放的是电源 PS307 5A,2 槽是 CPU313-2DP,4 槽是扩展的模拟量模块 SM334,5 槽是以太网模块 CP343-1,找到与实际订货号相同的模块,然后放置到响应位置。

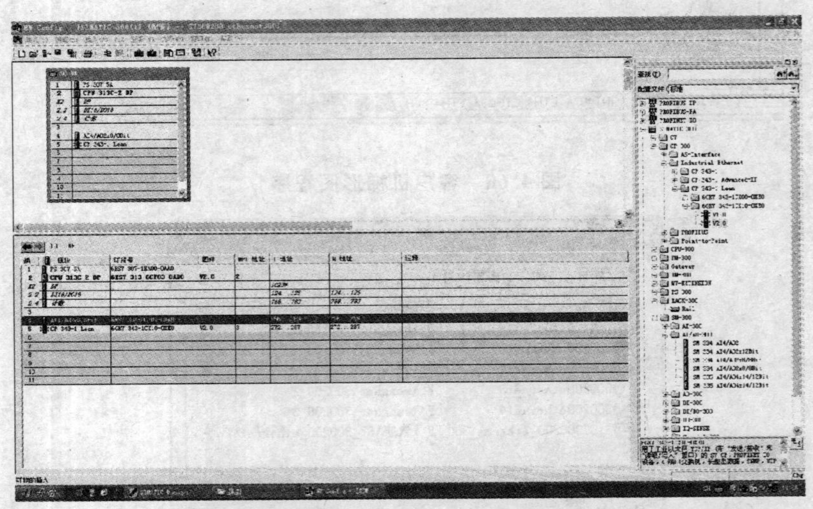

图 4.63　硬件组态

(4)双击"CP343-1"模块,在出现的画面(图 4.64)中,组态好 CP343-1 的参数,新建一个以太网,并设置好 IP 和子网掩码。

(5)服务器的以太网组态完成后(图 4.65),编译保存,并把组态好的参数下载到 CPU 中。服务器中不需要编写程序。

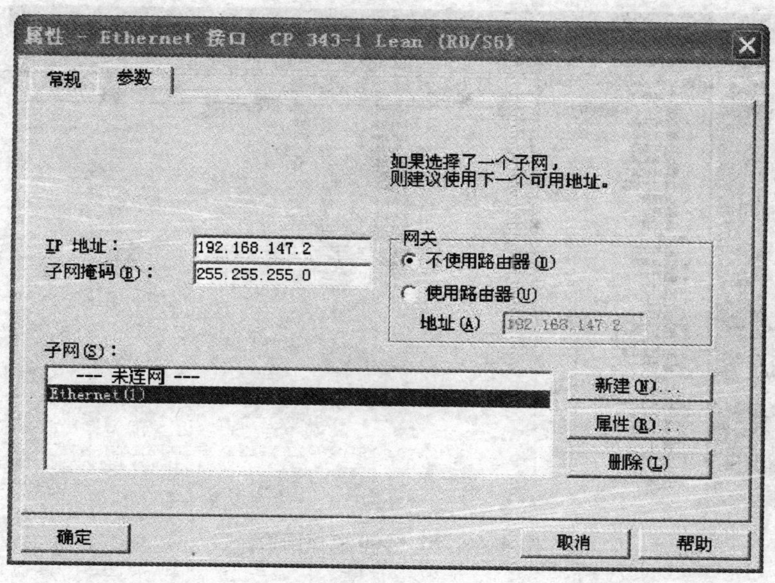

图 4.64　组态以太网参数

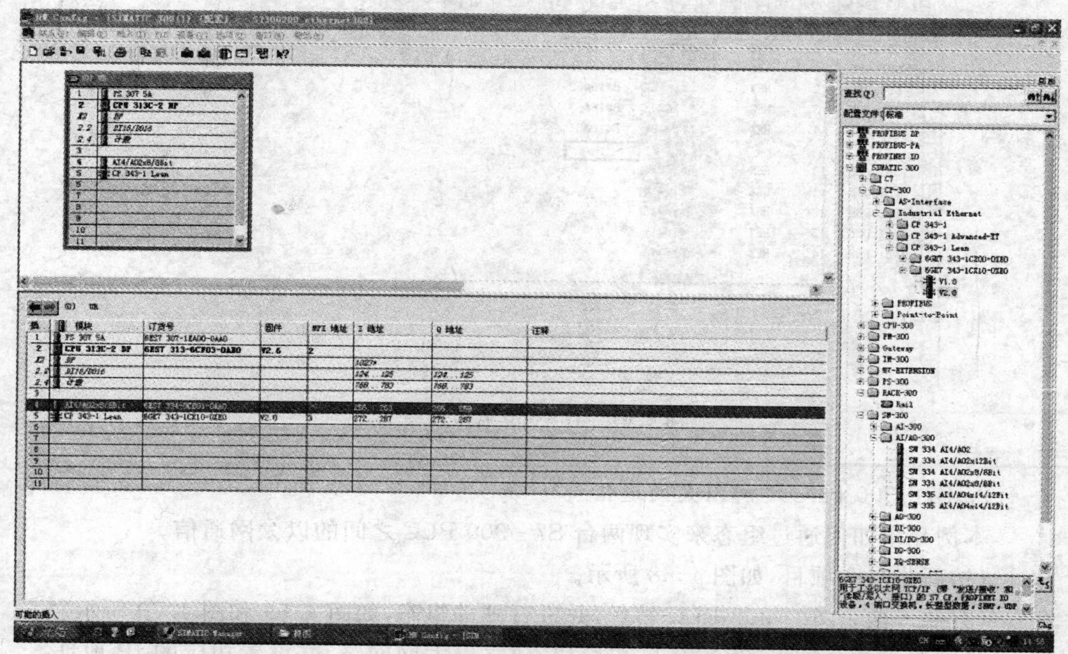

图 4.65　组态完成画面

(6)最后将客户机程序下载到 S7 - 200 PLC 中，把服务器的程序下载到 S7 - 300 PLC 中，调试发送与接收的数据。监控状态画面如图 4.66 和图 4.67 所示。

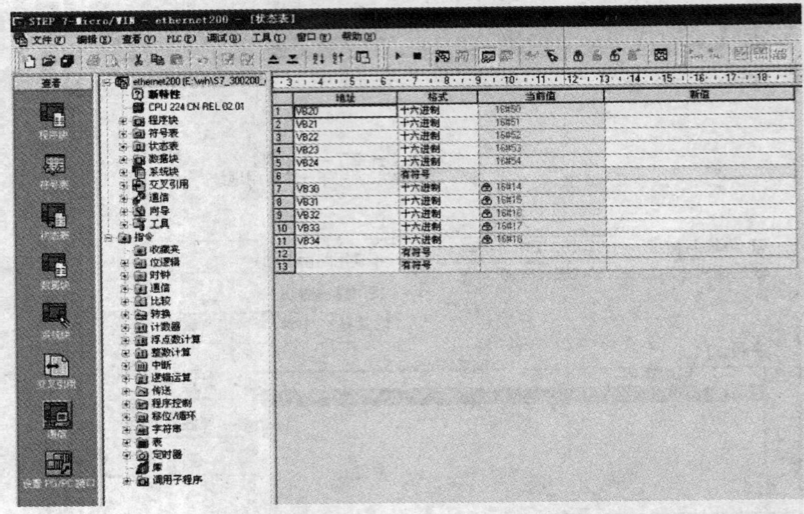

图 4.66　S7-200 监控画面

变量 - [VAT_1 — @c S7300200_ethernet300\SIMATIC 300(1)\CPU 313C-2 DP\S7 程序(1)　ONLINE]

表格(T)　编辑(E)　插入(I)　PLC　变量(A)　视图(V)　选项(O)　窗口(W)　帮助(H)

	地址		符号	显示格式	状态值	修改数值
1	DB1.DBB	0		HEX	B#16#50	B#16#50
2	DB1.DBB	1		HEX	B#16#51	B#16#51
3	DB1.DBB	2		HEX	B#16#52	B#16#52
4	DB1.DBB	3		HEX	B#16#53	B#16#53
5	DB1.DBB	4		HEX	B#16#54	B#16#54
6						
7	DB1.DBB	10		HEX	B#16#14	
8	DB1.DBB	11		HEX	B#16#15	
9	DB1.DBB	12		HEX	B#16#16	
10	DB1.DBB	13		HEX	B#16#17	
11	DB1.DBB	14		HEX	B#16#18	
12						

图 4.67　S7-300 监控画面

2. S7-300 PLC 之间以太网通信

本例介绍如何通过组态来实现两台 S7-300 PLC 之间的以太网通信。

(1)新建一个项目，如图 4.68 所示。

(2)插入两个 S7-300 PLC 站点，并进行硬件组态，如图 4.69 和图 4.70 所示。

分别双击两个站点的 CP343-1 模块，建立以太网网络，并设置相应的 IP 地址，组态完 2 套系统的硬件模块后，分别进行下载。在图 4.68 中点击网络组态(Network Configration)按钮，打开系统的网络组态窗口 NetPro，然后点击选中 SIMATIC 300(1)CPU313-DP，如图 4.71 所示。

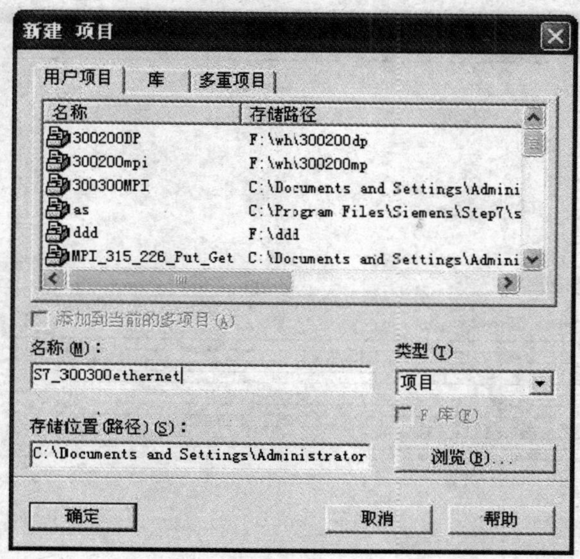

图 4.68　新建以太网项目

图 4.69　插入 300 站点

在窗口的左下方，“本地 ID”处点击右键，会弹出一个菜单，点击“插入新连接”，如图 4.72 所示。

插入一个新的网络链接，并设定链接类型为 ISO - on - TCP connection 或 TCP connection 或 UDP connection 或 ISO Transport connection，如图 4.73 所示。

点击“确定”后，自动弹出如 4.74 所示的对话框，用来设置 ISO - on - TCP 连接的相关信息，均采用默认即可。

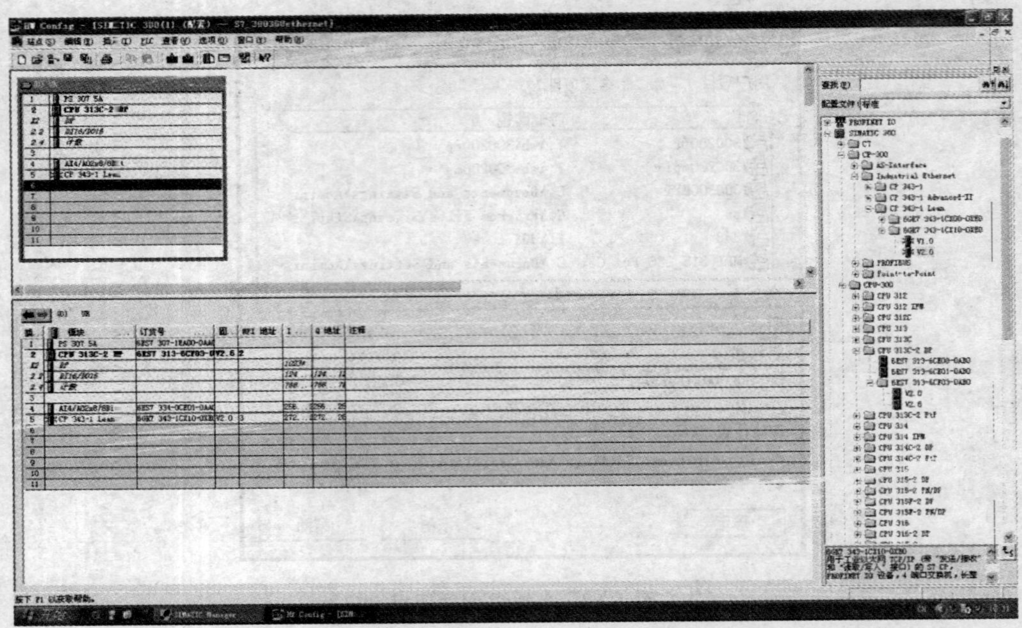

图 4.70 进行硬件组态

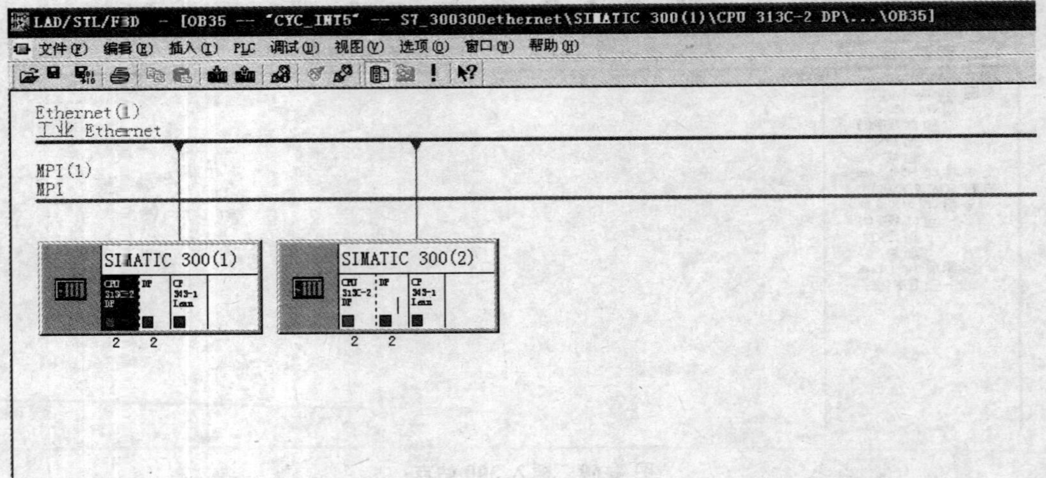

图 4.71 网络组态窗口 NetPro

2 个分站组态后的画面如图 4.75 和图 4.76 所示。

组态完成后，分别对每个分站进行编译下载，如图 4.77 所示。

系统的硬件组态和网络配置已经完成。下面进行系统的软件编制，在 SIMATIC Manager 界面中，分别在 2 个 CPU313C-2DP 中插入 OB35 定时中断程序块和数据块 DB1、DB2，并在两个 OB35 中调用 FC5(AG_Send)和 FC6(AG_Recv)程序块，如图 4.78 和图 4.79 所示。

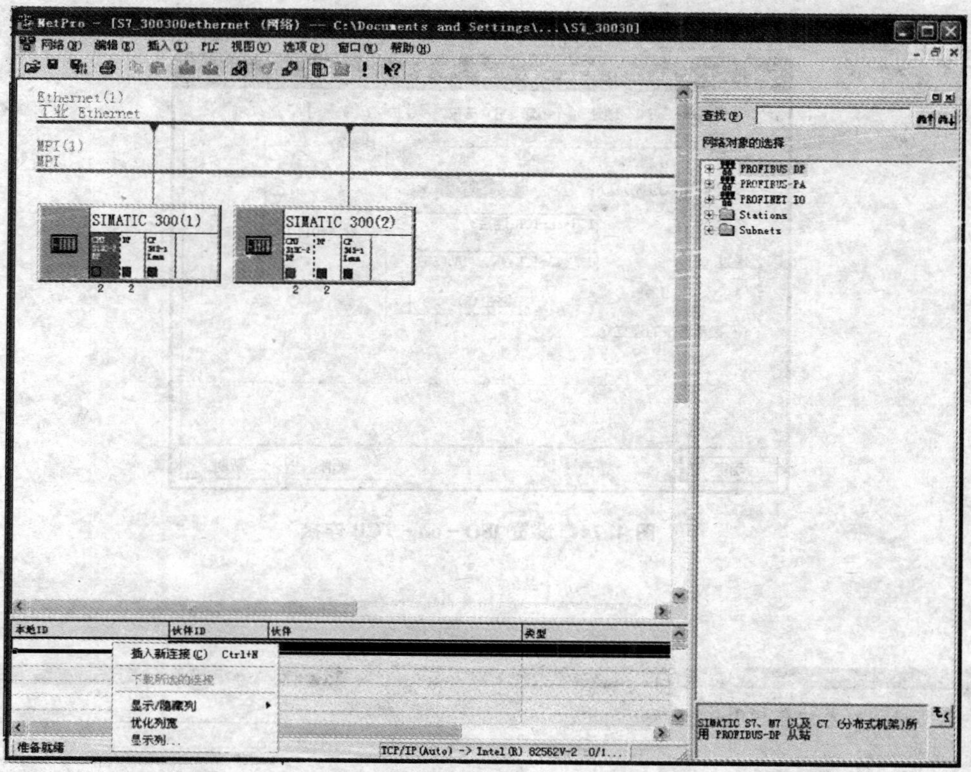

图 4.72　插入新连接

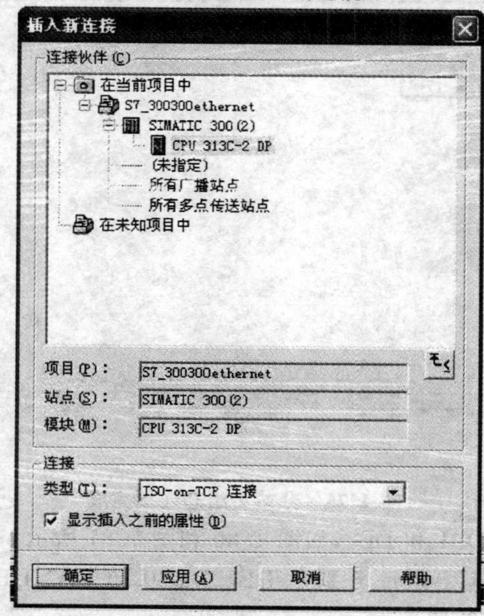

图 4.73　连接类型设置

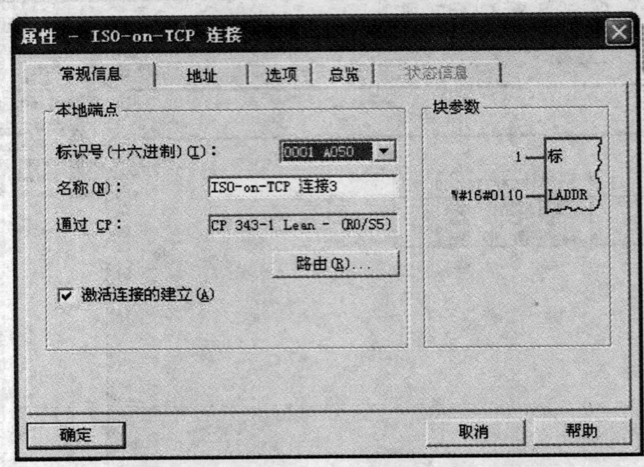

图 4.74　设置 ISO - on - TCP 连接

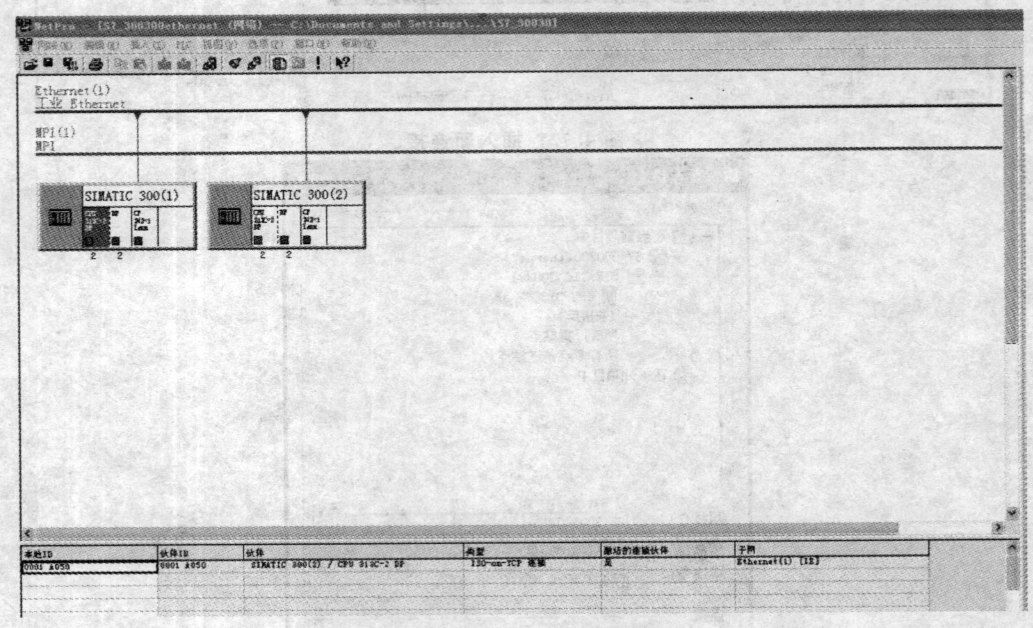

图 4.75　分站 1 组态连接完成

添加两个数据块 DB1 和 DB2，如图 4.80 和图 4.81 所示。

两个分站的传送起始地址分别是 DB1. DBB0 和 DB2. DBB0，传送的字节数为 50。监控画面如图 4.82 所示。

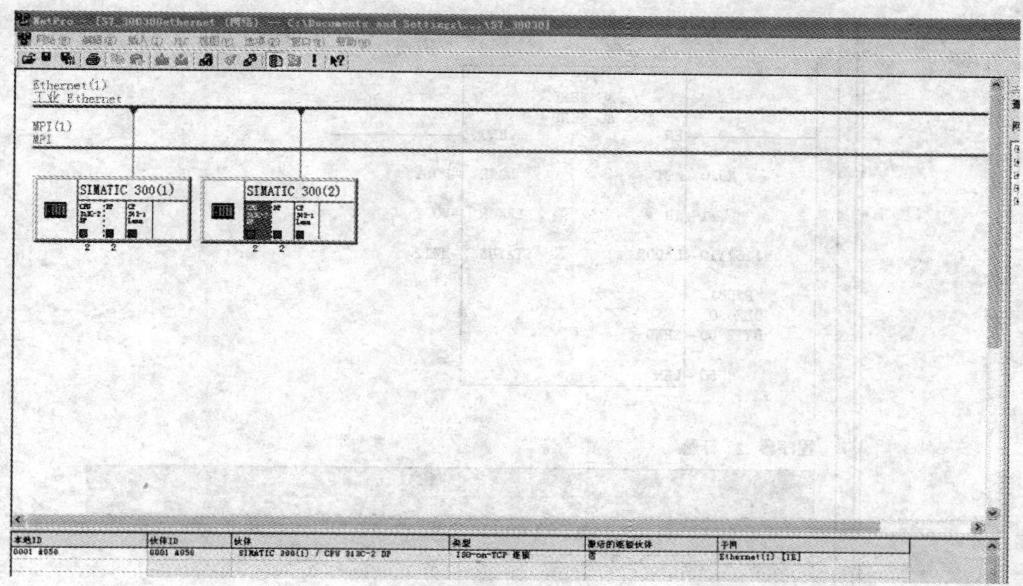

图 4.76　分站 2 组态连接完成

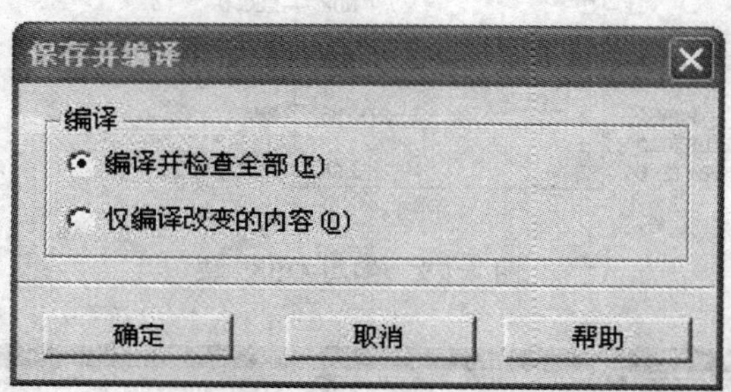

图 4.77　保存编译

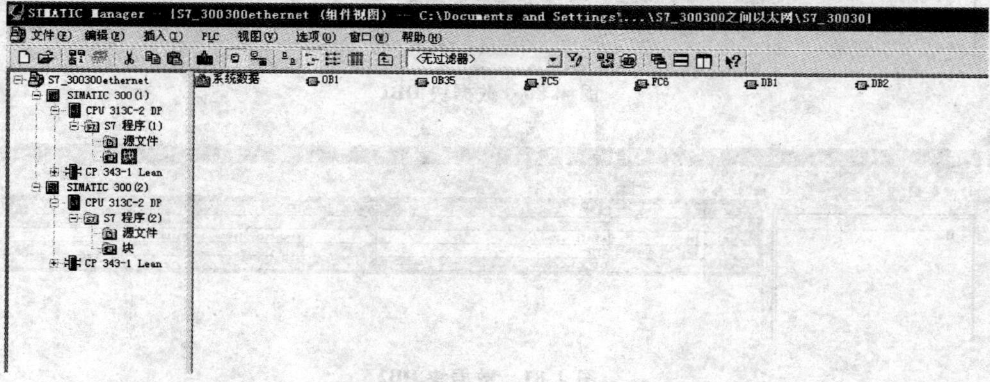

图 4.78　块编写

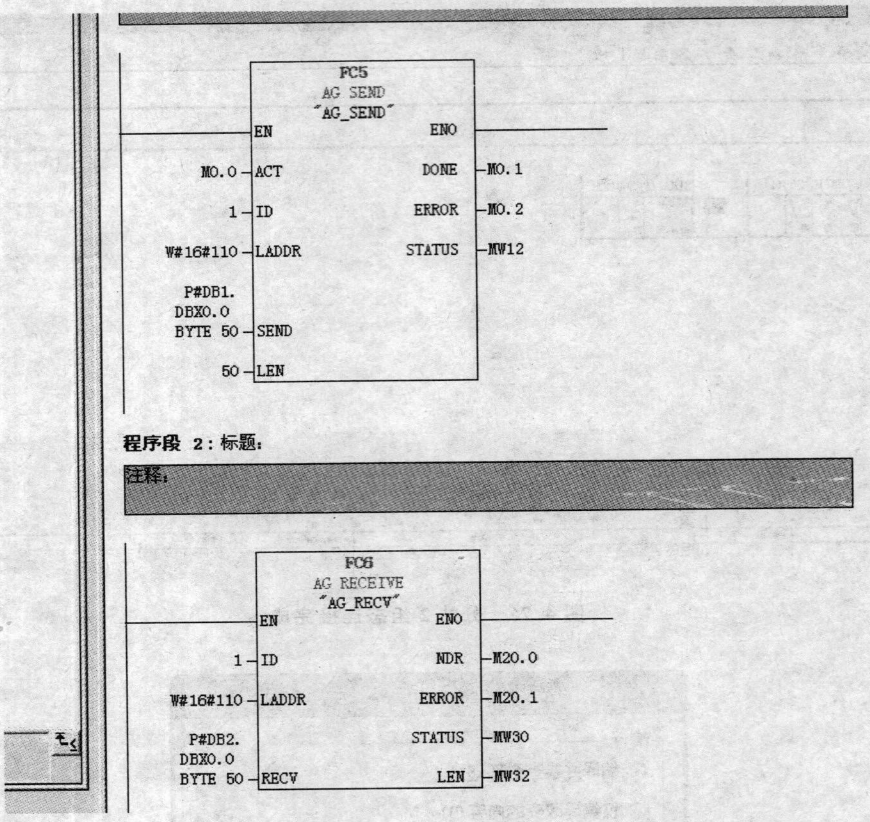

图 4.79 编写 OB35 块

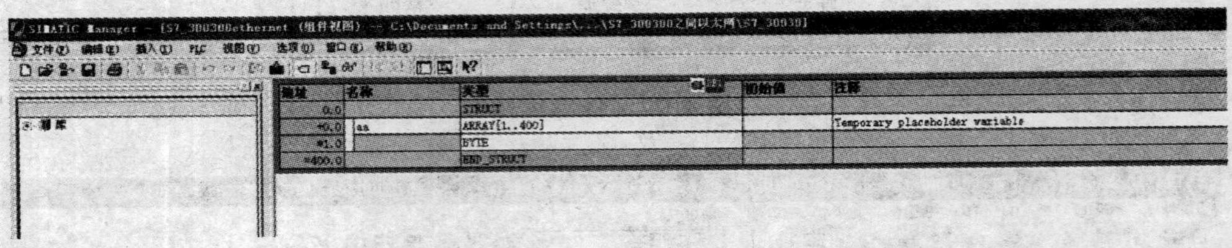

地址	名称	类型	初始值	注释
0.0		STRUCT		
+0.0	aa	ARRAY[1..400]		Temporary placeholder variable
*1.0		BYTE		
=400.0		END_STRUCT		

图 4.80 数据块 DB1

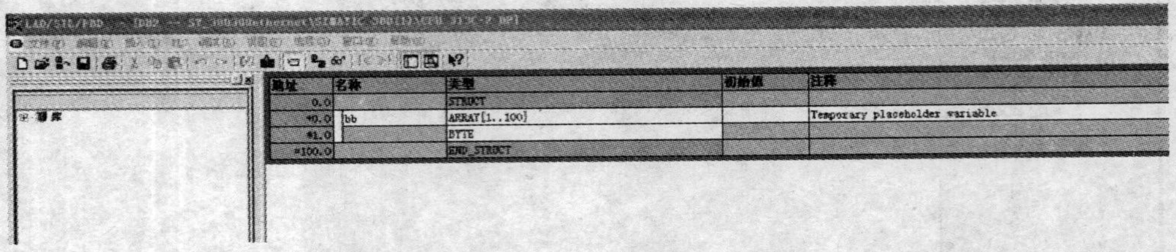

地址	名称	类型	初始值	注释
0.0		STRUCT		
+0.0	bb	ARRAY[1..100]		Temporary placeholder variable
*1.0		BYTE		
=100.0		END_STRUCT		

图 4.81 数据块 DB2

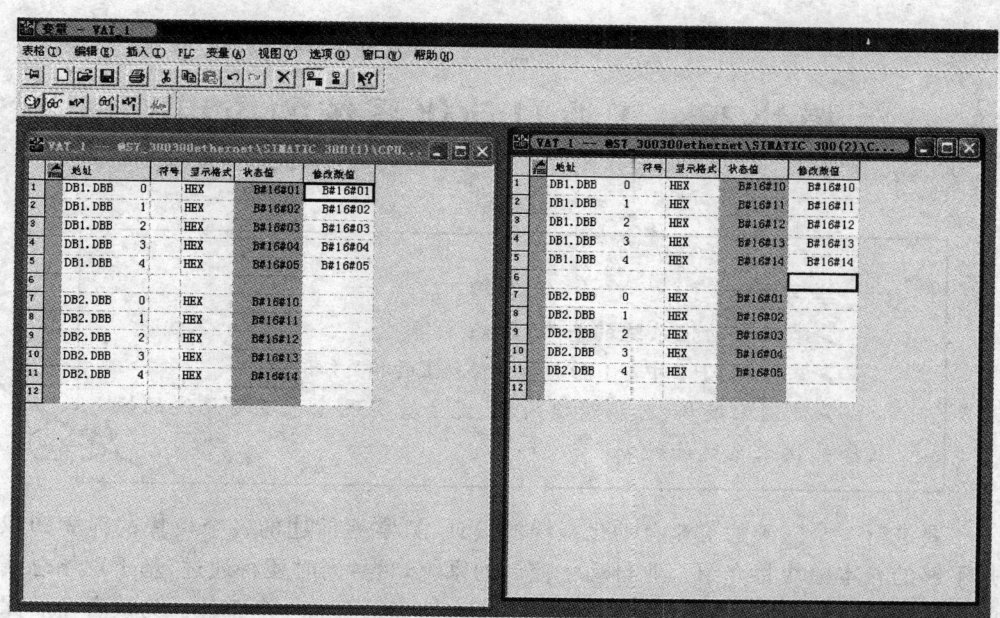

图 4.82　数据传送监控画面

模块五　工业自动化系统的应用

学习目标：

➢掌握自动化系统的基本知识；

➢掌握STEP 7中与PID控制软件包里的相关知识；

➢使用触摸屏、可编程控制器、变频器实现基于现场总线的恒压冷热供水系统的控制。

要进行一个完善的工业自动化系统的设计，只掌握前述的各个模块的孤立知识是不够的。本模块将介绍工业自动化控制的系统知识，同时还将通过“基于现场总线的恒压冷热供水系统的控制”项目，将各个模块知识融合为一个整体。为读者今后深入进行工业自动化系统的应用打下基础。

任务一　自动化系统的基本知识

一、任务提出

本节的主要任务如下：

(1)简述自动控制理论的发展阶段；

(2)简述自动控制理论的基本概念；

(3)简述自动控制系统典型方块图的组成；

(4)简述自动控制系统的分类；

(5)简述自动控制系统的指标。

二、相关知识

(一)自动控制理论发展历史

自动控制理论发展的历史可追溯到18世纪中叶英国的第一次技术革命。1765年，瓦特(Jams Wate，1736—1819)发明了蒸汽机，进而应用离心式飞锤调速器原理控制蒸汽机，标志着人类以蒸汽机为动力的机械化时代的开始。

后来，工程界用自动控制理论讨论调速系统的稳定性问题。1868年发表的《关于调节器》一文中指出，控制系统的品质可用微分方程来描述，系统的稳定性可用特征方程根的位置和形式来研究。1872年劳斯(E. J. Routh，1831—1907)和1890年赫尔维茨(Hurwitz)先后找到了系统稳定性的代数判据，即系统特征方程根具有负实部的充分必要条件。

1892年俄国学者李亚普诺夫(1857—1918)发表了《论运动稳定性的一般问题》的博士论文，提出了用适当的能量函数——李亚普诺夫函数的正定性及其倒数的负定性鉴别系统的稳定性准则，从而总结和发展了系统的经典时域分析法。

随着通信及信息处理技术的迅速发展，电气工程师们发展了以实验为基础的频率响应分析法。1932年美国贝尔实验室工程师奈奎斯特发表了反馈放大器稳定性的著名论文，给出了系统稳定性的奈奎斯特判据。后来，苏联学者米哈依洛夫又把奈奎斯特判据推广到条件稳定和开环不稳定系统的一般情况。

在二次大战期间，由于军事上需要，雷达及火力控制系统有较大发展，频率法被推广到离散系统、随机过程和非线性系统中。

美国著名的控制论创始人维纳(N. Wiener，1894—1964)系统地总结了前人的成果，1948年发表了《控制论——关于在动物和机器中控制和通信的科学》著作。书中论述了控制理论的一般方法，推广了反馈的概念，为控制理论这门学科的产生奠定了基础。

随着生产的发展，控制技术也在不断地发展。尤其是计算机的更新换代，更加推动了控制理论的发展。

控制理论的发展过程一般可分为三个阶段。

(1)第一阶段。时间为20世纪40～60年代，称为"古典控制理论"时期，古典控制理论主要是解决单输入单输出问题。主要采用传递函数、频率特性、根轨迹为基础的频域分析方法，所研究的系统多半是线性定常系统，对非线性系统，分析时采用的相平面法一般也不超过两个变量。古典控制理论能够较好地解决生产过程中的单输入单输出问题。这一时期的主要代表人物有伯德(H. W. Bode，1905—1982)和伊文思(W. R. Evans)。伯德于1945年提出了简便而又实用的伯德图法。1948年，伊文思提出了直观而又形象的根轨迹法。

(2)第二阶段。时间为20世纪的60～70年代，称为"现代控制理论"时期。这个时期，由于计算机的飞速发展，推动了空间技术的发展。古典控制理论中的高阶微分方程可转化为一阶微分方程组，用以描述系统的动态过程，即所谓状态空间法。这种方法可以解决多输入多输出问题。系统既可以是线性的、定常的，也可以是非线性的、时变的。

(3)第三阶段。时间为20世纪的70年代至今，称为大系统理论与智能控制理论阶段。70年代末，控制理论从广度和深度上向"大系统理论"和"智能控制理论"方向发展。所谓大系统理论是以过程控制和信息处理为理论基础，研究规模庞大、结构复杂的多输人、多输出控制系统。大系统理论的主要内容包括自适应控制、鲁棒控制、预测控制、现代频域控制等，应用于生产过程、空间技术、交通运输、环境保护等大型系统以及社会科学领域。目前，大系统理论仍然处于研究和发展之中。

所谓智能控制理论，是研究和模拟人类思维方式及其控制与信息传递过程的规律，应用于有仿人智能的工程控制与信息处理系统。智能控制的主要内容包括专家系统、神经网络、模糊控制等。随着科学技术的不断发展，智能控制理论还会不断丰富和发展。

（二）自动控制系统的概念

自动控制，是指在无人直接参与的情况下，利用控制装置（控制器）使被控对象（如生产过程中的位移、速度、温度，电力系统中电压、电流、功率等物理量或某些化合物的成分等），依照预定的规律进行运动或变化。这种能对被控制对象的工作状态进行控制的系统称为自动控制系统，一般由控制装置和被控对象组成。

在已知控制系统结构和参数的基础上，求取系统的各项性能指标，并找出这些性能指标与系统参数间的关系，这就是自动控制系统的分析。而在给定对象特性的基础上，按照控制系统应具备的性能指标要求，寻求能够全面满足这些性能指标要求的控制方案并合理确定控制器的参数，则是控制系统设计的任务。自动控制理论则是对自动控制系统进行分析和设计的一般性理论。

不同的控制对象或生产过程，利用相应的控制元件组成不同用途的控制系统，组成这些控制系统的元件可以是电气的、机械的或液压的。系统的结构也不尽相同，但这些系统一般均采用负反馈的基本结构，其典型的方块图如图 5.1 所示。

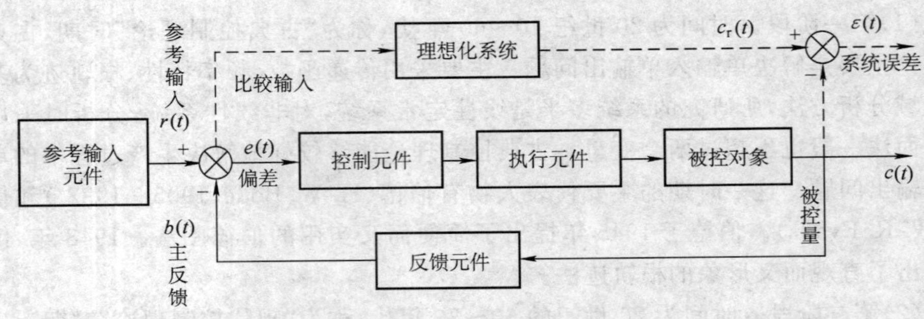

图 5.1 自动控制系统方框图

下面介绍图中各参数。

参考输入 $r(t)$，是系统的参考输入元件产生的输入信号。

主反馈 $b(t)$，是被控量通过反馈元件产生的信号，它是被控量的函数。

比较元件，是将参考输入与主反馈进行比较，产生的差值 $e(t)$ 是系统的作用信号，也称为作用误差，所以比较元件也称作用误差检测器。

控制元件，也称校正元件或控制器、调节器。由于作用误差往往十分微弱，一般需要放大，并将它转换成适于执行机构工作的信号；另外，由于对系统性能的要求，须对作用误差信号进行运算处理。在一般的控制系统中，控制器常采用 PID 控制器。

执行元件，控制元件的输出作用到执行元件，执行元件再直接作用于被控对象，使被控对象随参考输入而变化。

被控对象，是系统被控制的设备或过程，它能完成特定的动作或生产任务。

被控量，是反馈系统被控制的物理量。

反馈元件，是将被控量转换成主反馈量的装置，它可以对被控量进行测量并转换成能与参考输入进行比较的量值，所以反馈元件也称测量元件。

理想化系统，能从参考输入直接产生理想输出的系统。

理想输出 $c_r(t)$，也称希望的响应值，它是理想化系统所产生的理想响应。

系统误差 $\varepsilon(t)$，是希望的响应值（理想输出）与被控量之差。

典型自动控制系统一般都是由参考输入元件、比较元件、控制元件、执行元件、被控对象以及反馈元件 6 个基本单元组成。每个基本单元都用一个方块表示，信号传递方向用箭头表示，传递方向都是单方向不可逆的，指向方块的箭头表示输入信号，离开方块的箭头表示输出信号。

控制器按照设计者预先规定的目标和计算程序以及反馈装置提供的信息，对控制对象的状态和执行机构的动作作出分析，向执行机构发出新的指令。

控制器还可以根据工作任务的转变，自动地改变整个系统的工作目标和程序，调换执行机构，更换反馈装置，转移或扩大接收反馈信息的范围，以适应新任务的需要。所有这些转变都应该在没有人工直接干预的情况下自动地完成。

控制器正在赋予自动控制系统越来越大的智能性。从简单的速度或位置的机械自动调节器发展到今天的综合自动化系统，如机械制造业中的柔性制造系统、综合自动化加工系统等，后者能独立地完成过去要靠上百名工人的分工努力才能完成的复杂任务。

自动控制系统的意义不仅在于代替人们繁重的体力劳动和简单的脑力劳动，更重要的是开辟了过去靠人的体力和脑力所不能达到的活动领域。自动控制系统正在代替人们去完成这些任务。在战场上的军事活动中，在恶劣环境条件下的生产劳动中，凡不宜于由人直接承担的任务，均有人工设计和建造的自动控制系统在工作。自动控制系统已成为人类现代社会活动中不能须臾离开的东西。

（三）控制系统的基本形式

在现实世界中，存在着大量的这类系统，如炮火自动跟踪和瞄准目标有效打击敌人，人造卫星或无人驾驶的航空器按设定的轨道运行，电动机转速保持恒定，电梯匀速运行并按指令平稳停留某个楼层等等，都是自动控制的结果。

因此，为完成控制系统的分析和设计，首先必须对控制对象、控制系统结构有个明确的了解。控制系统有两种基本形式：开环控制系统和闭环（反馈）控制系统。

1. 开环控制系统

开环控制系统是一种最简单的控制方式，在控制器和控制对象间只有正向控制作用，系统的输出量不会对控制器产生任何影响，如图 5.2 所示。

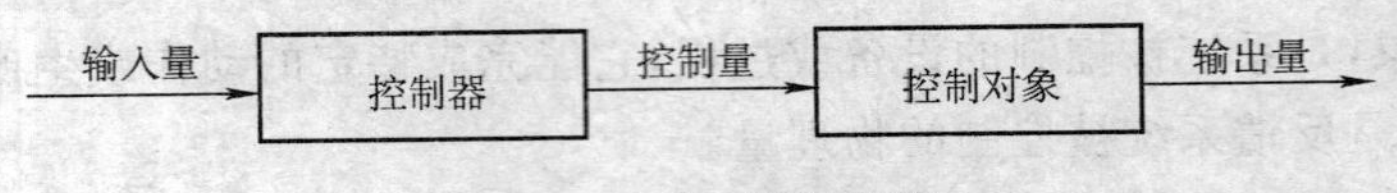

图 5.2　开环控制系统

在该系统中，对于每一个输入量，就有一个与之对应的工作状态和输出量，系统的精度仅取决于元器件的精度和特性调整的精度。这类系统结构简单，成本低，容易控制，但是控制精度低，因为如果在控制器或控制对象上存在干扰，或者由于控制器元器件老化，控制对象结构或参数发生变化，均会导致系统输出的不稳定，使输出值偏离预期值。正因为如此，开环控制系统一般适用于干扰不强或可预测，控制精度要求不高的场合。

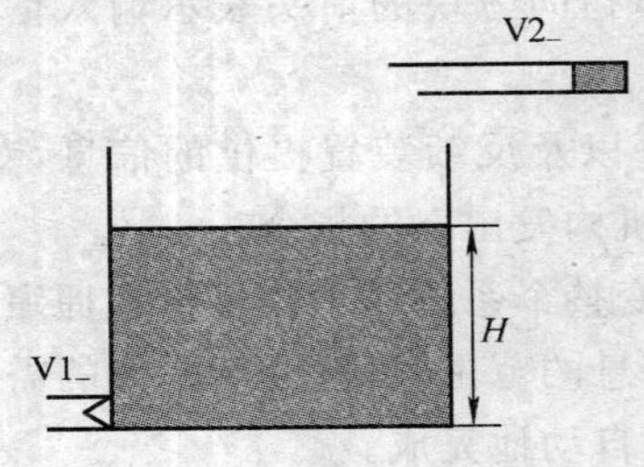

图 5.3　水池液面控制系统

图 5.3 所示为一简单贮槽液面控制系统。这是一个典型的开环系统，要求贮槽的液面 H 能保持在允许的偏差范内。V1 是液体流出阀，V2 是液体流入阀。首先根据要求，液面的高度 H 及 V1 阀在单位时间内液体的流出量，整定好 V2 阀的开启程度，以达到预定的目的。但这是个不精确的控制系统，如果 V1 阀的输出流量和 V2 阀的输入量受到温度、液体浓度及其他各种因素的影响而发生了变化，不能将液面控制在原标定的 H 值，而超过了允许的偏差，系统无法纠正偏差。

图 5.4 所示为数控机床中广泛应用的定位系统的框图。这也是一个开环控制系统，工作台的位移是该系统的被控制量，它是跟随着控制信号（控制脉冲）而变化的。显然，这个系统没有抗扰动的功能。

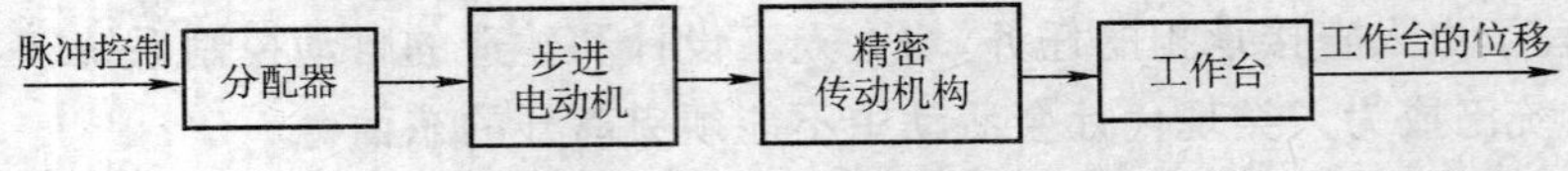

图 5.4　开环定位控制系统

如果系统的给定输入与被控量之间的关系固定，且其内部参数或外来扰动的变化都较小，或这些扰动因素可以事先确定并能给予补偿，则采用开环控制也能取得较为满意的控制效果。

2. 闭环控制系统

如果在控制器和被控对象之间，不仅存在正向作用，而且存在着反向的作用，即系统的输出量对控制量具有直接的影响，那么这类控制称为闭环控制，将检测出来的输出量送回到系统的输入端，并与输入信号比较，称为反馈。因此，闭环控制又称为反馈控制，其控制结构如图 5.5 所示。在这样的结构下，系统的控制器和控制对象共同构成了前向通道，而反馈装置构成了系统的反馈通道。

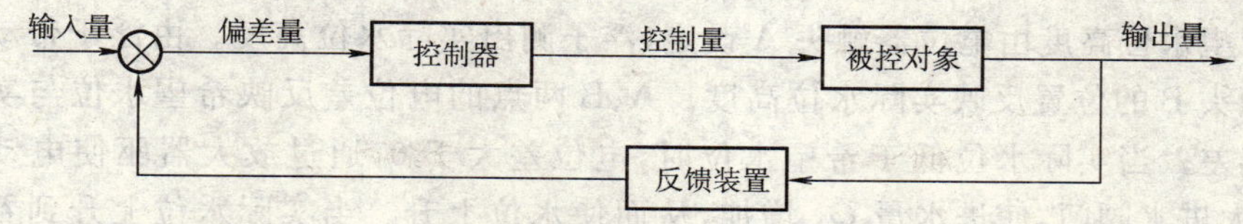

图 5.5 闭环控制系统

在控制系统中，反馈的概念非常重要。在图 5.5 中，如果将反馈环节取得的实际输出信号加以处理，并在输入信号中减去这样的反馈量，再将结果输入到控制器中去控制被控对象，我们称这样的反馈为负反馈；反之，若由输入量和反馈量相加作为控制器的输入，则称为正反馈。

在一个实际的控制系统中，具有正反馈形式的系统一般是不能改进系统性能的，而且容易使系统的性能变坏，因此不被采用。而有负反馈形式的系统，它通过自动修正偏离量，使系统趋向于给定值，并抑制系统回路中存在的内扰和外扰的影响，最终达到自动控制的目的。通常，反馈控制就是指负反馈控制。

与开环系统比较，闭环控制系统的最大特点是检测偏差，纠正偏差。从系统结构上看，闭环系统具有反向通道，即反馈；其次，从功能上看，①由于增加了反馈通道，系统的控制精度得到了提高，若采用开环控制，要达到同样的精度，则需高精度的控制器，从而大大增加了成本；②由于存在系统的反馈，可以较好地抑制系统各环节中可能存在的扰动和由于器件的老化而引起的结构和参数的不稳定性；③反馈环节的存在，同时可较好地改善系统的动态性能。当然，如果引入不适当的反馈，如正反馈，或者参数选择不恰当，不仅达不到改善系统性能的目的，甚至会导致一个稳定的系统变为不稳定的系统。

在现实世界中，反馈控制系统的形式是多样的，但一般均可化为图 5.5 的形式。

一个水池水位自动控制系统如图 5.6 所示。在这个水位控制系统中，水池的进水量 Q_1 来自电动机控制开度的进水阀门，出水量为 Q_2。在用户用水量 Q_2 随意变化的情况下，保持水箱水位在希望的高度不变。

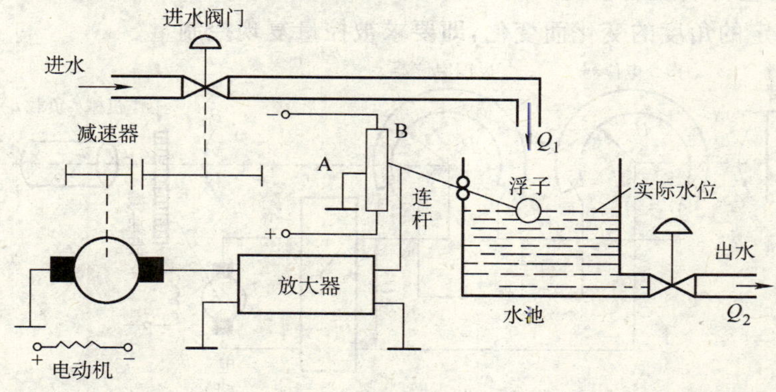

图 5.6 水池水位控制系统原理图

希望水位高度由电位器触头A设定，浮子测出实际水位高度。由浮子带动的电位计触头B的位置反映实际水位高度。A、B两点的电位差反映希望水位与实际水位的偏差。当实际水位低于希望水位时，电位差大于0，通过放大器驱使电动机转动，开大进水阀门，使进水量Q_1增加，从而使水位上升。当实际水位上升到希望值时，A、B两个触头在同一位置，电位差等于0，电动机停转，进水阀门开度不变，这时进水量Q_1和出水量Q_2达到了新的平衡。若实际水位高于希望水位，电位差小于0，则电动机使进水阀门关小，进水量减少，实际水位下降。

这个系统是个典型的镇定系统，在该系统中：

控制量：希望水位的设定值

被控制量：实际水位

扰动量：出水量Q_2

被控对象：水池

测量元件：浮子

比较元件：电位器

放大元件：放大器

执行元件：电动机、减速器、进水阀门

系统的方框图如图5.7所示。控制系统中各元件的分类和方框图的绘制不是唯一的，只要能正确反映其功能和运动规律即可。

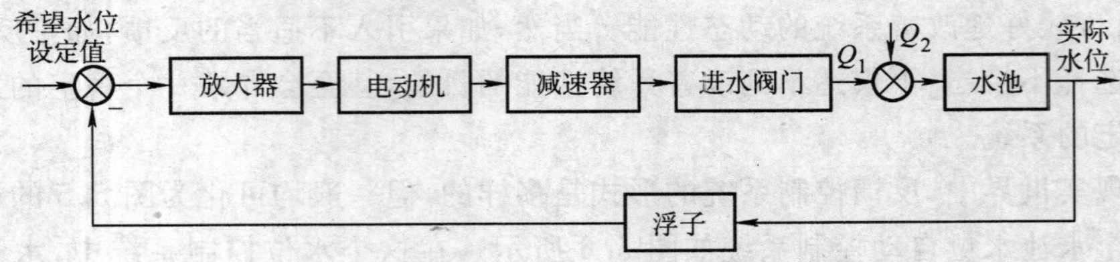

图5.7 控制系统

一个位置自动控制系统如图5.8所示，该系统的作用是使负载L（工作机械）的角位移随给定的角度的变化而变化，即要求被控量复现控制量。

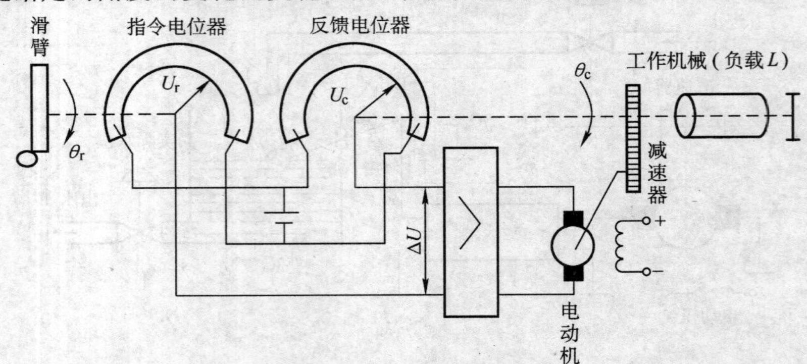

图5.8 位置自动控制系统

指令电位器和反馈电位器组成的桥式电路是测量比较环节，其作用就是将测量控制量——输入角度和被控制量——输出角度，变成电压信号和并相减，产生偏差电压。

当负载的实际位置与给定位置相符时，则电动机不转动。当负载的实际位置与给定位置不相符时，产生偏差电压。偏差电压经过放大器放大，使电动机转动，通过减速器移动负载 L，使负载 L 和反馈电位器向减少偏差的方向转动。

位置随动控制系统的方框图如图 5.9 所示。

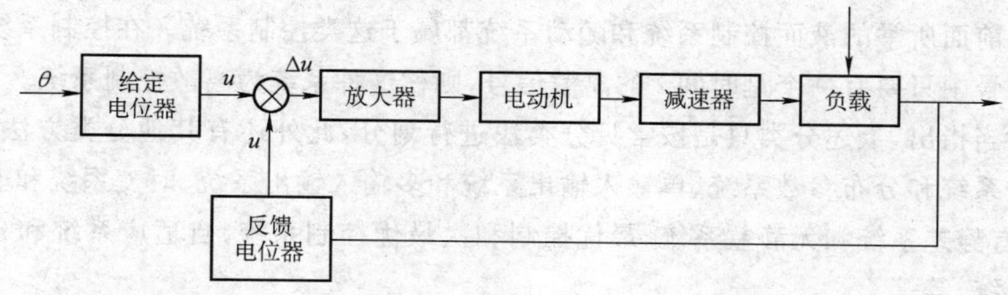

图 5.9　位置随动控制系统

(四)自动控制系统分类

对各种各样控制系统进行分类，从不同的观点出发可以有不同的分类方法，通常按下列方法进行划分。

1. 线性控制系统和非线性控制系统

若组成控制系统的元件都具有线性特性，则称这种系统为线性控制系统。这种系统的输入与输出间的关系，一般用微分方程、传递函数来描述，也可以用状态空间表达式来表示。线性系统的主要特点是具有齐次性和适用叠加原理。如果线性系统中的参数不随时间而变化，则称为线性定常系统；反之，则称为线性时变系统。本书主要讨论线性定常系统。

在控制系统中，至少有一个元件具有非线性特性，则称该系统为非线性控制系统。非线性系统一般不具有齐次性，也不适用叠加原理，而且它的输出响应和稳定性与其初始态有很大关系。

严格地说，绝对的线性控制系统(或元件)是不存在的，因为所用的物理系统和元件在不同的程度上都具有非线性特性。为了简化对系统的分析和设计，在一定的条件下，可以用分析线性系统的理论和方法对它进行研究。

工程上有时为了改善控制系统的性能，常常人为地引入某种非线性元件。例如为了实现最短时间控制，采用开关型(Bang－Bang)的控制方式；又如在由晶闸管组成的整流装置的直流调速系统中，为了改善系统的动态特性和限制电动机的最大电流，人们有意识地把速度调节器和电流调节器设计成具有饱和非线性的特性。

2. 恒值控制系统和随动系统

恒值控制系统的参考输入为常量，要求它的被控制量在任何扰动的作用下能尽快地恢复(或接近)到原有的稳态值。由于这类系统能自动地消除各种扰动对被控制量的影响,故它又名为自镇定系统。随动系统的参考输入是一个变化的量,一般是随机的,要求系统的被控制量能快速、准确地跟踪参考输入信号的变化而变化。

3. 连续控制系统和离散控制系统

控制系统中各部分的信号若都是时间 t 的连续函数,则称这类系统为连续控制系统。前面所举的液面控制系统和随动系统都属于这类控制系统。在控制系统各部分的信号中只要有一个是时间 t 的离散信号,则称这种系统为离散控制系统。

应当指出,上述分类只是按常见分类法进行划分,此外还有其他分类方法:如集中参数系统和分布参数系统、单输入输出系统和多输入输出系统、时变系统和非时变系统、有静差系统和无静差系统、最优控制和次最优控制系统、自适应系统和自镇定控制系统,等等。

(五)自动控制系统的指标

为了实现自动控制,必须对控制系统提出一定的要求。对于一个闭环控制系统而言,当输入量和扰动量均不变时,系统输出量也恒定不变,这种状态称为平衡状态或静态、稳态。显然,系统在稳态时的输出量是我们关心的,当输入量或扰动量发生变化,反馈量将与输入量之间产生新的偏差,通过控制器的作用,从而使输出量最终稳定,即达到一个新的平衡。但由于系统中各环节总存在惯性,系统从一个平衡点到另一个平衡点无法瞬间完成,即存在一个过渡过程,称为动态过程或暂态过程。

过渡过程的形式不仅与系统的结构和参数有关,也与参考输入和外加扰动有关。一般有单调过程、衰减振荡过程、等幅振荡过程等形式;此外,我们关心系统会否稳定,如果会稳定,系统到达新的平衡状态需要多少时间。通过上面的分析可知,对于一个自动控制系统,需要从如下三方面进行评价。

1. 稳定性

稳定性是对控制系统最基本的要求。所谓系统稳定,一般指当系统受到扰动作用后,系统的被控制量偏离了原来的平衡状态,但当扰动撤离后,经过若干时间,系统若仍能返回到原来的平衡状态,则称系统是稳定的。一个稳定的系统,在其内部参数发生微小变化或初始条件改变时,一般仍能正常地进行工作。考虑到系统在工作过程中的环境和参数可能产生的变化,因而要求系统不仅能稳定,而且在设计时还要留有一定的裕量。

2. 快速性(响应速度)

控制系统不仅要稳定和有较高的精度,而且还要求系统的响应具有一定的快速性,对于某些系统来说,这是一个十分重要的性能指标。有关系统响应速度定量的性能指标,一般可以用上升时间、调整时间和峰值时间来表示。

3. 准确性(稳态精度)

系统稳态精度通常用它的稳态误差来表示。如果在参考输入信号作用下,当系统达到稳态后,其稳态输出与参考输入所要求的期望输出之差叫做给定稳态误差。显然,这种误差越小,表示系统输出跟踪输入的精度越高。系统在扰动信号作用下,其输出必然偏离原平衡状态,但由于系统自动调节的作用,其输出量会逐渐向原平衡状态方向恢复。当达到稳态后,系统的输出量若不能恢复到原平衡状态时的稳态值,由此所产生的差值称为扰动稳态误差。这种误差越小,表示系统抗扰动的能力越强,其稳态精度也越高。

由于被控对象运行目的不同,各类系统对上述三方面性能要求的侧重点是有差异的。例如随动系统对快速性和稳态精度的要求较高,而恒值控制系统一般却侧重于稳定性能和抗扰动的能力。在同一个系统中,上述三个方面的性能要求通常也是相互制约的。例如为了提高系统的快速性和准确性,就需要增大系统的放大能力,而放大能力的增强,必然促使系统动态性能的变差,甚至会使系统变为不稳定。反之,若强调系统动态过程平稳性的要求,系统的放大倍数就应较小,从而导致系统稳态精度的降低和动态过程的变慢。由此可见,系统动态响应的快速性、高精度与系统稳定性之间存在着矛盾,在系统设计时须针对具体的系统要求,均衡考虑各指标。

任务二　基于现场总线的恒压冷热供水系统

一、任务提出

使用触摸屏、可编程控制器、变频器实现基于现场总线的恒压冷热供水系统的控制。控制要求如下。

压力控制过程:冷热水管道压力各由一只压力传感器进行检测,并变换成4～20 mA的电流信号,经A/D通道传至S7—300可编程控制器,进行PID控制,最后现场总线PROFIBUS—DP将PID处理结果传至MM440变频器,控制水泵的转速,保持水管道压力恒定。设备采用两泵并联的供水方式,用户用水量的大小决定了投入运行的水泵的数量,当用水量较小时,单台泵变频工作,当用水量增加,水泵运行频率随之增加,如达到水泵额定输出功率仍无法满足用户供水要求时,工频泵启动运行状态。反之,当用水量减少,则降低水泵运行频率直至设定下限运行频率,如供水量仍大于用水量,则自动停止工频运行泵同时变频泵转速增加。

温度控制过程:热水管道温度由温度传感器检测,并变换成4～20 mA的电流信号,经A/D通道传至S7-300可编程控制器,进行PID控制,最后现场总线PROFIBUS-DP将PID处理结果传至加热器,控制热水温度,并保持热水温度恒定。

整个控制系统的参数设定、过程监控等人机界面部分的内容由 OP170/TP170 触摸屏实现。OP170/TP170 触摸屏与 S7－300 可编程控制器之间采用现场总线 PROFIBUS－DP 进行通信。

基于现场总线的恒压冷热供水系统的构成如图 5.10 所示。

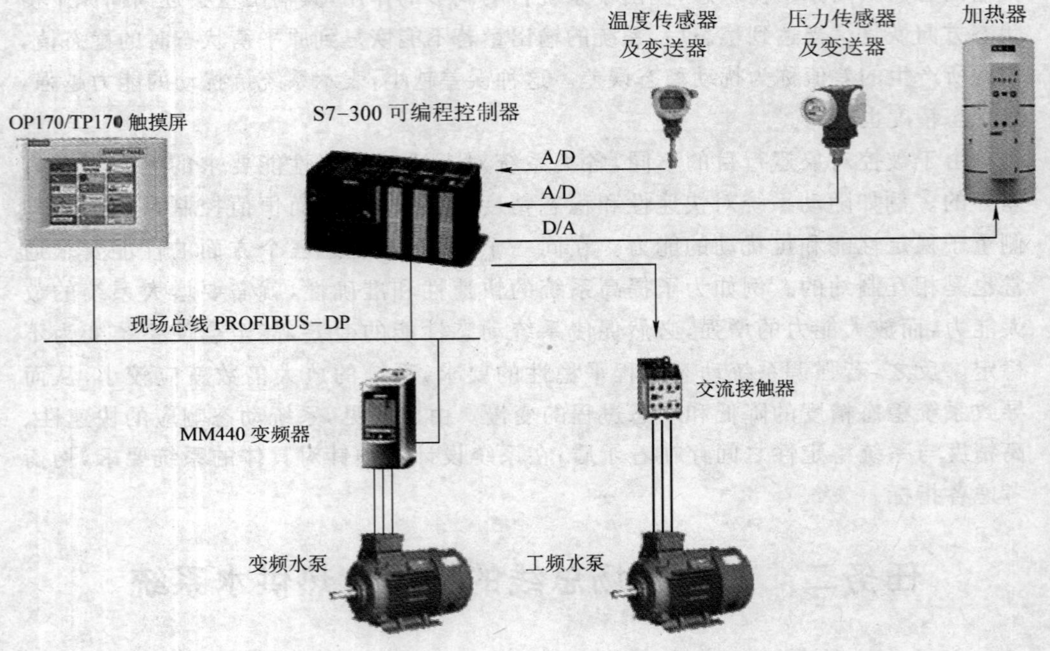

图 5.10　基于现场总线的恒压冷热供水系统构成示意图

二、相关知识

PID 控制软件包里的功能块包括连续控制功能块 CONT_C、步进控制功能块 CONT_S 以及具有脉冲调制功能的 PULSEGEN。FB41 就是 CONT_C，提供连续模拟量控制。

控制模块利用其所提供的全部功能可以实现一个纯软件控制器。循环扫描计算过程所需的全部数据存储在分配给 FB 的数据区里，这使得无限次调用 FB 变成可能。功能块 PULSEGEN 一般用来连接 CONT_C，以使其可以产生提供给比例执行器的脉冲信号输出。

在 SIMATIC S7 可编程控制器上，功能块 FB41 用来控制具有连续输入输出的技术过程。在参数设置过程中，可以通过参数设置来激活或取消激活 PID 控制的某些子功能以设计适应过程需要的控制器。

除了给定点和过程变量分支的功能外，FB 自己就可以实现一个完整的具有连续操作值输出，并且具有手动改变操作值功能的 PID 控制器。

下面介绍 PID 控制的有关概念。

1. 给定点分支

给定点的值以浮点形式在 SP_INT 处输入。

2. 过程变量分支

过程变量可以从外设直接输入到 PV_PER 或以浮点 PV－IN 形式输入，功能 CRP_IN 将从外设来的值 PV－PER 转化成范围在－100%～100%之间的浮点形式，根据下面的法则进行转换，即

CRP_IN = PV_PER×100/27648

功能 PV_NORM 根据下面的法则标准化输出 CRP_IN

PV_NORM 的输出＝（CRP_IN 的输出）× PV_FAC ＋ PV_OFF

PV_FAC 和 PV_OFF 的默认值分别为 1 和 0。

3. 误差信号

误差是给定点和过程变量之间的差值。为了抑制由于控制量量化而引起的小扰动（例如，控制量由于其执行电子管的有限分辨率），可将死区功能 DEADBAND 运用在误差信号上。如果 DEADB_W＝0，则死区就不起作用。

4. PID 算法

此处 PID 算法是位置式的，比例、积分和微分作用并联并且可以分别激活或取消激活。这样就可以分别构造 P、PI、PD 以及 PID 控制器。

5. 手动值

可以在手动和自动模式之间切换。在手动模式下，操作值可以由一个手动选择值来设定，积分器在内部设定为 LMN（操作值）－ LMN_P（比例操作值）－ DISV（扰动），微分器设定为 0 并且在内部进行同步，这意味着当转换到自动模式后，不会引起操作值的突然改变。

6. 操作值

利用 LMNLIMIT 功能可以将操作值限定在所选的值范围内，输入值引起的输出超过界限时会在信号位上表现出来，功能 LMN_NORM 根据下面的公式标准化 LMNLIMIT 的输出，即 LMN＝LMNLIMIT 的输出×LMN_FAC＋LMN_OFFLMN_FAC，LMN_OFF 的默认值分别为 1 和 0。操作值也可以直接输出到外设，功能 CRP_OUT 将浮点形式的值 LMN 根据下面的公式转化成能输出到外设式的值，即

LMN_PER = LMN × 100/27648

7. 模块图

FB41 功能逻辑图如图 5.11 所示。

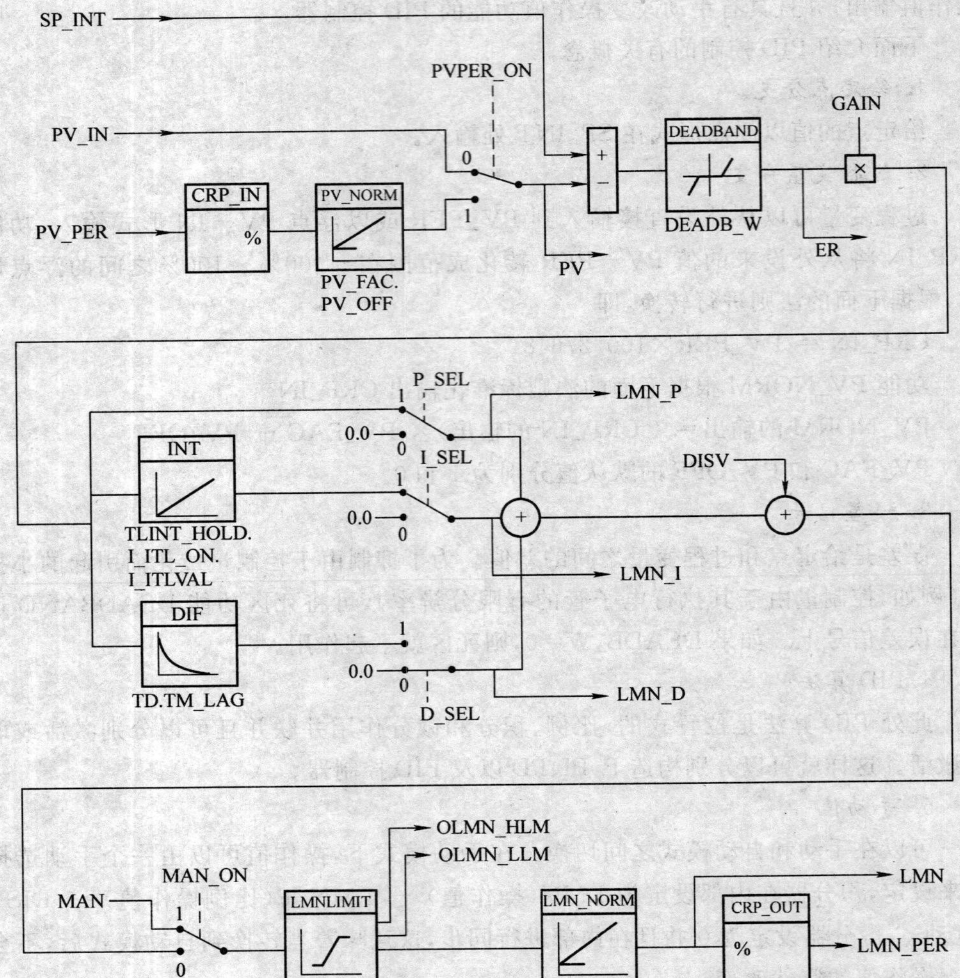

图 5.11 PID 控制逻辑

8. 输入参数

输入参数如表 5.1 所示。

表 5.1 PID 控制输入参数

参数	数据类型	数据范围	默认值	描述
COM_RST	BOOL		FALSE	完全重启，当为真时执行重启程序
MAN_ON	BOOL		TRUE	手动操作，若为真，控制环中断，操作值手动设定

续表

参数	数据类型	数据范围	默认值	描述
PVPER_ON	BOOL		FALSE	过程变量直接从外设输入
P_SEL	BOOL		TRUE	为真则比例控制起作用
I_SEL	BOOL		TRUE	为真则积分控制起作用
D_SEL	BOOL		FALSE	为真则微分控制起作用
INT_HOLD	BOOL		FALSE	为真则积分控制的输出不变
I_ITL_ON	BOOL		FALSE	为真，使积分器的输出为 I_ITLVAL
CYCLE E	TIM	≥1 ms	T＃1 s	采样时间
SP_INT	REAL	－100％～100％或者物理量	0.0	内部给定点的输入值
PV_IN	REAL	－100％～100％或者物理量	0.0	过程变量以浮点形式输入的值
PV_PER	WORD		W＃16＃0000	过程变量从外设直接输入的值
MAN	REAL	－100％～100％或者物理量	0.0	通过这个参数设定手动操作的值
GAIN	REAL		2.0	比例控制增益
TI	TIME	≥CYCLE	T＃20 s	决定积分器的响应时间
TD	TIME	≥CYCLE	T＃10 s	微分时间
TM_LAG	TIME	≥CYCLE/2	T＃2 s	微分器的延迟时间
LMN_HLM	REAL		100.0	操作值的最高限
LMN_LLM	REAL		0.0	操作值的最低限
PV_FAC	REAL		1.0	过程变量因子，调整过程变量的范围
PV_OFF	REAL		0.0	过程变量偏置，调整过程变量的范围
LMN_FAC	REAL		1.0	操作值因子，调整操作值的范围
LMN_OFF	REAL		0.0	操作值偏置，调整操作值的范围
I_ITLVAL	REAL	－100％～100％或者物理量	0.0	积分器的初始化值
DISV	REAL	－100％～100％或者物理量	0.0	输入的扰动变量
DEADE_W	REAL	－100％～100％或者物理量	0.0	死区宽度

注：对 S7，TIME 格式保存为 32 位有符号整数，毫秒值。

9. 输出参数

输出参数如表 5.2 所示。

表 5.2 PID 控制输出参数

参数	数据类型	数据范围	默认值	描述
LMN	REAL		0.0	以浮点形式输出的有效操作值
LMN_PER	WORD		W＃16＃0000	直接输出到外设的操作值
QLMN_HLM	BOOL		FALSE	手动操作值达到最高限设置为真
QLMN_LLM	BOOL		FALSE	手动操作值达到最低时设置为真
LMN_P	REAL		0.0	比例控制产生的操作值
LMN_I	REAL		0.0	积分控制产生的操作值
LMN_D	REAL		0.0	微分控制产生的操作值
PV	REAL		0.0	输出的有效过程变量
ER	REAL		0.0	输出的误差信号

三、任务解决方案

(一)硬件组态

组态按以下步骤进行。

(1)双击“SIMATIC Manager”图标，打开 STEP 7 主画面，如图 5.12 所示。

图 5.12 STEP 7 主画面

(2)点击菜单文件→新建，得到如图 5.13 所示对话框，在“名称”框中输入文件名称(test)，在“存储位置”框中输入文件夹地址，然后点击“确定”；系统将自动生成 test 项目，如图 5.14 所示。

(3)选中 test 项目，点击右键，选中“插入新对象”，点击“SIMATIC 300 站点”，将生成一个 S7－300 的项目，如图 5.15 所示。如果项目 CPU 是 S7－400，那么选中“SIMATIC 400 Station”即可。

(4)将 test 左面的“＋”点开，选中“SIMATIC 300(1)”，然后选中“硬件”并双击或右键点“打开对象”，如图 5.16 所示。打开的硬件组态画面如图 5.17 所示。

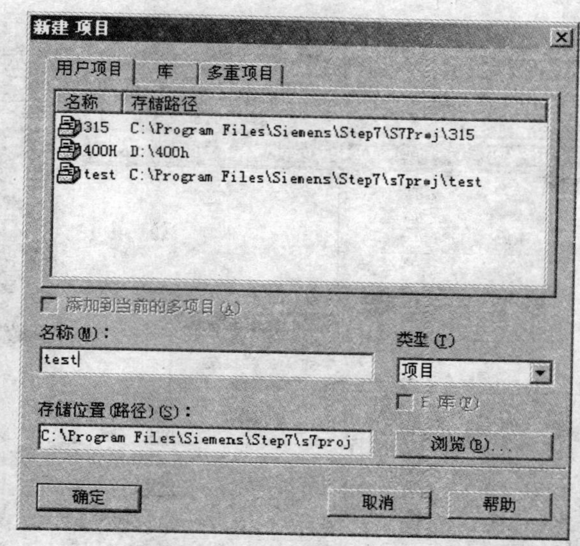

图 5.13　“新建项目”对话框

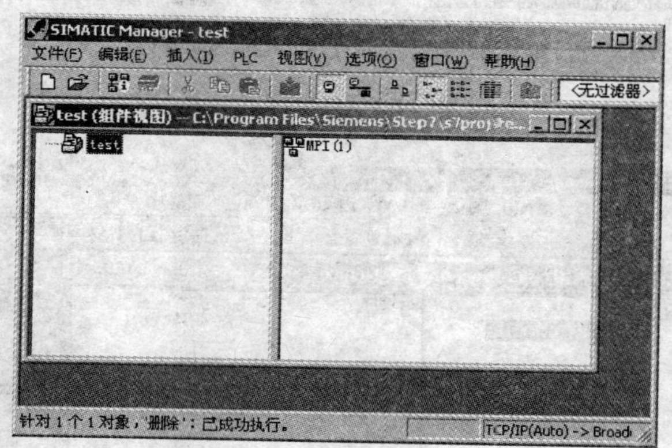

图 5.14　test 项目

(5)双击图 5.17 窗口中“RACK - 300”文件夹，将“Rail” 拖到左边空白处，生成的空机架如图 5.18 所示。

(6)双击“PS - 300”文件夹，选中“PS 307 5A”，将其拖到机架的第一个插槽，生成如图 5.19 所示的添加电源模块。

(7)双击“CPU - 300”，双击“CPU 313C - 2 DP”，双击“6ES7 313 - 6CF03 - 0AB0”，选中“V2.6”，将其拖到机架的第 2 个插槽；一个组态 PROFIBUS - DP 的窗口将弹出，在“Address”中选择分配你的 DP 地址，默认为 2，生成如图 5.20 所示的添加 CUP 模块。

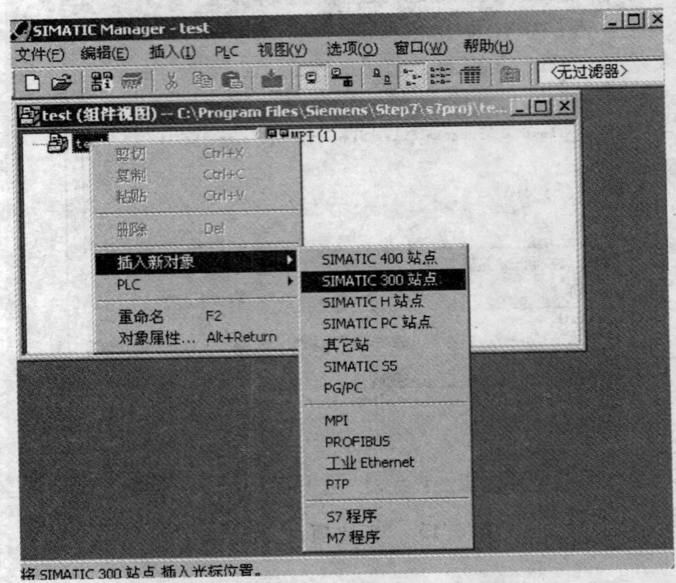

图 5.15　生成一个 S7－300 的项目

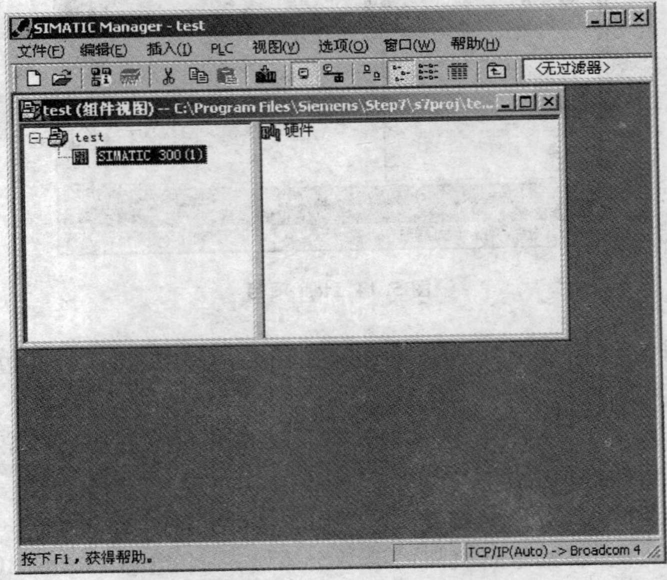

图 5.16　打开硬件组态

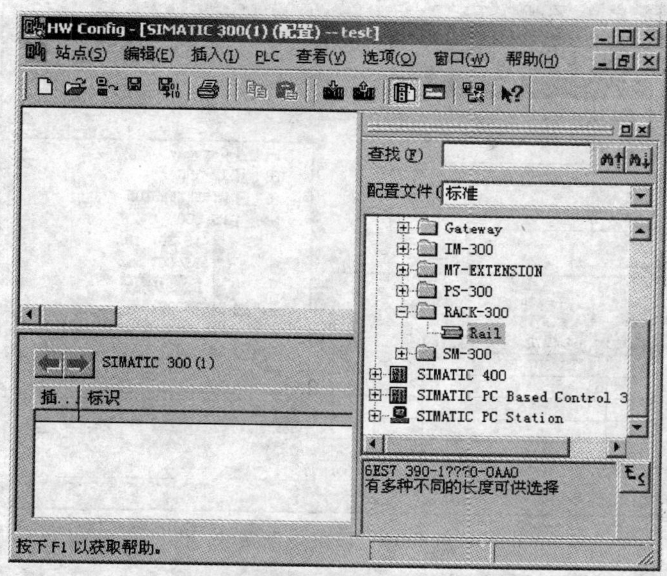

图 5.17　打开的硬件组态画面

图 5.18　生成空机架

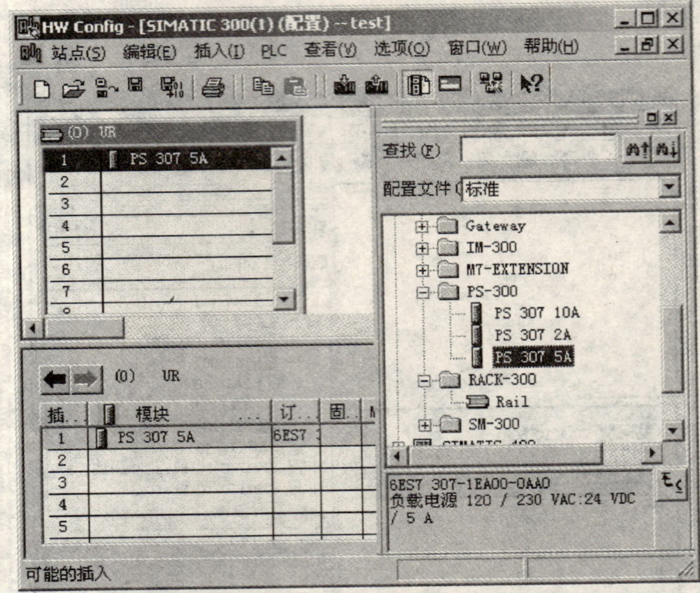

图 5.19　添加电源模块

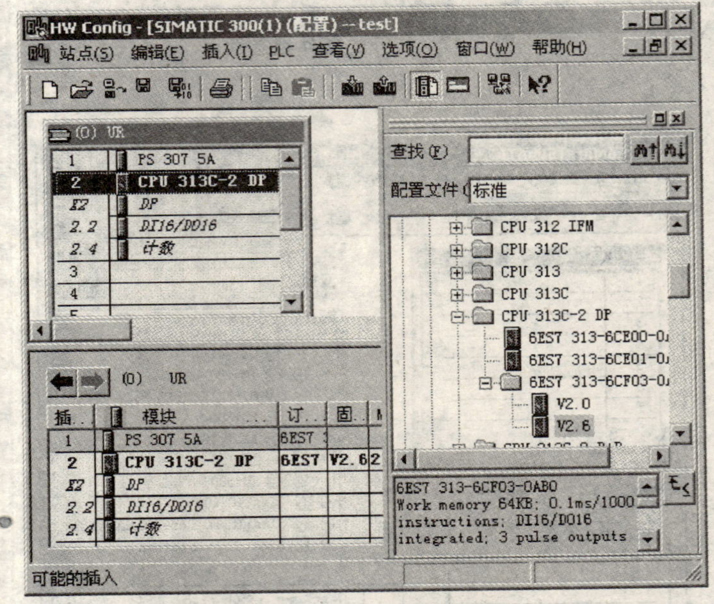

图 5.20　添加 CPU 模块

(8)双击机架上的 2.2 DI16/DO16 设备给 IO 模块分配地址，无特殊情况用系统自动分配的地址即可。分配的地址如图 5.21 所示。

(9)点击机架上的 DP 块，弹出 DP 设置对话框，如图 5.22 所示。点击“属性”，新建一个 DP 网络，如图 5.23 所示。选择该 DP 网络，得到的窗口如图 5.24 所示。

选择该 DP 网络，则在 CPU 上会出现一条 DP 线，如图 5.25 所示。

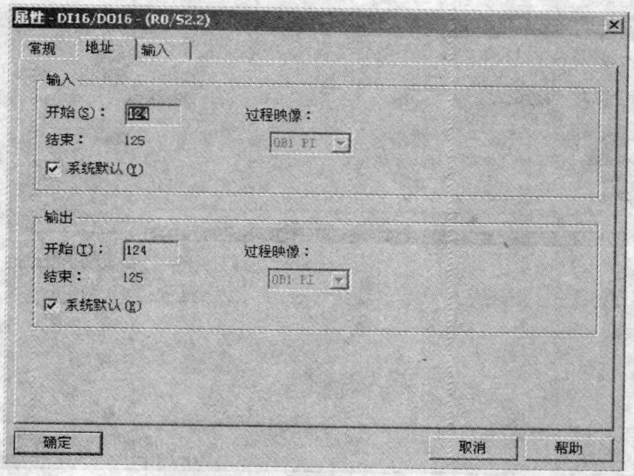

图 5.21　IO 模块分配地址

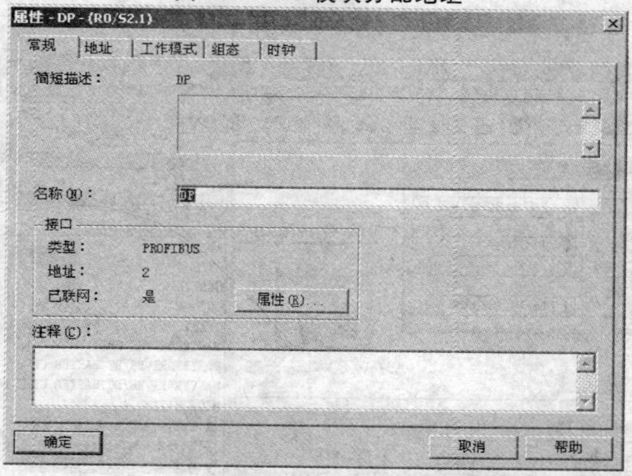

图 5.22　DP 设置对话框

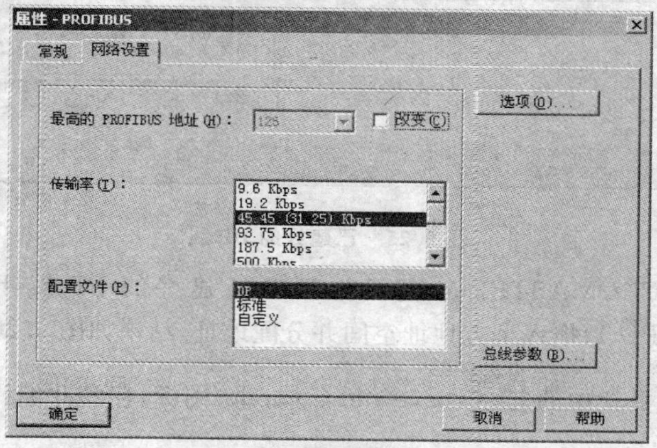

图 5.23　新建 DP 网络

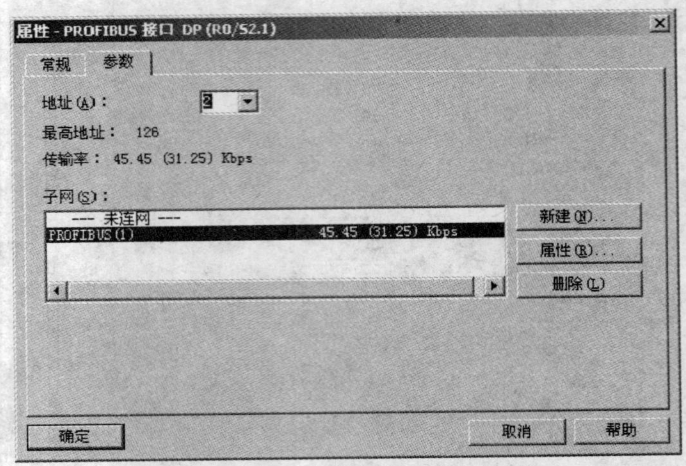

图 5.24　选择 DP 网络

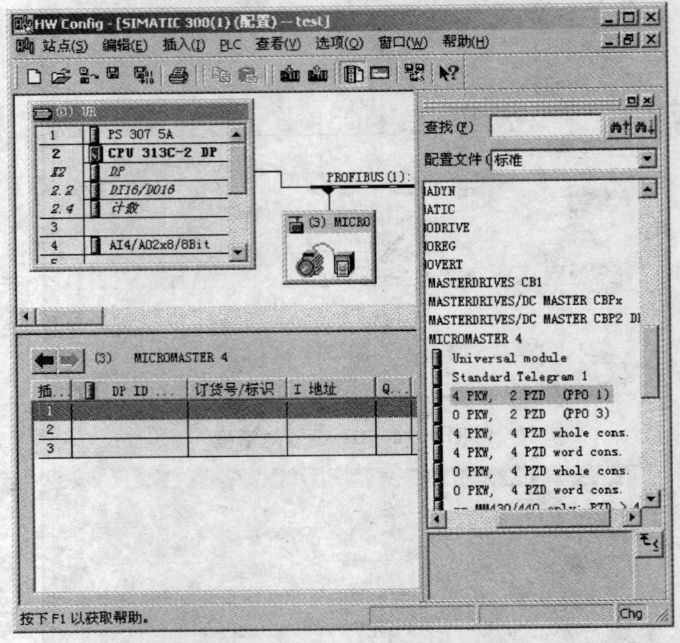

图 5.25　已建好的 DP 线

(10)将 MICROMASTER 4 电机拖到已经建好的 DP 线上。将其下拉的 4PKW、2PZD(PPO 1)拖入下方地址空间并分配地址，结果如图 5.26 示。

(11)点击工具栏中的 (Save and Compile)图标，存盘并编译硬件组态，完成硬件组态工作。

(12)单击选项→设置 PG/PC 接口，如图 5.27 所示。

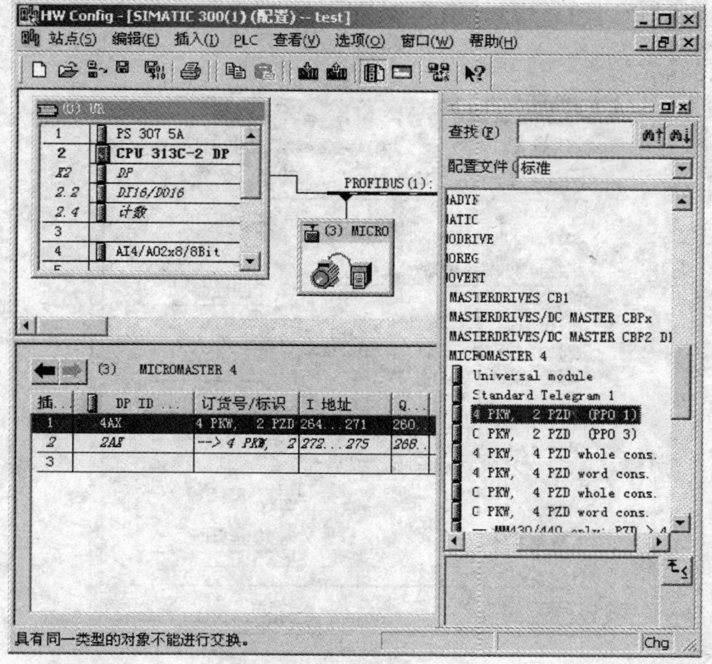

图 5.26　拖入并分配地址

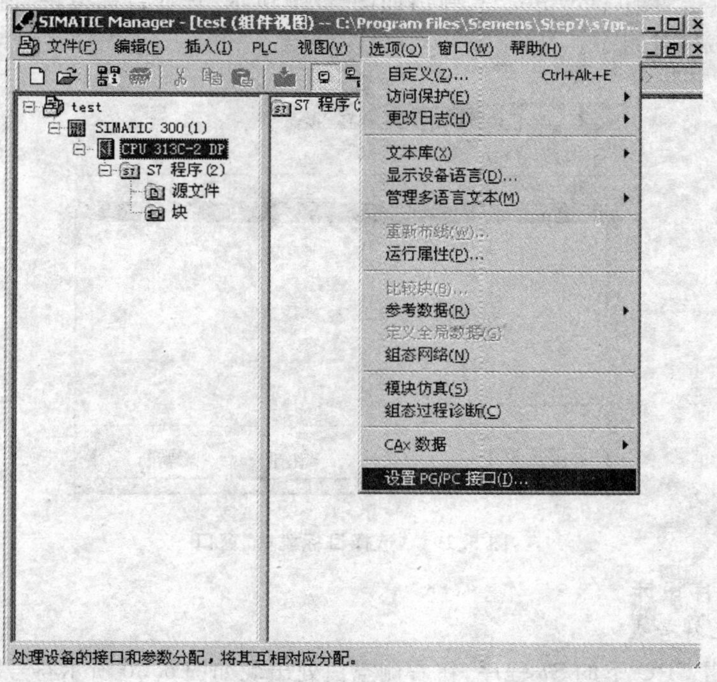

图 5.27　进入通信参数设置

在“设置 PG/PC 接口”窗口(图 5.28)中,选择“PC Adapter(Auto)”,点击“确定”即可进行通信设置。

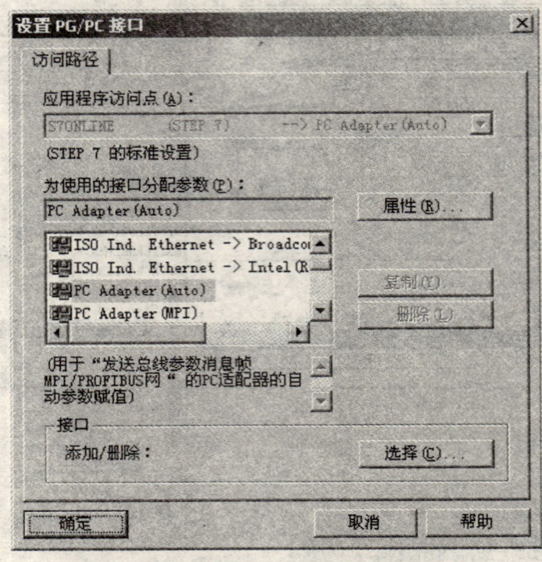

图 5.28 设置“PG/PC 接口”窗口

(13)点击 (Download),弹出如图 5.29 所示“选择目标模块”窗口,点击“确定”即可下载硬件组态。

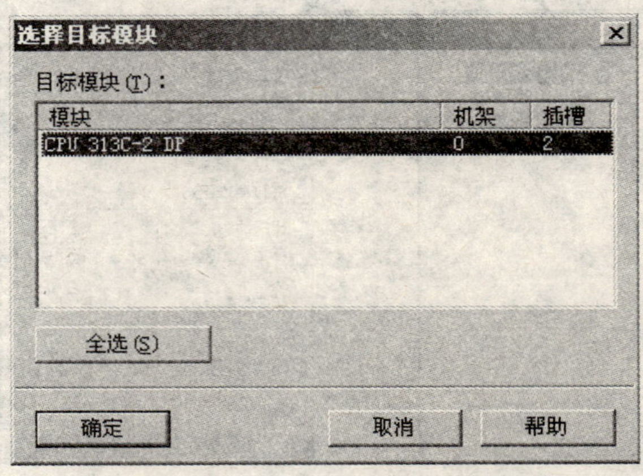

图 5.29 “选择目标模块”窗口

(二)程序设计

1. 建立符号表

(1)点击 CPU 下的 S7 程序,在右侧空白处出现如图 5.30 所示符号图标,点击该图标,进入如图 5.31 所示符号编辑器。

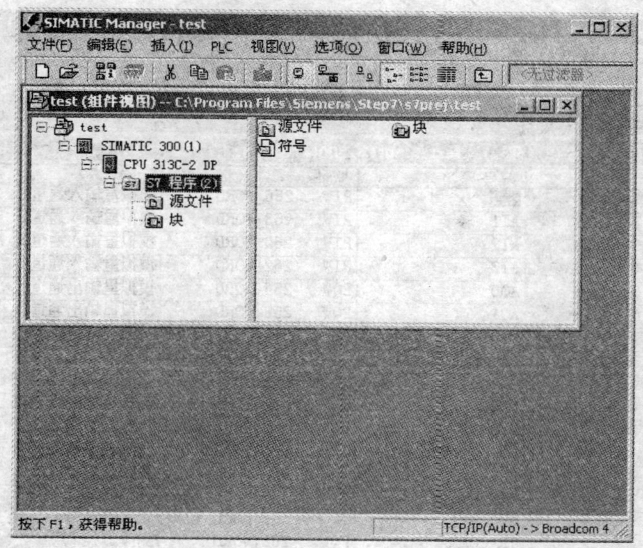

5.30　符号图标

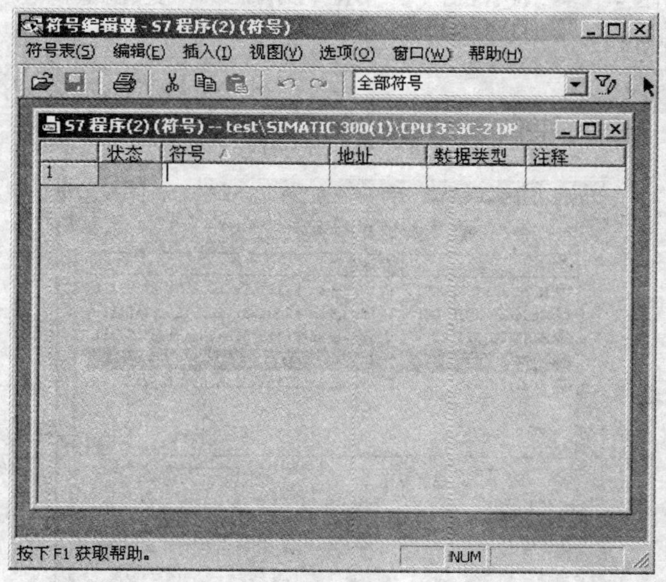

图 5.31　符号编辑器

(2)在符号编辑器中加入符号，保存并退出，结果如图 5.32 所示。

2. PID 功能块导入

(1)点击“文件”菜单，选择“打开”，选择“库”中的“Standard Library”，如图 5.33 所示。

(2)选择 PID Control Blocks，把 FB41 复制粘贴到当前工程中，如图 5.34 所示。

符号编辑器 - S7 程序(2) (符号)

符号表(S) 编辑(E) 插入(I) 视图(V) 选项(O) 窗口(W) 帮助(H)

全部符号

S7 程序(2) (符号) -- test\SIMATIC 300(1)\CPU 313C-2 DP

	状态	符号	地址		数据类型		注释
1		AI0	PIW	256	WORD		模拟量输入通道1
2		AI1	PIW	258	WORD		模拟量输入通道2
3		AI2	PIW	260	WORD		模拟量输入通道3
4		AI3	PIW	262	WORD		模拟量输入通道4
5		AO0	PQW	256	WORD		模拟量输出通道1
6		AO1	PQW	258	WORD		模拟量输出通道2
7		CONT_C	FB	41	FB	41	Continuous Control
8		CPU_FLT	OB	84	OB	84	CPU Fault
9		CYC_INT5	OB	35	OB	35	Cyclic Interrupt 5
10		KM1	Q	...	BOOL		工频泵控制继电器
11		MYDATA	DB	3	DB	3	自定义数据库
12		SB1	I	...	BOOL		变频器准备
13		SB2	I	...	BOOL		变频器启动
14		SB3	I	...	BOOL		变频器停止
15		SB4	I	...	BOOL		变频器清错
16		TR_COMMAND	PQW	268	WORD		变频器控制字
17		TR_REAL_POINT	PIW	274	WORD		变频器实际频率
18		TR_SET_POINT	PQW	270	WORD		变频器设定频率
19		TR_STATUS	PIW	272	WORD		变频器状态字
20		VAT_1	VAT	1			
21							

按下 F1 获取帮助。 NUM

图 5.32 加入符号

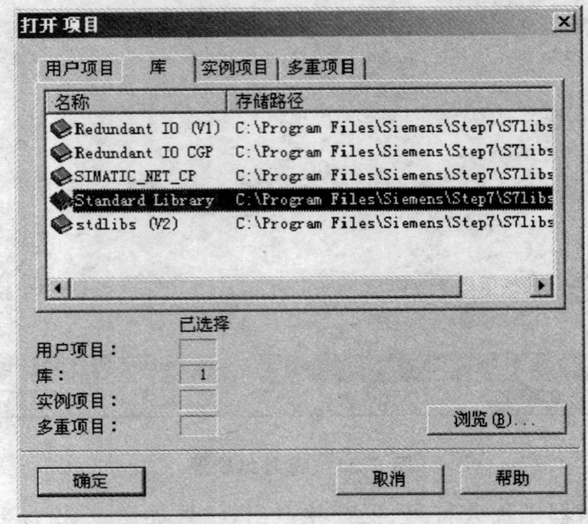

图 5.33 打开 Standard Library

3. 在 OB1 中调用 PID 控制块

(1)单击图 5.30 中的块，双击组织块 OB1，如图 5.35 所示，进入编辑环境。

(2)在弹出的属性对话框中可以为 OB1 命名，为阅读程序方便，可以加入一些注

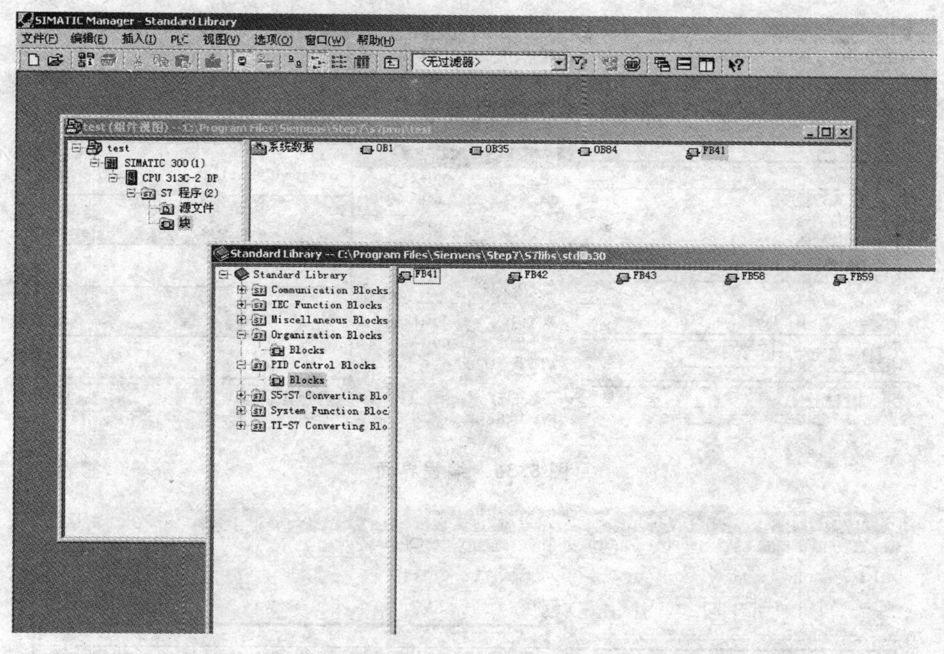

图 5.34　编辑系统自动增加 FB

释(并非必要)。单击“关闭”,进入如图 5.36 所示的编程界面。这里选择视图→LAD,用梯形图编程语言,比较形象直观,易于理解。

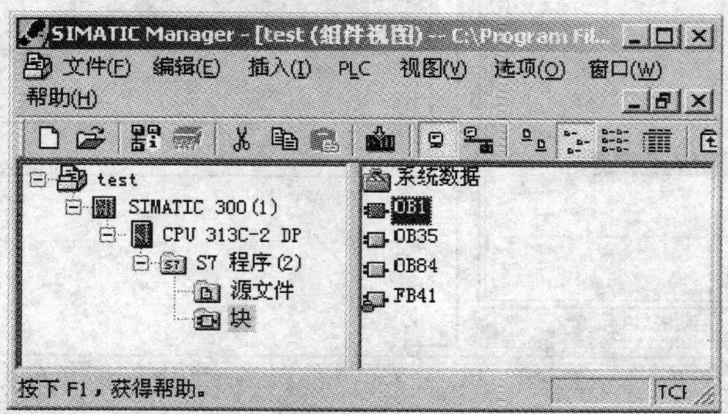

图 5.35　双击编辑组织块

(3)如图 5.37 所示,在左边的分类目录中点选 FB 块→FB41 CONT_C ICONT,将 FB41 拖到右边代码区梯形图上,即可添加一个 PID 控制块。

(4)在图 5.38 中,单击 PID 控制块顶端红色的“???”,输入“DB1”,系统提醒是否建立 INSTANCE DATA BLOCK,回答 YES,就可以创建一个如图 5.38 所示的 PID 的背景数据块。PID 控制涉及的所有参数都存放在这个背景数据块中,可以通过在组态软件中控制这些参数。

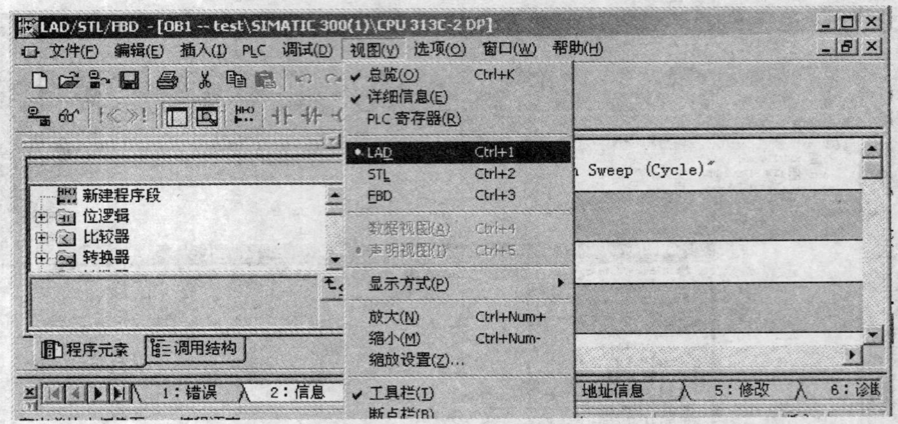

图 5.36　编程界面

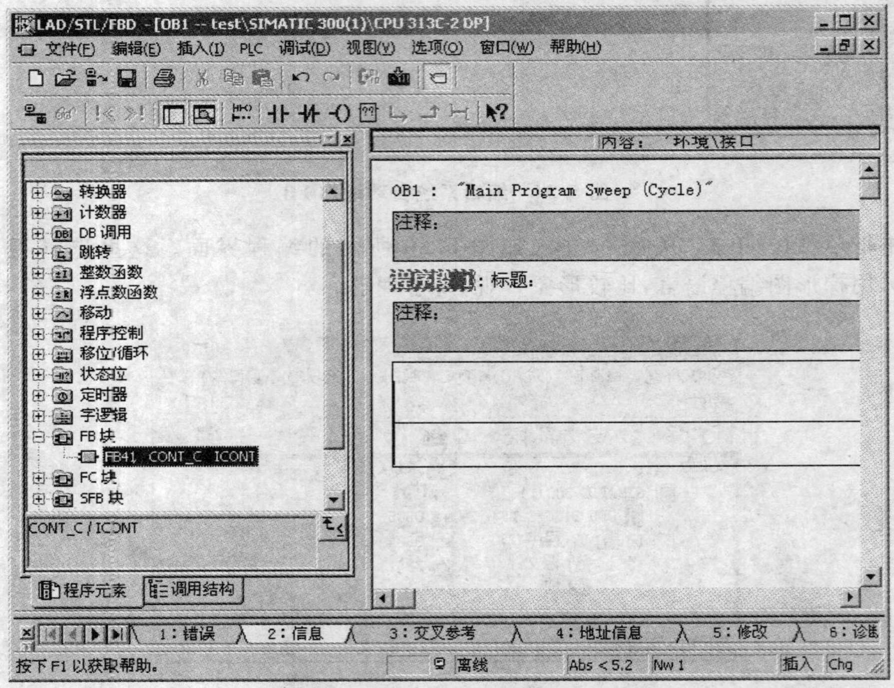

图 5.37　添加 PID 控制块

(5)双击图 5.39 中的 DB1,以访问 PID 的背景数据块。PID 的背景数据块如图 5.40 所示。

PID 的输入输出、手自动切换、参数、控制功能都能通过 DB1 中的数据进行控制。在实际工程应用中,还需要增加手动自动无扰切换控制。

4. 数值转换程序

传感器输出的是 4～20 mA 信号,被模拟量输入输出模块 SM334 采集后,数值

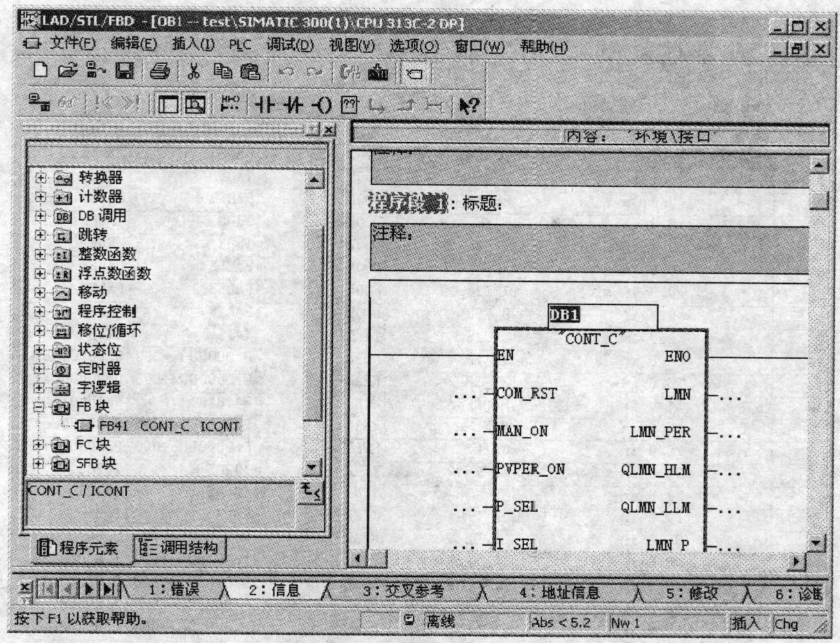

图 5.38　创建 PID 的背景数据块

范围是 5 530～27 648。因此需要编写一个专门用来进行数值转换的函数(FC,类似于函数,可以被其他程序调用),把 5 530～27 648 的数据转换成 PID 控制所需 0～100 的数据,并通过组态软件监控 0～100 的数据。

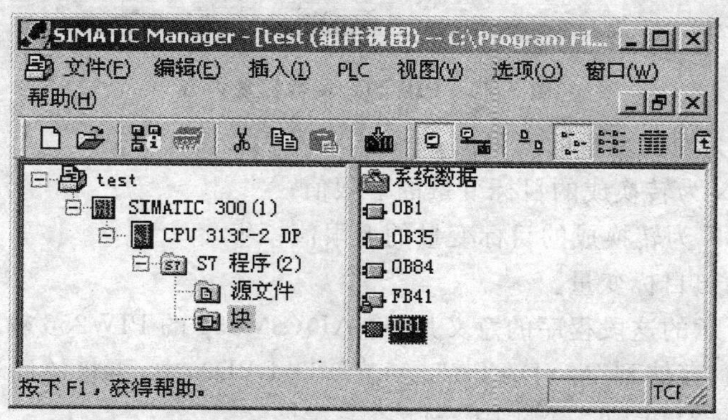

图 5.39　双击 DB1 以访问 PID 的背景数据块

在编写功能之前,首先看一下该功能编写完成后的格式。在图 5.41 中,FC201 为输入数值转换功能。它有 5 个输入(IN、IN_MIN、IN_MAX、OUT_MIN、OUT_MAX)和一个输出(OUT)。其中:

IN 为需要进行转换的原始输入变量;

IN_MIN 为原始变量的下限值;

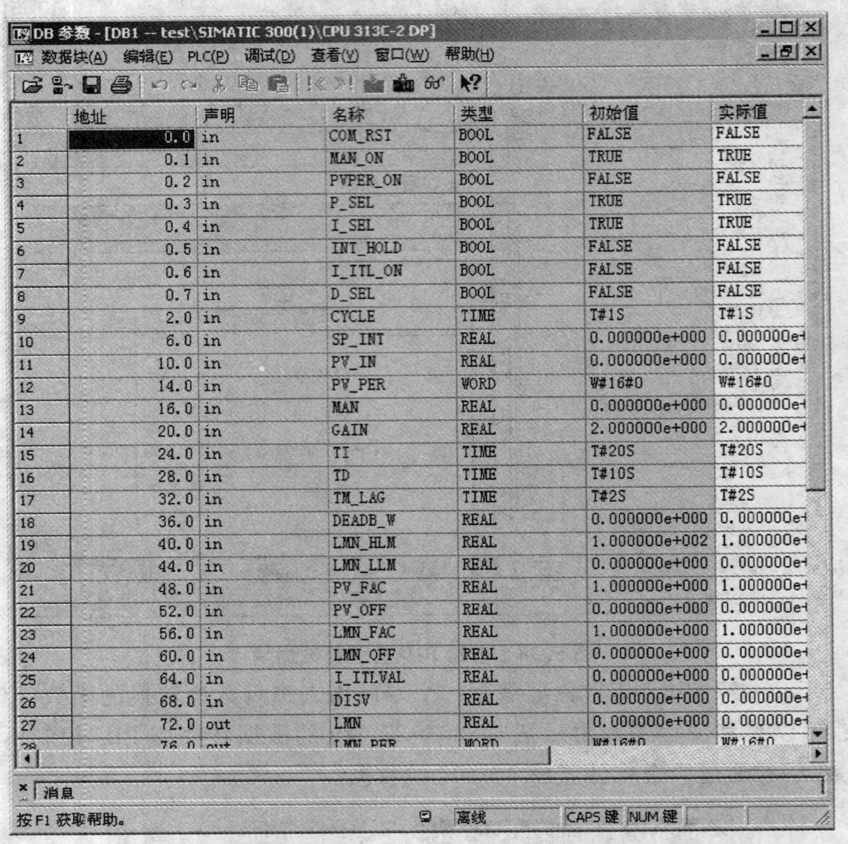

DB 参数 - [DB1 -- test\SIMATIC 300(1)\CPU 313C-2 DP]

数据块(A) 编辑(E) PLC(P) 调试(D) 查看(V) 窗口(W) 帮助(H)

	地址	声明	名称	类型	初始值	实际值
1	0.0	in	COM_RST	BOOL	FALSE	FALSE
2	0.1	in	MAN_ON	BOOL	TRUE	TRUE
3	0.2	in	PVPER_ON	BOOL	FALSE	FALSE
4	0.3	in	P_SEL	BOOL	TRUE	TRUE
5	0.4	in	I_SEL	BOOL	TRUE	TRUE
6	0.5	in	INT_HOLD	BOOL	FALSE	FALSE
7	0.6	in	I_ITL_ON	BOOL	FALSE	FALSE
8	0.7	in	D_SEL	BOOL	FALSE	FALSE
9	2.0	in	CYCLE	TIME	T#1S	T#1S
10	6.0	in	SP_INT	REAL	0.000000e+000	0.000000e+
11	10.0	in	PV_IN	REAL	0.000000e+000	0.000000e+
12	14.0	in	PV_PER	WORD	W#16#0	W#16#0
13	16.0	in	MAN	REAL	0.000000e+000	0.000000e+
14	20.0	in	GAIN	REAL	2.000000e+000	2.000000e+
15	24.0	in	TI	TIME	T#20S	T#20S
16	28.0	in	TD	TIME	T#10S	T#10S
17	32.0	in	TM_LAG	TIME	T#2S	T#2S
18	36.0	in	DEADB_W	REAL	0.000000e+000	0.000000e+
19	40.0	in	LMN_HLM	REAL	1.000000e+002	1.000000e+
20	44.0	in	LMN_LLM	REAL	0.000000e+000	0.000000e+
21	48.0	in	PV_FAC	REAL	1.000000e+000	1.000000e+
22	52.0	in	PV_OFF	REAL	0.000000e+000	0.000000e+
23	56.0	in	LMN_FAC	REAL	1.000000e+000	1.000000e+
24	60.0	in	LMN_OFF	REAL	0.000000e+000	0.000000e+
25	64.0	in	I_ITLVAL	REAL	0.000000e+000	0.000000e+
26	68.0	in	DISV	REAL	0.000000e+000	0.000000e+
27	72.0	out	LMN	REAL	0.000000e+000	0.000000e+
28	76.0	out	LMN_PER	WORD	W#16#0	W#16#0

消息

按 F1 获取帮助。　离线　CAPS 键　NUM 键

图 5.40　PID 的背景数据块内容

IN_MAX 为原始变量的上限值；

OUT_MIN 为转换成的目标变量的下限值；

OUT_MAX 为转换成的目标变量的上限值；

OUT 为输出目标变量。

图 5.41 所示的这段程序的意义是：将 AI0(SM334 的 PIW256 输入通道 0)转换成 0～100 的数，存储到"MYDATA". AI0(DB3. DBD0)中；再将 AI1 转换成 0～100 的数，存储到"MYDATA". AI1 中。

输出数值转换功能如图 5.42 所示。

了解了该功能的使用方法后，开始创建这个功能。右键单击工作区，选择 Insert New Object→Function，如图 5.43 所示。

在弹出的窗口(图 5.44)中的 Name 区输入名称"FC201"，也可以在 Symbolic Name 区输入一个容易记忆的名字，例如 MYSCALE。这个名称可以在程序中直接引用。

OB1: "Main Program Bweep (Cycle)"

Comment:

Network 1 : Title:

首先把各个输入转换成0~100，以便给PID运算器，或者给组态软件
S7格式，2~10V(4_20ma)对应5300_27648

FC201
"MYBCALE"
EN　ENO
PIW256
输入通道0
"AI0" — IN
5300 — IN_MIN
27648 — IN_MAX
0.000000e+000 — OUT_MIN
1.000000e+002 — OUT_MAX
OUT — DB3_DBD0
AI0
"MYDATA".AI0

FC201
"MYBCALE"
EN　ENO
PIW258
输入通道1
"AI1" — IN
5300 — IN_MIN
27648 — IN_MAX
0.000000e+000 — OUT_MIN
1.000000e+002 — OUT_MAX
OUT — DB3_DBD4
AI1
"MYDATA".AI1

Network 2:Title:

单回路PED，"MYDATA".SET_TRUE总是1，"MYDATA".SET_FALSE总是0

图 5.41　输入数值转换功能的使用

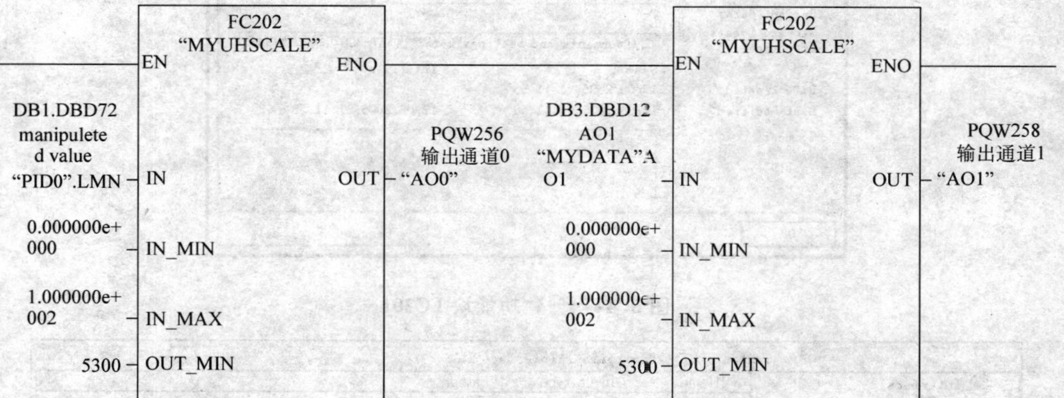

图 5.42　输出数值转换功能的使用

在图 5.44 的工作区双击"FC201"，打开图 5.45，开始编辑。在如图 5.45 所示顶部的临时变量区输入仅能用于本功能块中的临时变量。单击 Interface→IN，输入 IN、IN_MIN、IN_MAX、OUT_MIN、OUT_MAX，特别要注意，数据类型必须正确。

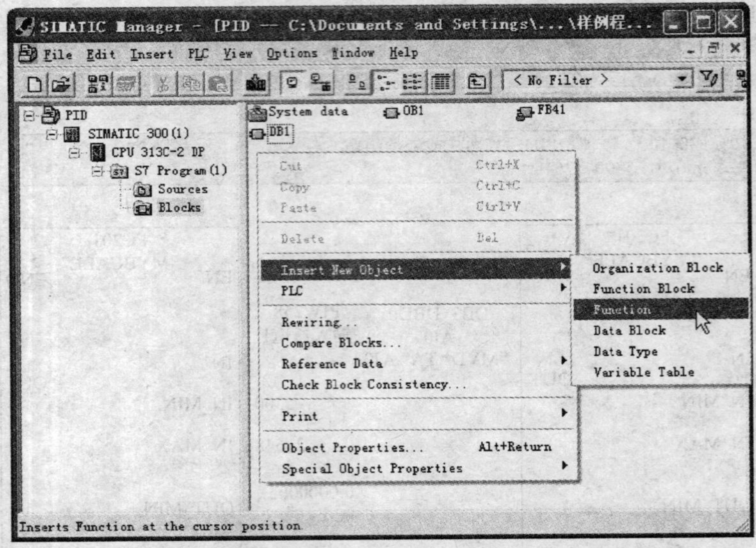

图 5.43　创建功能块

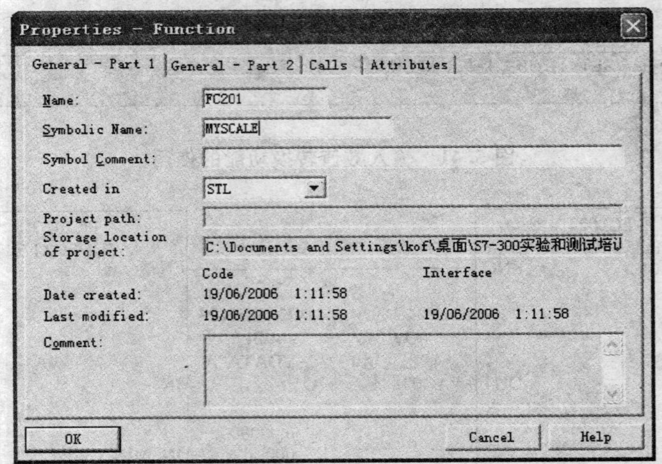

图 5.44　创建功能块 FC201

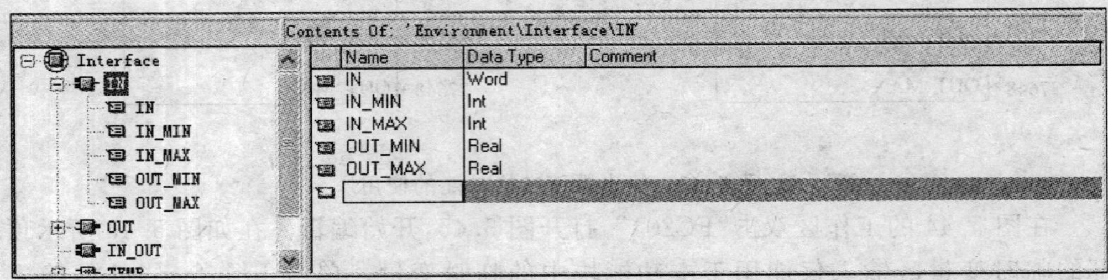

图 5.45　输入临时变量 IN

输入临时变量 OUT，如图 5.46 所示。

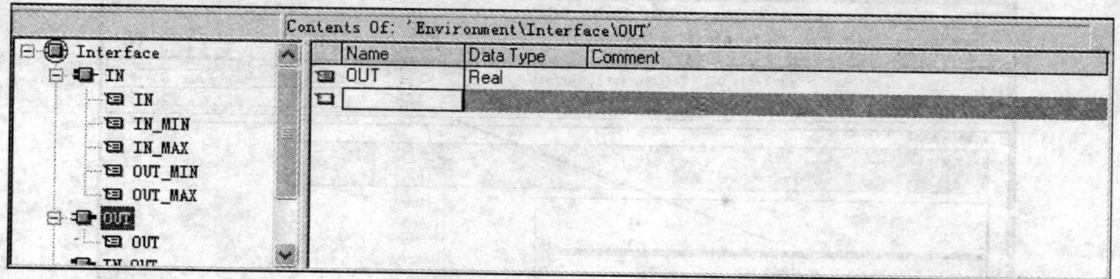

图 5.46　输入临时变量 OUT

输入临时变量 TEMP，如图 5.47 所示。

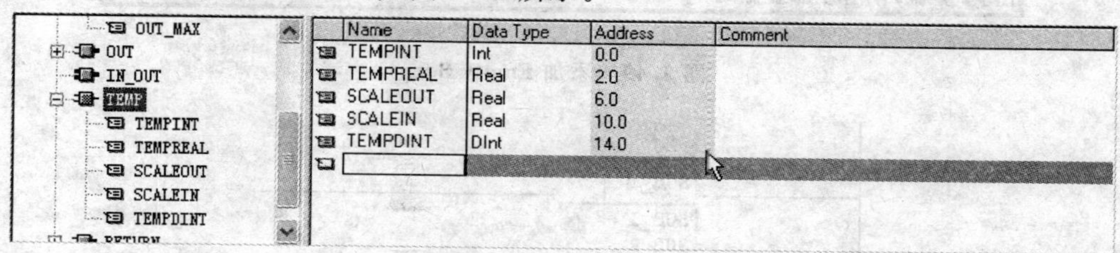

图 5.47　输入临时变量 TEMP

图 5.48 所示为功能变量表全貌。

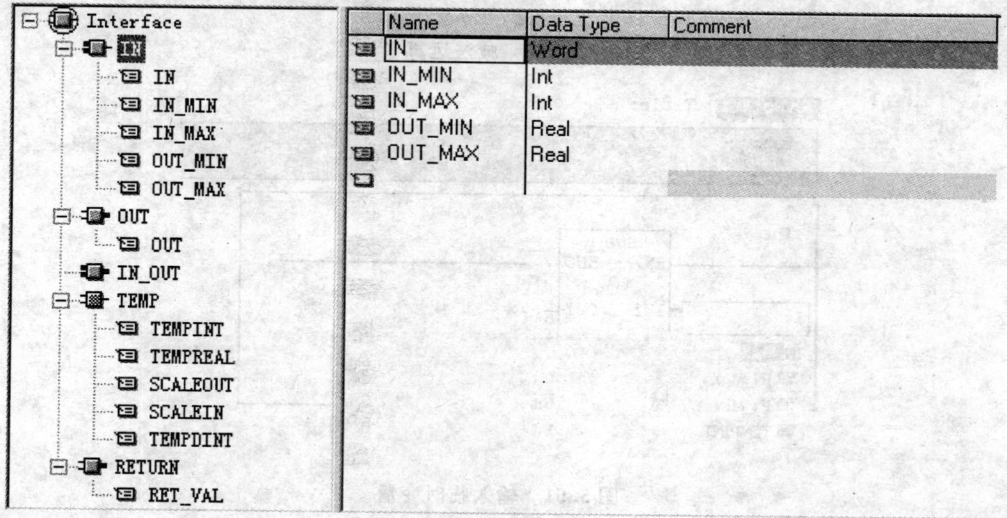

图 5.48　功能变量表全貌

单击 Network 1 区域横线，选择工具栏上的空逻辑框（快捷键＜Alt＞＋＜F9＞），如图 5.49 所示。之后，在 Network 1 上出现输入框，在其中输入 SUB_I（意思是整数的减法运算），回车，如图 5.50 所示。

单击图 5.51 中的"???"，输入变量值。输入第一个字母，系统会自动辅助用户输入其余字符。

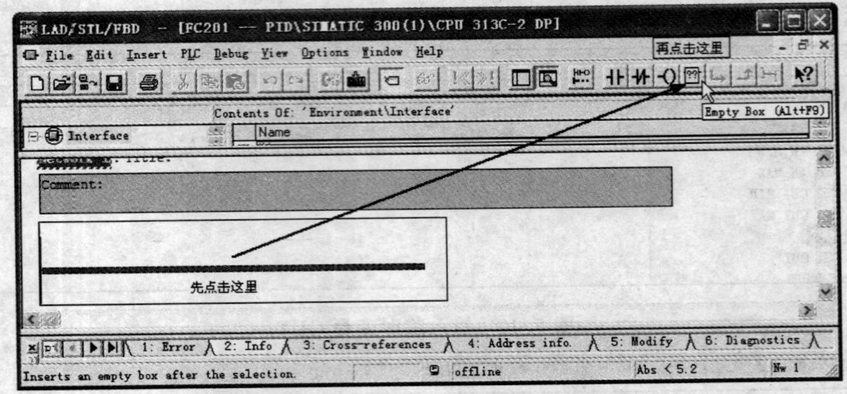

图 5.49　添加 Empty Box

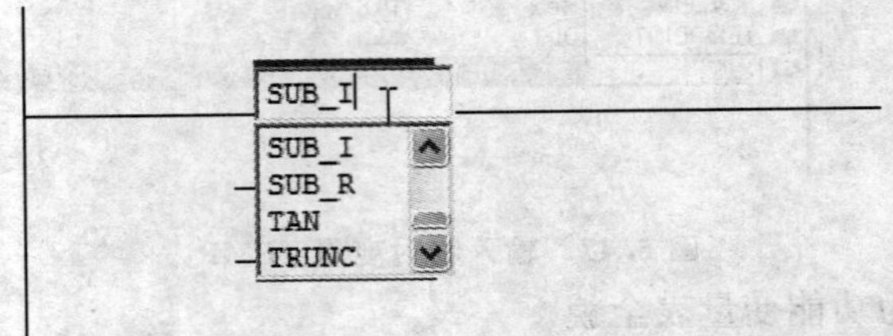

图 5.50　减法运算

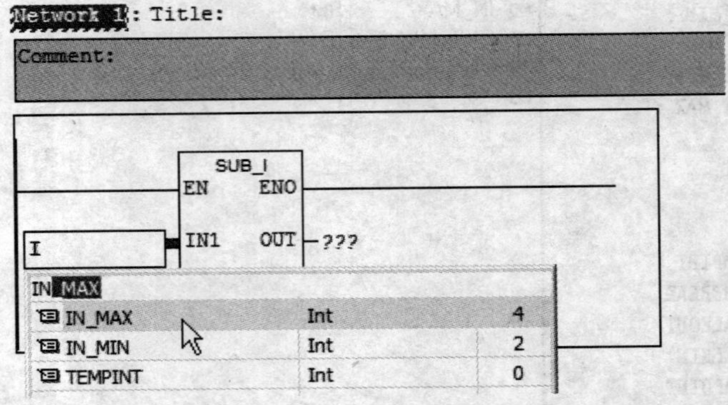

图 5.51　输入临时变量

按照上述方法，输入 Network 1 程序，如图 5.52 所示。其中：

MOVE 为将输入变量(左侧)的数值赋给输出变量(右侧)；

DI_R 为双精度整数转换为实数；

SUB_R 为实数减法运算。

为了使读者看得清楚，这里将该程序分成两行书写。在实际编程中，这段程序只有一行。以下多行程序同理。

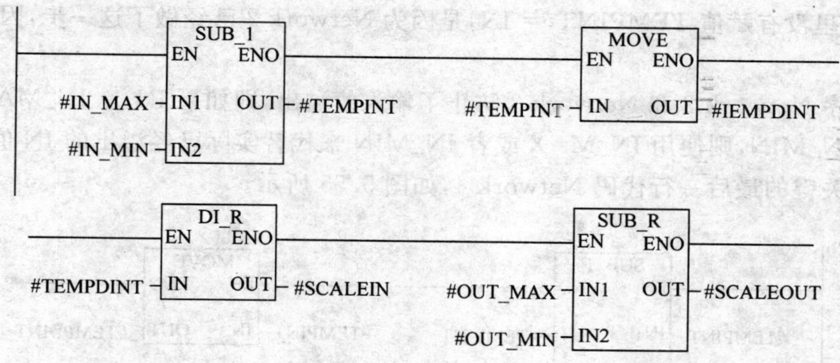

图 5.52　Network 1

程序的含义是：

TEMPINT ＝ IN_MAX － IN_MIN

TEMPINT 是整数值，我们想将它转换为实数值。由于 INT 格式无法直接转换为 Real 格式，要先将 TEMPINT 转换为双精度整数 TEMPDINT，再转换为实数 SCALEIN。

SCALEOUT ＝ OUT_MAX－OUT_MIN

它们都是实数，可以直接相减。

下面输入 Network 2，如图 5.53 所示。此程序的含义是：

赋值　TEMPINT ＝ IN

如果　TEMPINT ＜ IN_MIN

则　TEMPINT ＝ IN_MIN

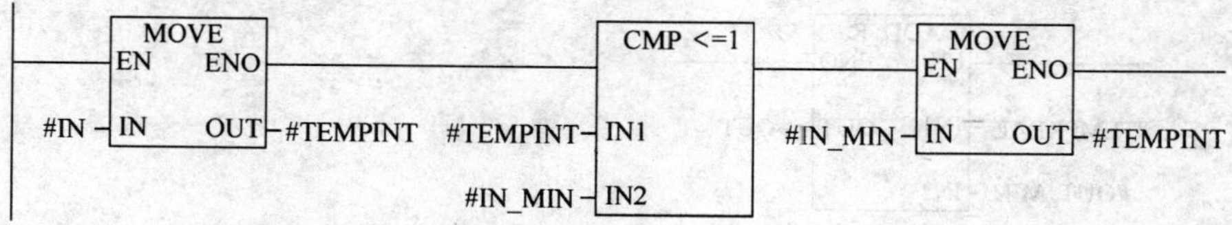

图 5.53　Network 2

再输入 Network 3，如图 5.54 所示。此程序的含义是：

如果　TEMPINT ＞ IN_MIN

则　TEMPINT ＝ IN_MAX

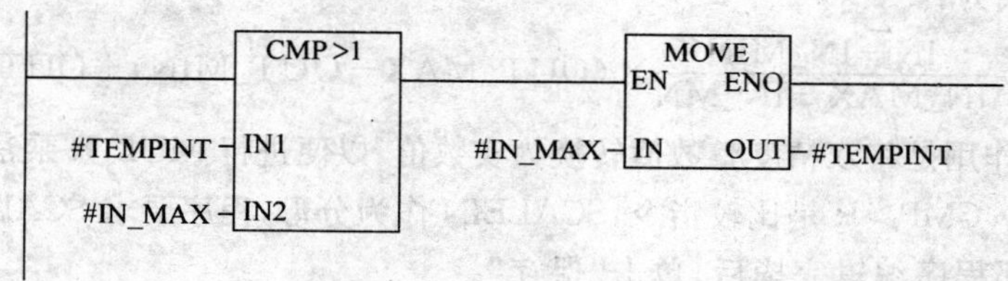

图 5.54　Network 3

这里没有赋值 TEMPINT = IN，是因为 Network 2 已经做了这一步，因此不必重复。

程序 Network 2 和 Network 3 防止了输入值溢出，即如果 IN > IN_MAX 或者 IN < IN_MIN，则使用 IN_MAX 或者 IN_MIN 来代替实际已经溢出的 IN 值。

最关键的最后一行代码 Network 4，如图 5.55 所示。

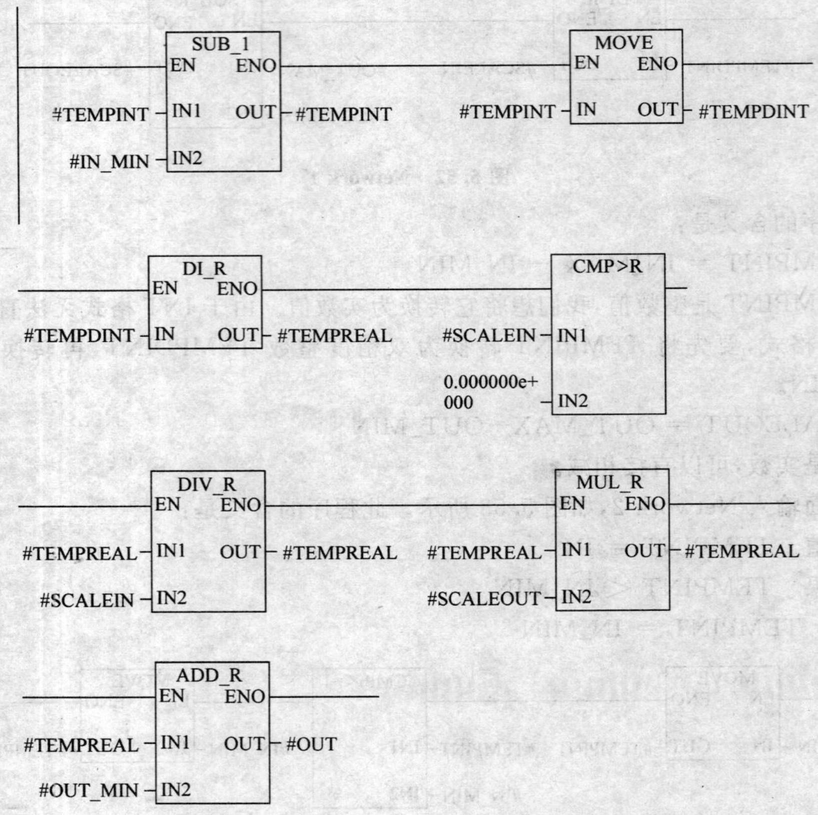

图 5.55　Network 4

已经知道，IN 的值在 Network 2 和 3 中已经赋给了 TEMPINT。本行程序开始的 TEMPINT 即为输入值 IN。

转换公式为：

$$OUT=\frac{IN-IN\_MIN}{IN\_MAX-IN\_MN}\times(OUT\_MAX-OUT\_MIN)+OUT\_MIN$$

DI_R 的作用是将双精度整数值转换为实数值，以便进行 MUL_R 乘法运算和 DIV_R 除法运算。CMP>R 是比较指令，SCALEIN 作为分母，程序要求 SCALEIN > 0。

至此全部程序编辑完毕后，单击“保存”。

图 5.56 所示为整个程序全貌，请读者自己动手再编写一遍，以真正掌握该功能

的编程方法。

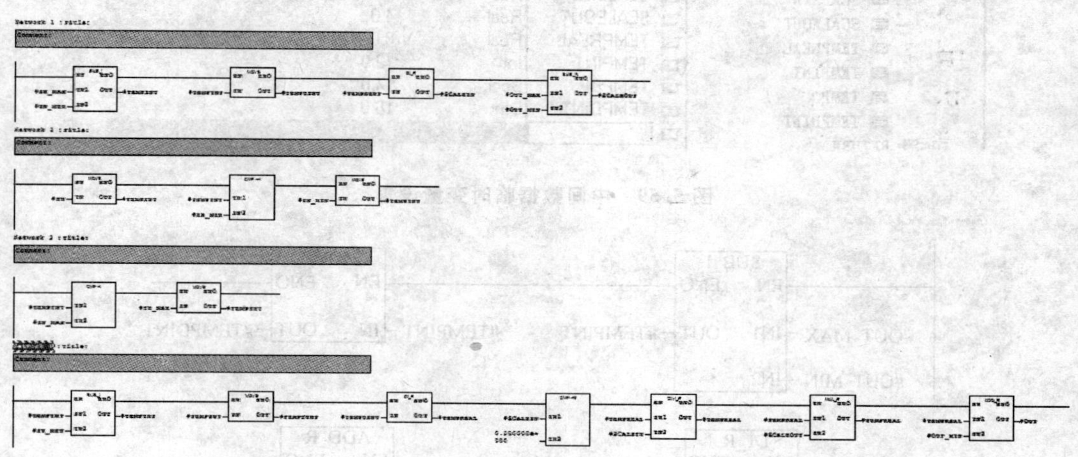

图 5.56　功能的程序全貌

用同样的方法,可以自行创建输出的数值转换功能。它们之间的区别在于:模拟量输入是把 Word 格式的 5 530～27 648 数据输入成为 0～100 Real 值,而模拟量输出则相反,要将 0～100 Real 值输出成为 Word 格式的 5 530～27 648 数据。这里给出程序内容,如图 5.57～图 5.63 所示,供读者参考。

编程完毕后保存,工作区中便添加了 FC201 和 FC202 两个功能,可供使用(见图 5.64)。其中的 FB41 是以前生成的系统 PID 控制块,DB1 是 FB41 的背景数据块,OB1 是主程序组织块。

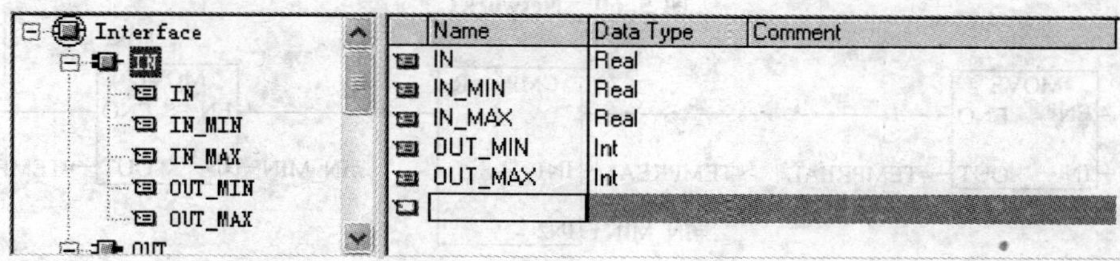

图 5.57　输入临时变量设置

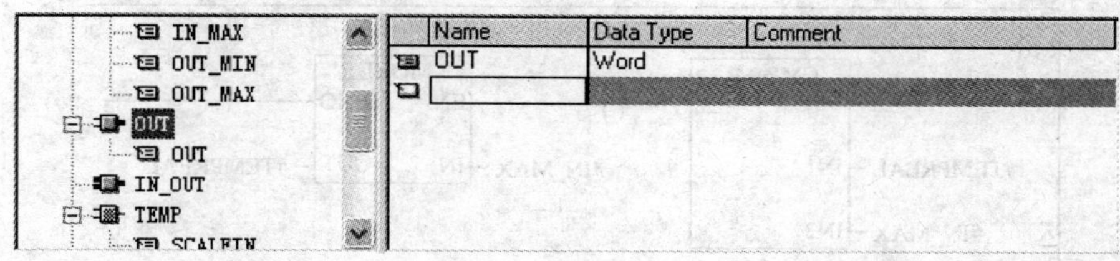

图 5.58　输出临时变量设置

TEMP
- SCALEIN
- SCALEOUT
- TEMPREAL
- TEMPINT
- TEMPO
- TEMPDINT

RETURN

Name	Data Type	Address	Comment
SCALEIN	Real	0.0	
SCALEOUT	Real	4.0	
TEMPREAL	Real	8.0	
TEMPINT	Int	12.0	
TEMPO	Bool	14.0	
TEMPDINT	DInt	16.0	

图 5.59　中间数据临时变量设置

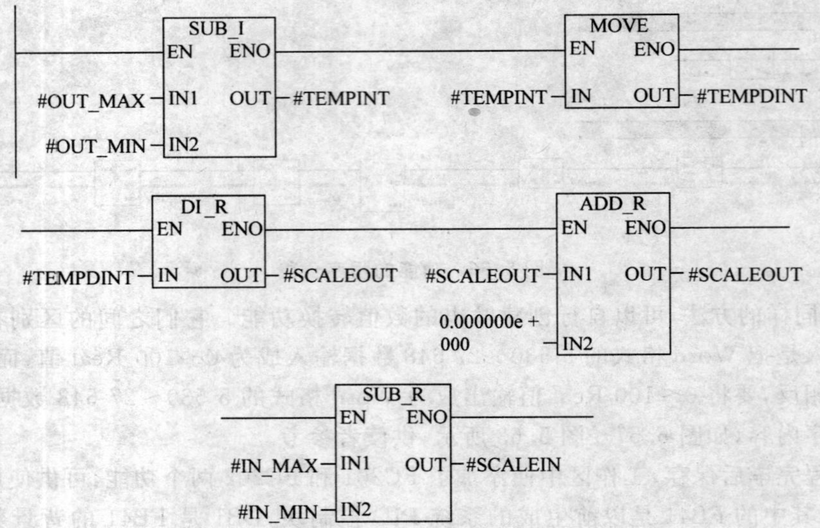

图 5.60　Network1

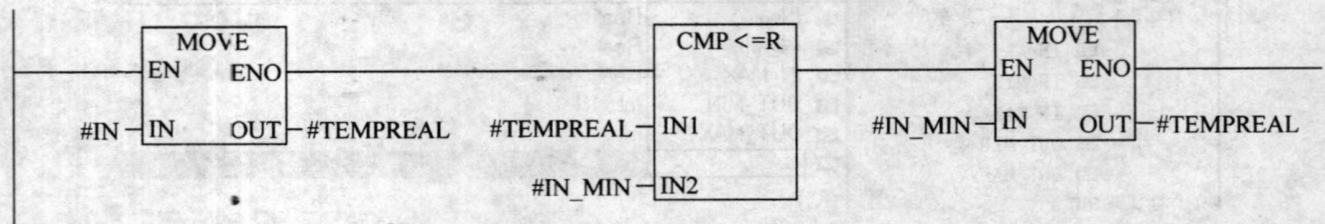

图 5.61　Network2

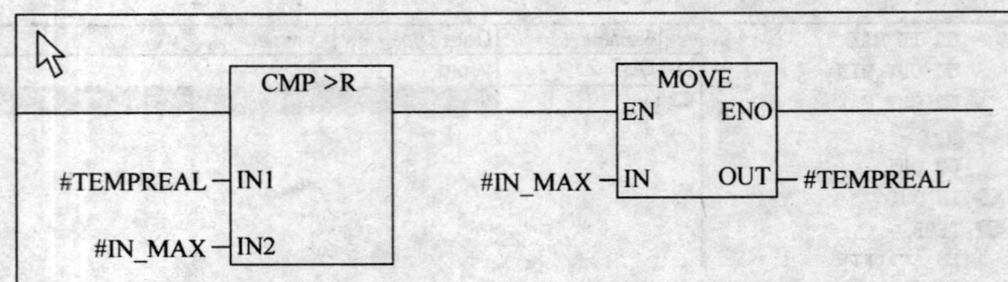

图 5.62　Network3

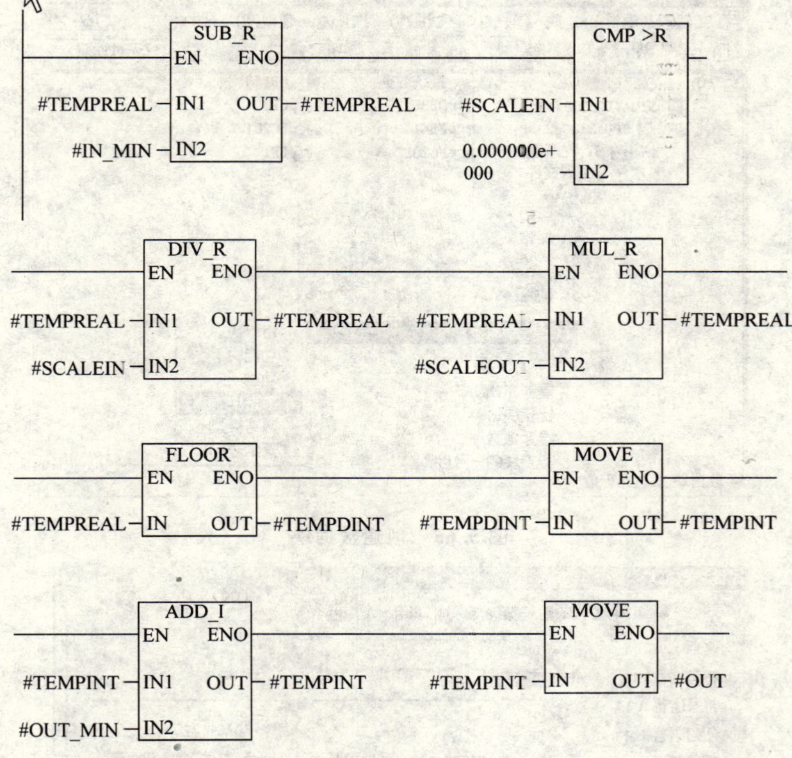

图 5.63　Network 4

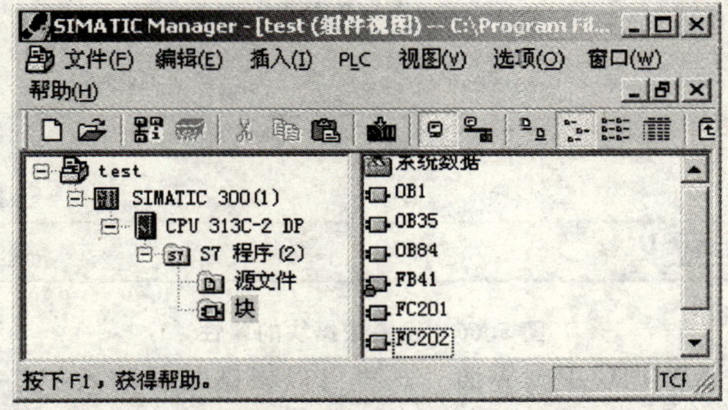

图 5.64　FC201 和 FC202

5. 其他变量定义

在进行 OB1 的正式编程前，需要建立一个用户数据存储块，定义一些在编程中要用到的变量。

在工作区单击右键，插入新对象→数据块，如图 5.65 所示。

在弹出的对话框(图 5.66)中输入名称和符号名，可以根据自己习惯输入。此处输入的是 DB3 和 MYDATA。

SIMATIC Manager - [test (组件视图) -- C:\Program Files\Siemens\Step7...
文件(F) 编辑(E) 插入(I) PLC 视图(V) 选项(O) 窗口(W) 帮助(H)
<无过滤器>
test
SIMATIC 300(1)
CPU 313C-2 DP
S7 程序(2)
源文件
块
系统数据
OB1
OB35
OB84
FB41
FC201
FC202
DB1
剪切 Ctrl+X
复制 Ctrl+C
粘贴 Ctrl+V
删除 Del
插入新对象
PLC
重新布线...
比较块...
参考数据
检查块的一致性...
组织块
功能块
功能
数据块
数据类型
变量表
将数据块插入光标位

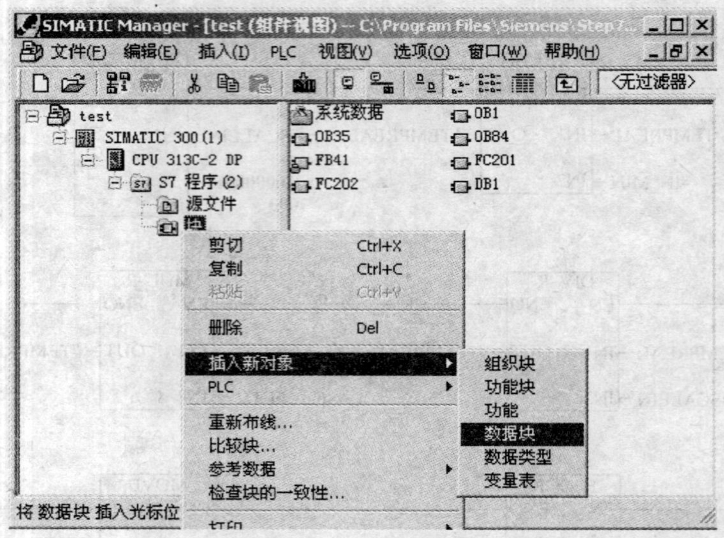

图 5.65　创建数据块

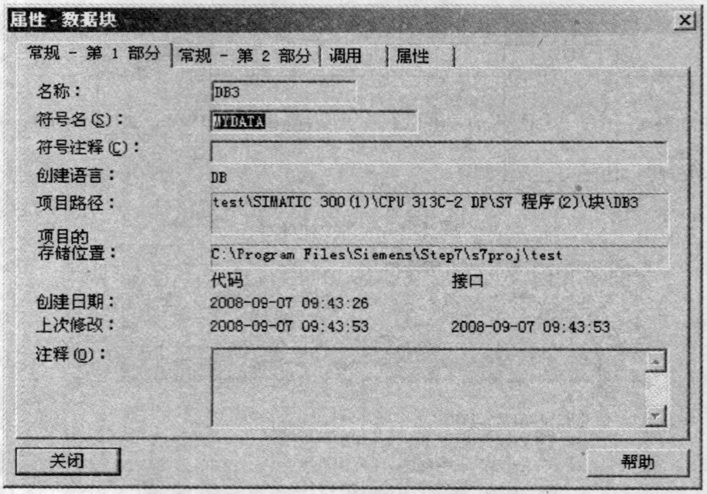

属性 - 数据块
常规 - 第 1 部分
常规 - 第 2 部分
调用
属性
名称：
DB3
符号名(S)：
MYDATA
符号注释(C)：
创建语言：
DB
项目路径：
test\SIMATIC 300(1)\CPU 313C-2 DP\S7 程序(2)\块\DB3
项目的存储位置：
C:\Program Files\Siemens\Step7\s7proj\test
代码
接口
创建日期：
2008-09-07 09:43:26
上次修改：
2008-09-07 09:43:53
2008-09-07 09:43:53
注释(O)：
关闭
帮助

图 5.66　设置数据块的属性

双击 DB3，进入数据块编辑界面。这里可以根据需要输入一些变量，如图 5.67 所示，以便 OB1 主程序存储使用，也可以供组态软件进行监控访问。

右击，选择快捷菜单中的“Declaration Line after Selection”，空一行后进行修改。

地址	名称	类型	初始值	注释
0.0		STRUCT		
+0.0	AIO	REAL	0.000000e+000	AIO
=4.0		END_STRUCT		

图 5.67　插入新的数据行

DB3 中定义需要用到的变量如图 5.68 所示。

地址	名称	类型	初始值	注释
0.0		STRUCT		
+0.0	SET_TRUE	BOOL	TRUE	总是TRUE
+0.1	SET_FALSE	BOOL	FALSE	总是FALSE
+2.0	AI0	REAL	0.000000e+000	AI0
+6.0	AI1	REAL	0.000000e+000	AI1
+10.0	AI2	REAL	0.000000e+000	AI2
+14.0	AI3	REAL	0.000000e+000	AI3
+18.0	AO0	REAL	0.000000e+000	AO0
+22.0	AO1	REAL	0.000000e+000	AO1
+26.0	SN1	BOOL	FALSE	
+26.1	SN2	BOOL	FALSE	
+26.2	START	BOOL	FALSE	
+26.3	STOP	BOOL	FALSE	
+26.4	READY	BOOL	FALSE	
+26.5	CLR	BOOL	FALSE	
+28.0	CTR	REAL	0.000000e+000	
=32.0		END_STRUCT		

图 5.68　DB3 中定义需要用到的变量

其中 SET_TRUE 与 SET_FALSE 这两个符号如果没有外部更改，就总是固定的 TRUE 和 FALSE，以便在程序使用。程序不能对函数的参数直接赋予 TRUE 或 FALSE 值。

6. 主程序 OB1

返回工作区后，双击 OB1，开始编辑主程序。其实经过之前的铺垫，主程序的编写已经是水到渠成的事情了。这里只需做三件事。

(1)将 AI0、AI1 两路模拟量输入转换为 0～100 的实数，再赋值给 MYDATA. AI0(即为 DB3 数据块中的用户自定义变量。也可以表示为 DB3. DBD0)和 MYDATA. AI1，以便组态软件获取这个数据。

(2)调用 PID 运算程序 FB41 CONT_C，同时产生 DB1。

(3)将 PID 运算程序 FB41 输出的控制量 DB1. DBD72 转换为 5 530～27 648 的 Word 字，输出给 AO0。AO1 直接由组态软件给 DB3，从这里输出，因为某些时候需要控制一些其他相关量，比如调压模块。

编出的 OB1 程序如图 5.69～图 5.79 所示。

编辑完成后单击“保存”，OB1 的编程工作就全部完成。整个程序就是三个网络，全部都是由调用函数来实现的。如果不想了解 PID、SCALE 和 UNSCALE 函数的具体实现方法，那么整个程序就更简单了。

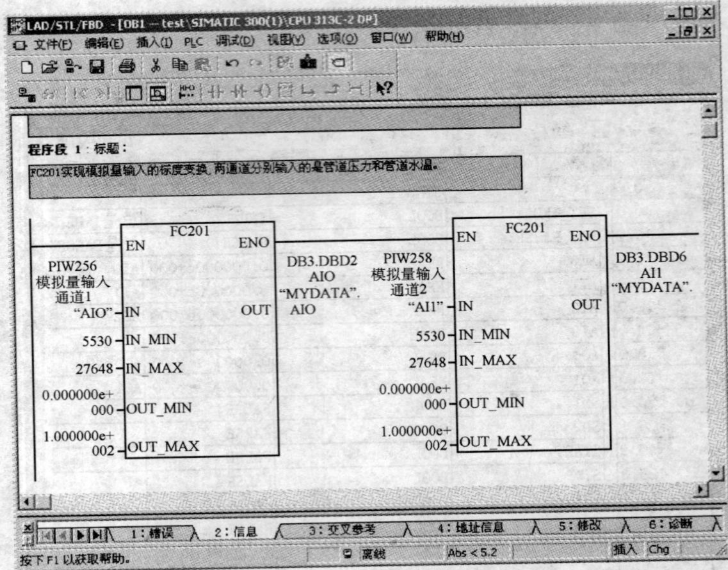

图 5.69　OB1 的 Network 1

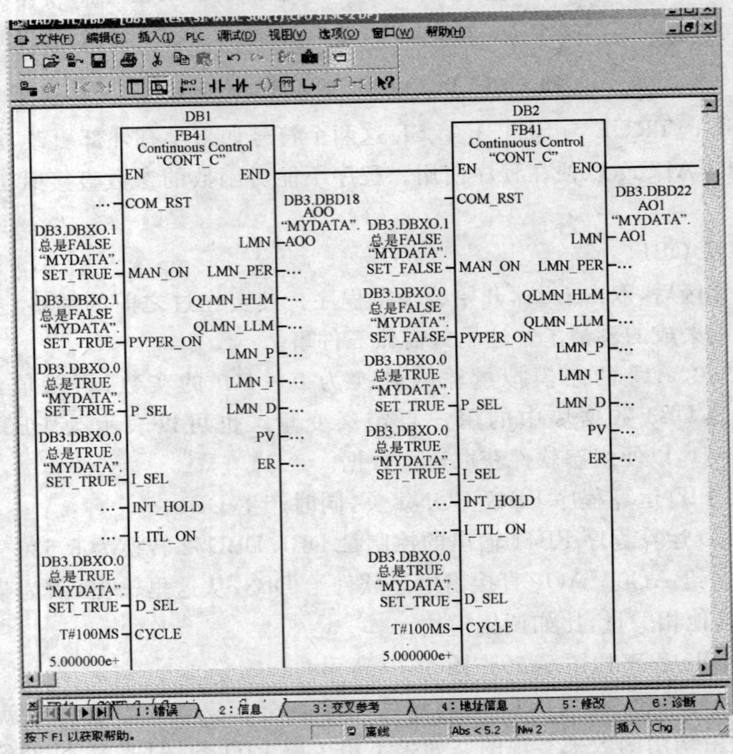

图 5.70　OB1 的 Network 2

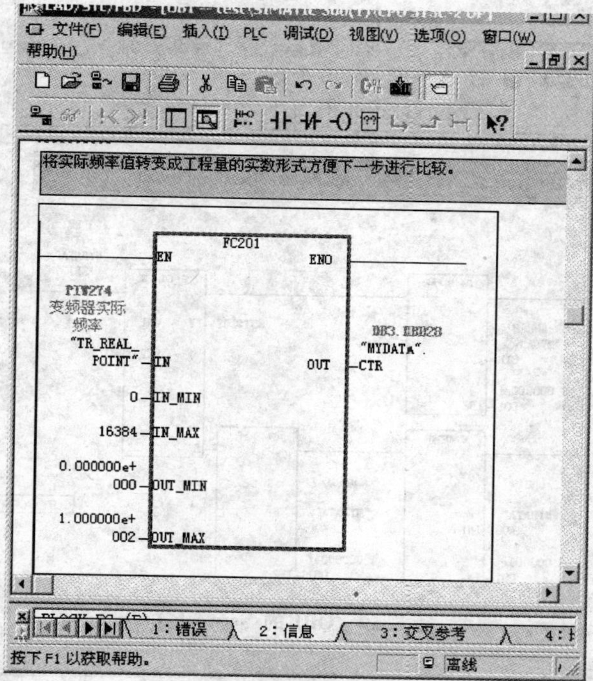

图 5.71　OB1 的 Network 3

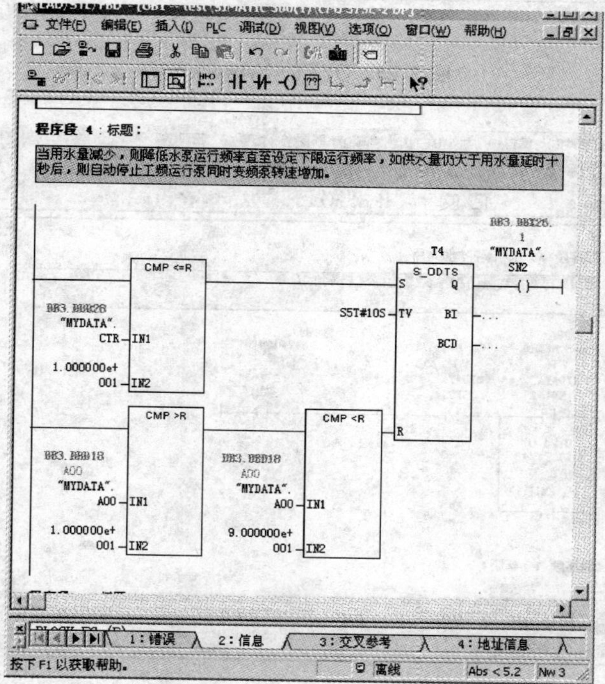

图 5.72　OB1 的 Network 4

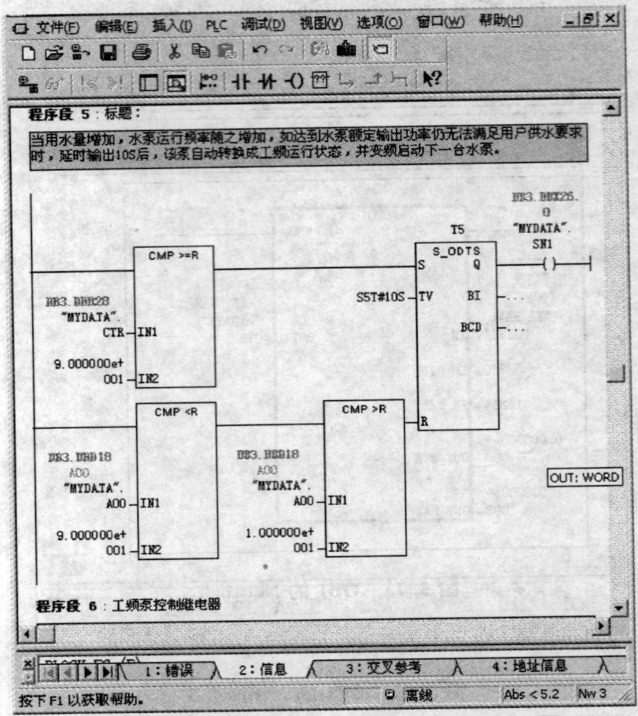

图 5.73　OB1 的 Network 5

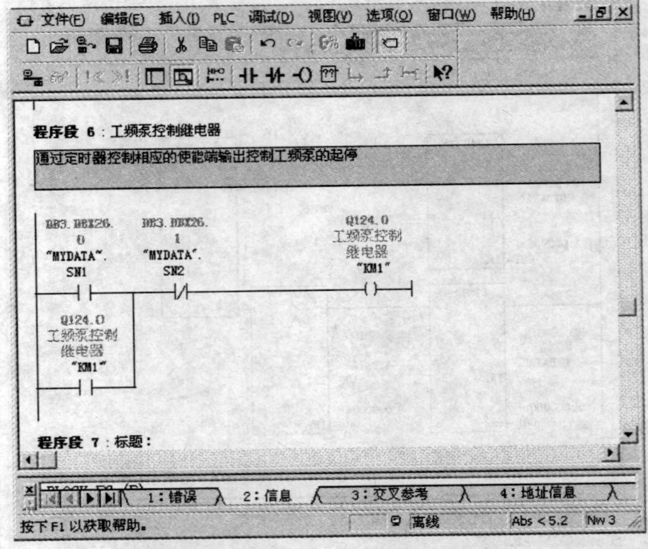

图 5.74　OB1 的 Network 6

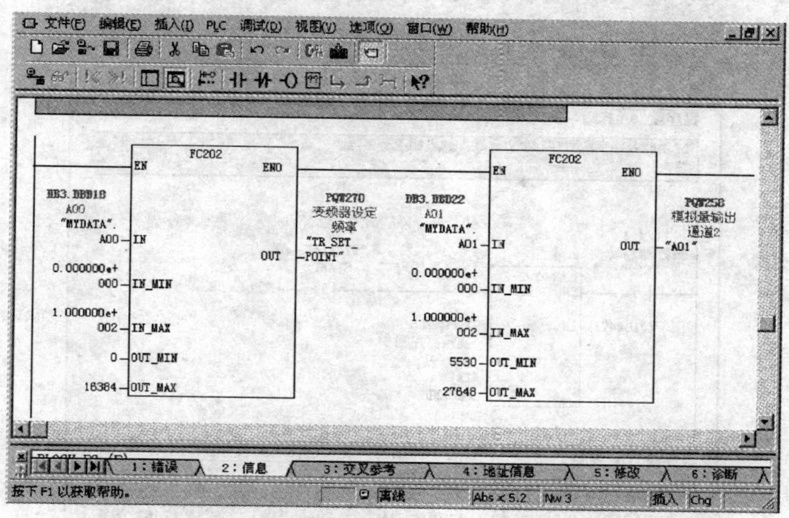

图 5.75　OB1 的 Network 7

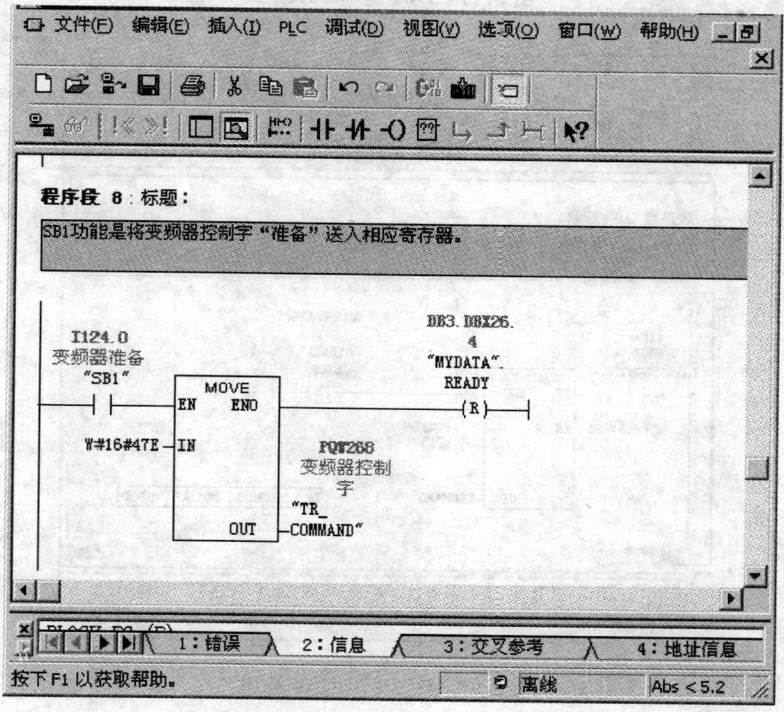

图 5.76　OB1 的 Network 8

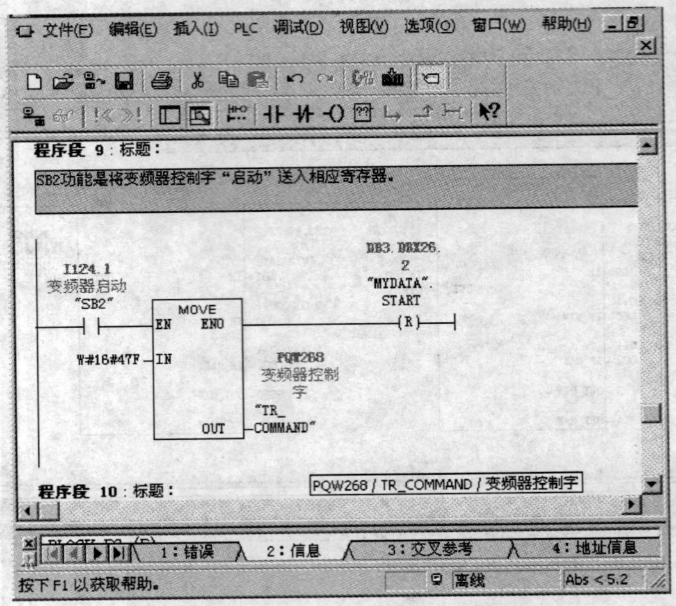

图 5.77 OB1 的 Network 9

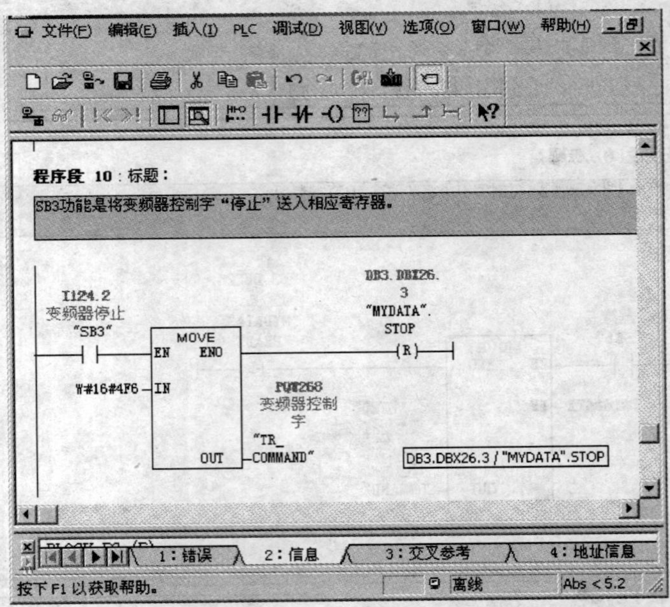

图 5.78 OB1 的 Network 10

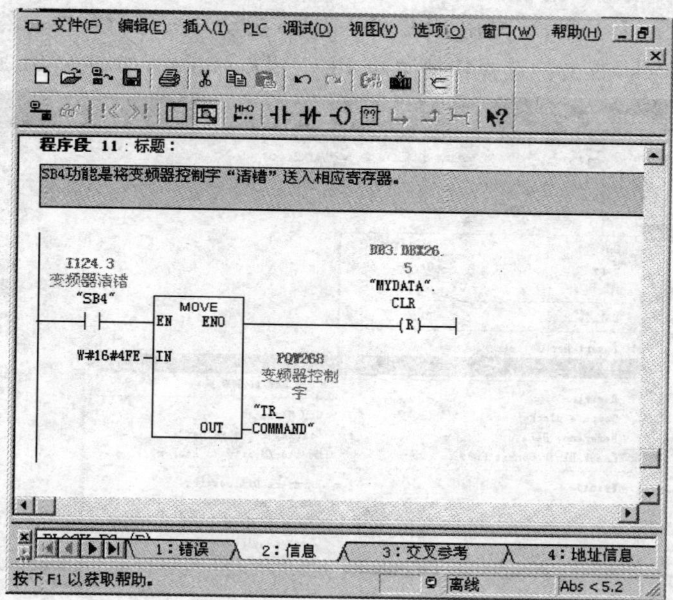

图 5.79　OB1 的 Network 11

实际上，如果做一个工程，程序比较多，准确性要求比较高时，则建议把网络 2 放到 OB35 中。OB35 默认 100 ms 执行一次，你可以让 PID 按照 100、200、500 ms 等速度运行。

OB35 周期可以修改。在硬件组态中，选择 CPU，右击，在属性窗口中选择“周期性中断”属性页，如图 5.80 所示。

属性 - CPU 313C-2 DP - (R0/S2)

常规 | 启动 | 周期/时钟存储器 | 保留存储器 | 中断 | 时刻中断 | 周期性中断 | 诊断/时钟 | 保护 | 通讯

	优先级	执行	相位偏移量	单位	过程映像分区
OB30:	0	5000	0	ms	---
OB31:	0	2000	0	ms	---
OB32:	0	1000	0	ms	---
OB33:	0	500	0	ms	---
OB34:	0	200	0	ms	---
OB35:	12	100	0	ms	---
OB36:	0	50	0	ms	---
OB37:	0	20	0	ms	---
OB38:	0	10	0	ms	---

确定　取消　帮助

图 5.80　修改 OB35 周期

如果是第一个下载，首先用PLC的MRES拨动开关进行复位。然后在Manager窗口选择Block，右击。选择快捷菜单PLC→Download，如图5.81所示。

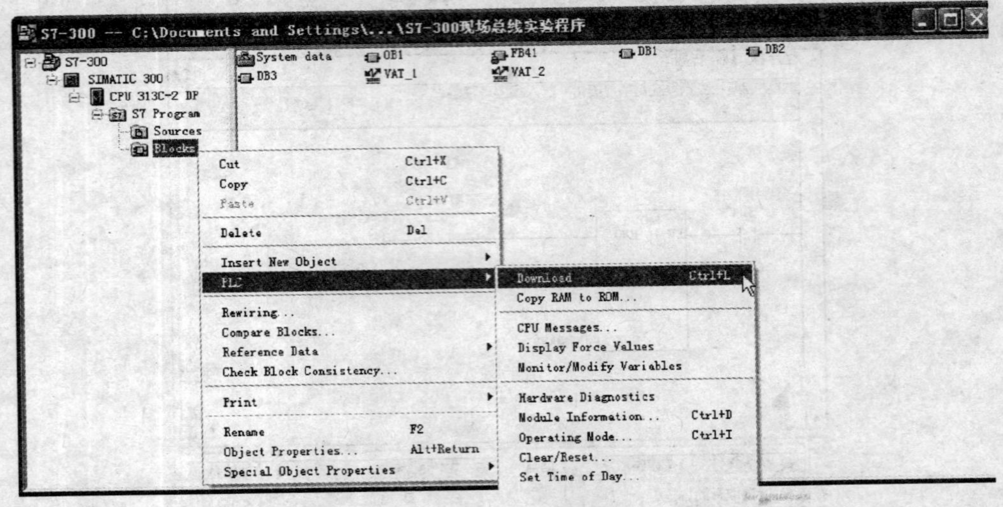

图5.81 下载程序

实现整个程序块(包括System Data以及所有OB、FB、DB)的下载前最好先清除CPU。如果出现停机和故障，也可以先清除CPU，而后再重新下载。

如果不容易调试，可以把程序一段段复制到一个新的工程中，然后下载、运行。

如果原来下载过，现在只是修改了某个程序块，则可以只下载指定的模块。下载时如果PLC处于RUN状态，则会被停止，完成下载后可以再次进入RUN状态，或者下载后把S7-300的模式开关拨到"RUN"。

(三)建立组态

使用SIMATIC WinCC flexible 2007建立组态。

1. 新建恒温恒压供水系统人机界面组态工程

新建一文件夹，命名为：zutai。打开SIMATIC WinCC flexible 2007，进入WinCC flexible欢迎界面，如图5.82所示。如果不知道如何新建一个组态程序，可以在欢迎界面新建新项目向导中得到帮助。

在上面的对话框中点击创建一个空白项目，点击该项后会出现如图5.83所示的界面。

此时进入新建工程程序，向导提示选择设备。设备型号是根据需要而选择的。如用OP 177 PN/DP触摸屏作为人机界面，点击Panels前面的"+"号，出现型号选择对话框，如图5.84所示。如选择型号OP 177 PN/DP，可点击170前面的"+"号，便出现所选择的型号OP 177 PN/DP。

点击OP 177 PN/DP，再点击"确定"，便可进入需要组态的新工程中。

新建工程默认一个新画面，名称为：画面_1，如图5.85所示。

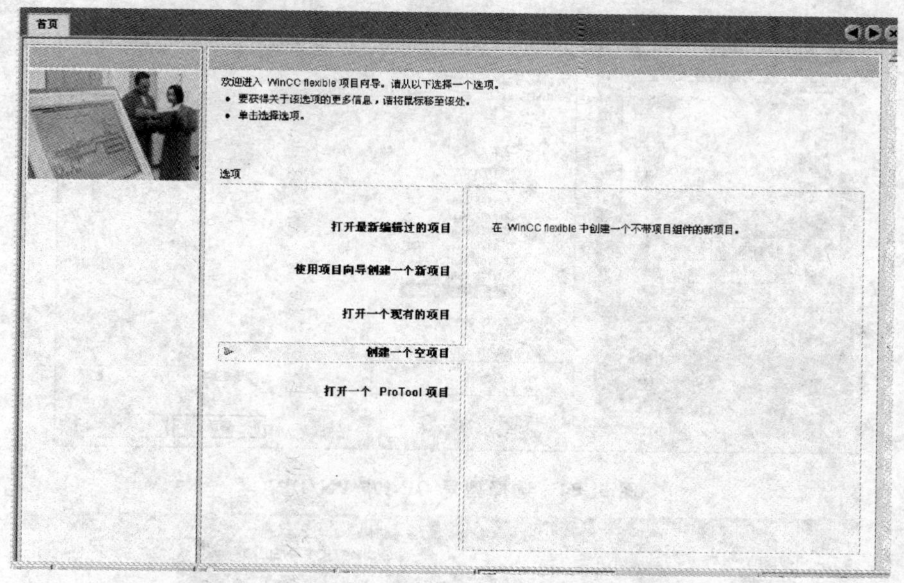

图 5.82　欢迎界面

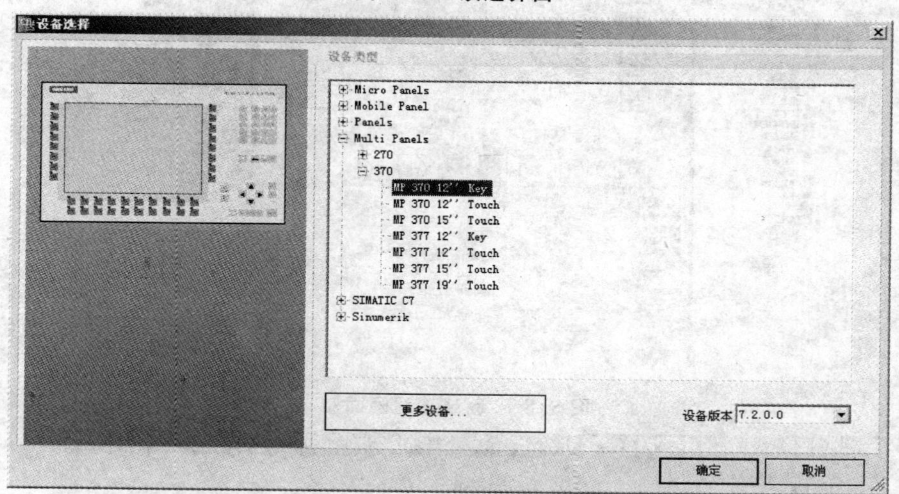

图 5.83　创建空白项目

2. 通信设置

双击图 5.85 左边菜单中“通信”子菜单中的“连接”，出现如图 5.86 所示的对话框，即恒温恒压供水系统控制器用的西门子 S7－300PLC，点击图 5.86 中间名称下面的空白格，出现通信设置的窗口。

可以重命名该连接器名称(如 S7－300)。由于所用的控制器是 S7－300PLC，在通信驱动程序中需要选择 SIMATIC S7 300/400，它指的是 S7－300PLC 和触摸屏通信的意思，在在线的选项中选择“开”。接着在图 5.87 所示窗口中设置参数。

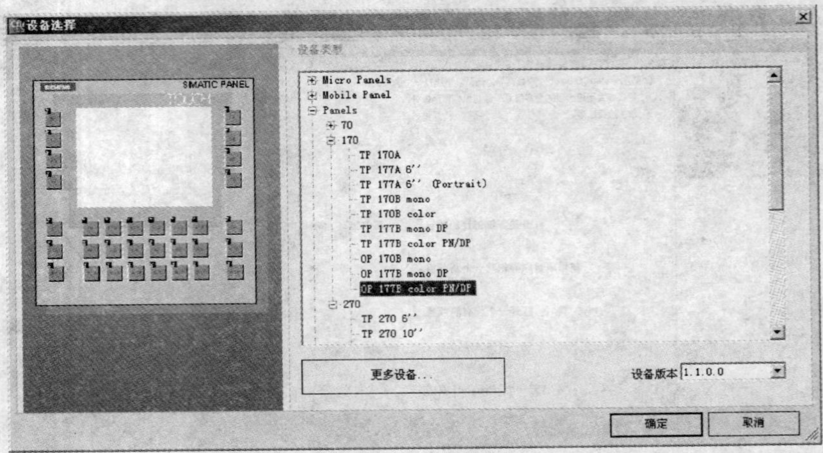

图 5.84　选择型号 OP 177 PN/DP

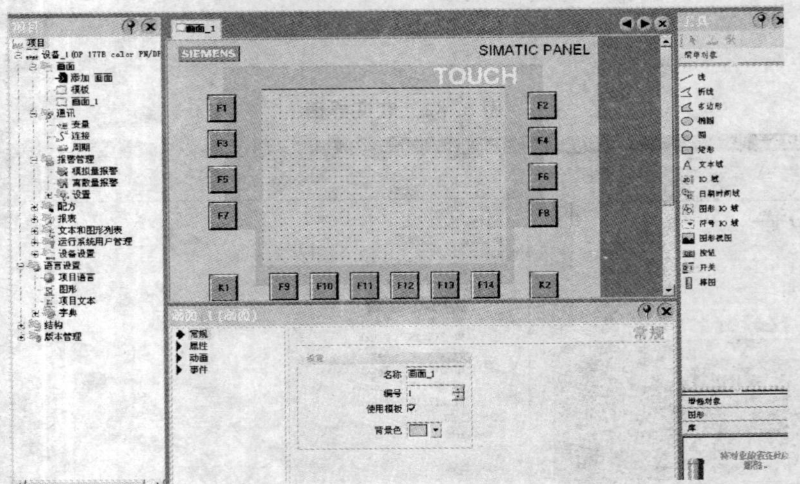

图 5.85　新建工程画面_1

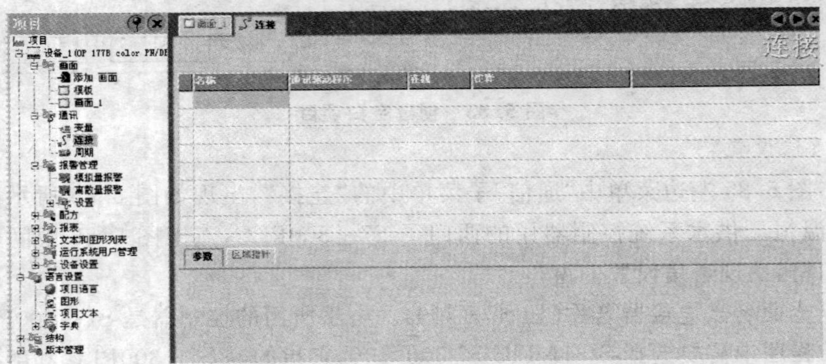

图 5.86　通信设置

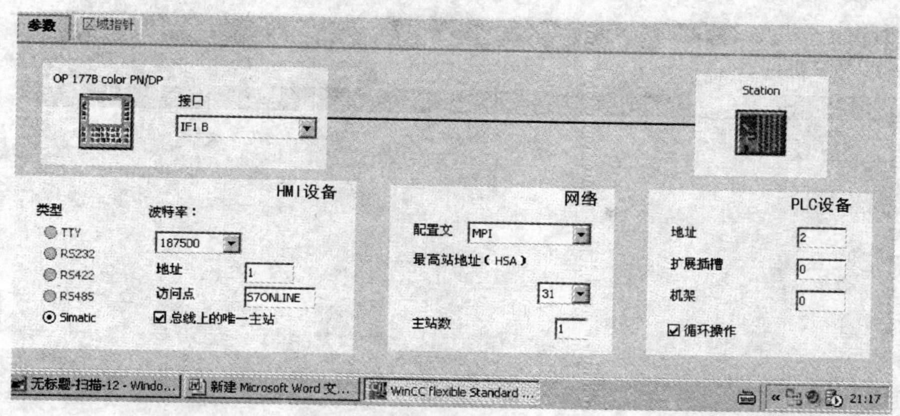

图 5.87　设置参数

在接口选项中，可以选择 PLC 和触摸屏通信接口。该项目中用的是 IFB1 口，即选择 IFB1。类型选择 Simatic。波特率根据通信要求选择，一般选择 187500。此处的地址指的是触摸屏的地址，一般设定为 1，其他默认即可。

网络指的是触摸屏和 PLC 的通信方式，在配置文件中选择，默认为 MPI，因使用 DP 总线通信，故选择 DP。其他默认即可。

如果不是根据具体需求设置 PLC 的地址，有一台 PLC 默认即可。但触摸屏、PC 机和各台 PLC 之间的地址不能重合。

3. 建立变量

点击如图 5.88 所示左边框通信子菜单中的变量选项，以进行变量的设置。变量表设置的对话框如图 5.89 所示。

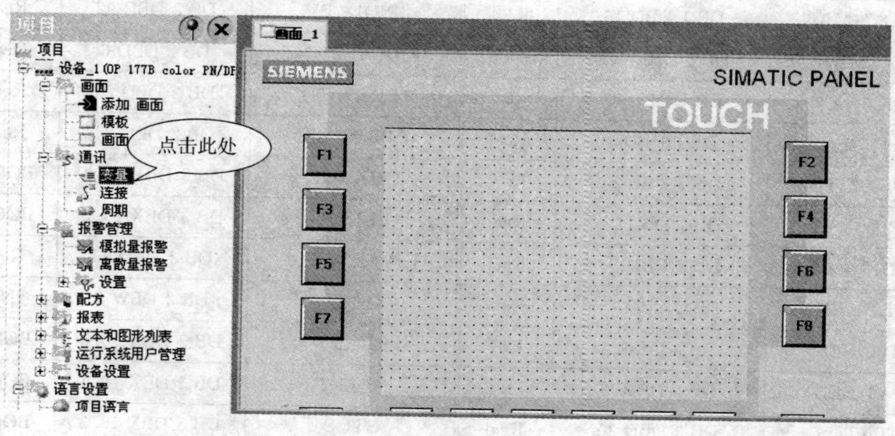

图 5.88　建立变量

图 5.89 中的“名称”是用到的变量的名称。可以将所用的变量命名为：PID0_PV（即是自己命名的 PID0 的 PV 值）；PV 值的数据类型是实数，在“数据类型”中选择 REAL；“连接”是选择需要连接的对象，连接子菜单中已经建立了一个控制器 S7 -

图 5.89 变量表设置

300，此处只需选择 S7－300 就可以了，此变量对应的变量地址是程序中 PID0 的背景数据块 DB1 中的 DB1. DBD20。“采集周期”最好选择 1 s，因为采集周期太小，频繁的扫描会导致触摸屏出现死机现象。“注释”是根据需要添加的，只在变量表中显示，所以可以不添加注释。本组态程序用到的变量如表 5.3 所示。变量名称含义可参阅组态程序变量表。

表 5.3 变量

变量名称	地址	数据类型	变量名称	地址	数据类型
"PID0". GAIN	DB 1 DBD 20	Real	"PID1". MAN	DB 2 DBD 16	Real
"PID0". LMN	DB 1 DBD 72	Real	"PID1". MAN_on	DB 2 DBX 0. 1	BOOL
"PID0". MAN	DB 1 DBD 16	Real	"PID1". PV	DB 2 DBD 92	Real
"PID0". MAN_on	DB 1 DBX 0. 1	BOOL	"PID1". SP_INT	DB 2 DBD 6	Real
"PID0". PV	DB 1 DBD 92	Real	"PID1". TD	DB 2 DBD 28	Real
"PID0". SP_INT	DB 1 DBD 6	Real	"PID1". TI	DB 2 DBD 24	Real
"PID0". TD	DB 1 DBD 28	Real	CHANGE	DB 3 DBX 10. 4	BOOL
"PID0". TI	DB 1 DBD 24	Real	CLERA	DB 3 DBX 10. 2	BOOL
"PID1". GAIN	DB 2 DBD 20	Real	INVERTET_0	DB 3 DBD 36	Real
"PID1". LMN	DB 2 DBD 72	Real	MV_SEL	DB 3 DBW 8	INT
PV0_SEL	DB 3 DBW 4	INT	READY	DB 3 DBX 10. 0	BOOL
PV1_SEL	DB 3 DBW 6	INT	START	DB 3.DBX 10. 1	BOOL
STATUS	DB 3 DBD 20	Real	STOP	DB 3 DBX 10. 3	BOOL
TR_REAL_F－REQUENT	DB 3 DBD 16	Real	TR_SET_FRE－QUENT	DB 3 DBD 12	Real

4. 画面的建立和设置

新工程建立后，即默认一个画面，名称为“画面_1”。也可以重命名该画面的名称。根据项目的需要决定应建立画面的数量。在恒温恒压供水系统中需要两个画面:一个是主画面(打开运行系统即可进入主画面),另一个是操作画面(在主画面中做个链接即可进入操作画面)。

选择“画面_1”,仔细观察画面的组成,其左边、右边和下边都由按键组成,中间是触摸屏的屏,组态就建立在该屏上。按键的作用可以与组态画面中的按钮实现共同的功能,此处不作介绍。

点击右侧工具栏中简单对象子菜单,此菜单中有需要用的组态工具,可以在此处选择组态工具中需要的选项。

要在组态画面中注释文字时,可双击文本域,鼠标将变成一个十字光标,把光标放在所需要的地方,出现如图 5.90 所示的画面。

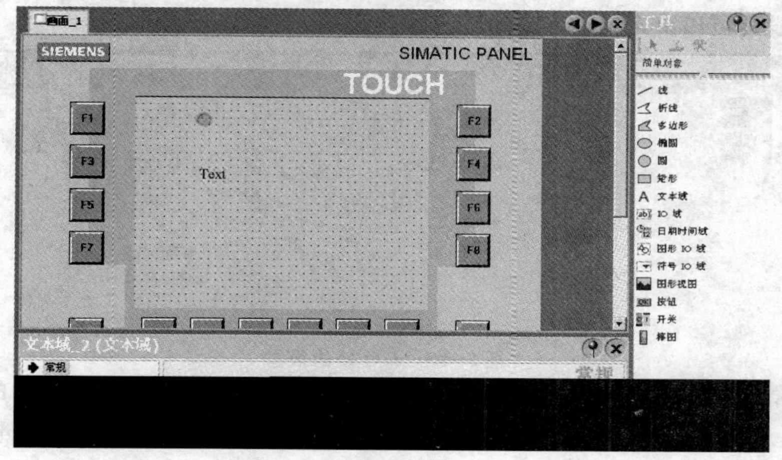

图 5.90　注释文字

图 5.90 主画面中出现“Text”(文本),下边也会出现文本域对话框,点击对话框中的“Text”,可以把它修改为所需要的文字,如“威海职业技术学院机电系”,点击组态画面即完成文本域设置。如果想改变文字的大小和颜色,点击属性菜单第一项“外观”,即可以修改文字的颜色等,如图 5.91 所示。

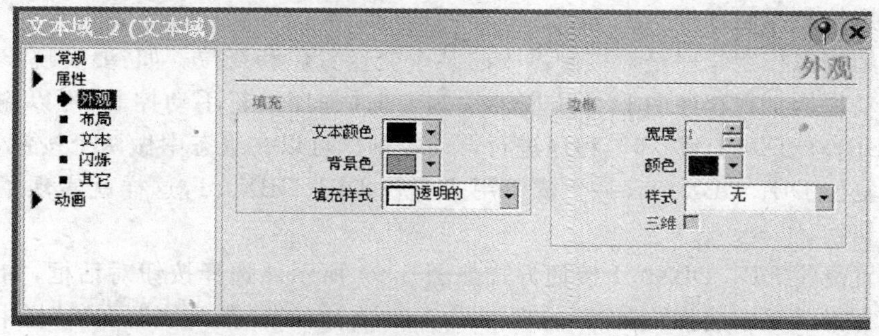

图 5.91　外观的设置

点击属性菜单“文本”,可以修改文字样式和对齐方式,如图 5.92 所示。

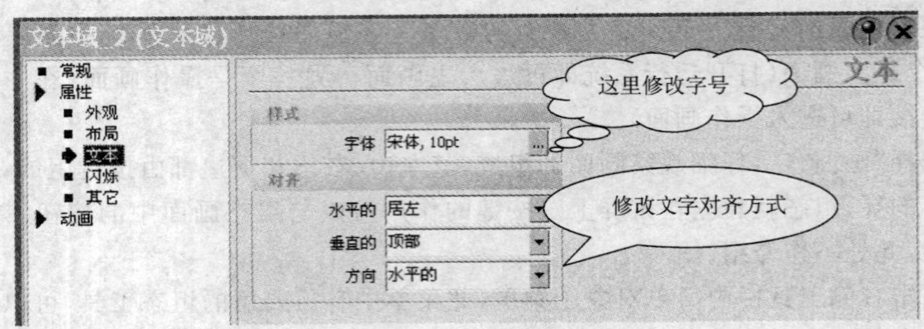

图 5.92　修改文字样式和对齐方式

5. I/O 域的设置

I/O 域中需要设置的主要是模拟量的输入和输出。设置 I/O 域用的是同一个标号，通过设置可以决定是输入还是输出。其设置如图 5.93 所示。

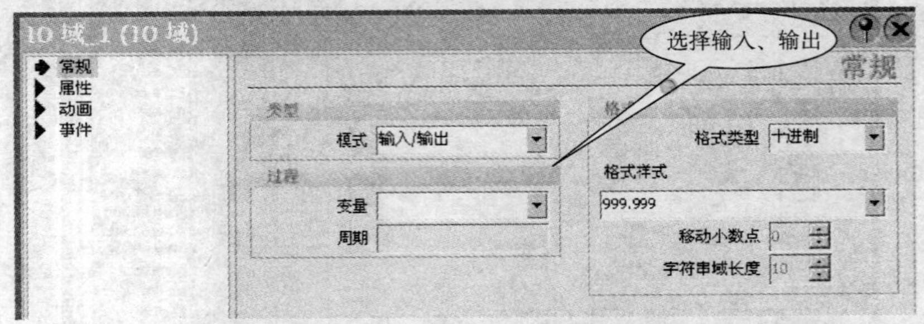

图 5.93　I/O 域的设置

按照提示可以选择输入和输出。在“格式类型”中可以选择数据显示的类型，这里用的是十进制。在“变量”中选择需要连接的变量，在“格式样式”中按照默认格式输入需要显示的格式。在组态画面中点击空白即完成了一个 I/O 点的设置。

按照此方法依次设置其他 I/O 点，并对应用文字加以注释。

6. 按钮的设置

按钮的作用有两种，一种用来与程序对应实现程序控制；一种用来组态画面之间的切换和退出。

1)用按钮控制程序

使用按钮控制程序是对控制器中的某个变量置位和复位。如：要实现 PID 的自动和手动切换。在程序中 DB1. DBX0. 1 为 1 时，程序进行手动控制，可以输入手动值；当 DB1. DBX0. 1 为 0 时，程序进行自动控制。可以在组态中做两个按钮，一个按钮用来复位 DB1. DBX0. 1，一个按钮用来置位 DB1. DBX0. 1，这样就实现了自动和手动的切换。

设置复位 DB1. DBX0. 1 按钮方式如图 5.94 所示。选择按钮对话框，如图 5.94 所示。在对话框中选择“事件”，出现如图 5.94 右边的“函数列表”，在“1”栏中选择或者输入函数“Reset Bit”，变量中选择“PIDO”. MAN _ on，点击组态画面空白处，按钮就设置完毕；如需要置位，选择函数为“SetBit”。

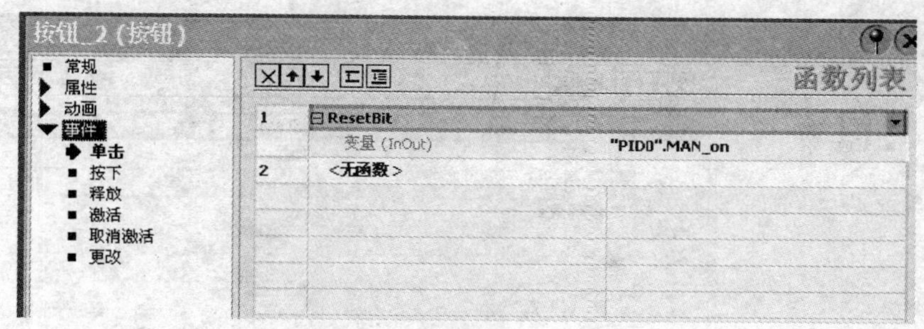

图 5.94　设置复位按钮方式

2)用按钮控制画面的切换

一个组态程序中，根据需要可能设置一个以上的画面，那就要进行画面之间的切换。用一个按钮连接上对应的函数或画面变量就可以实现画面的切换。

选择一个按钮，出现图 5.94 所示对话框，在函数选择栏中选择函数“Activate-Screen”，“变量”中选需要切换的画面，即完成了画面切换的设置；如果需要实现退出系统的功能，在函数选择栏中选择函数“StopRuntime ”即可。

7. 触摸屏屏边按键的设置

图 5.95 所示触摸屏屏边按键可以与屏中某些按钮实现同一功能。当按键没有设置功能时，按键左上角为绿色。当设置功能连接变量后就变成黄色。设置方式如下。

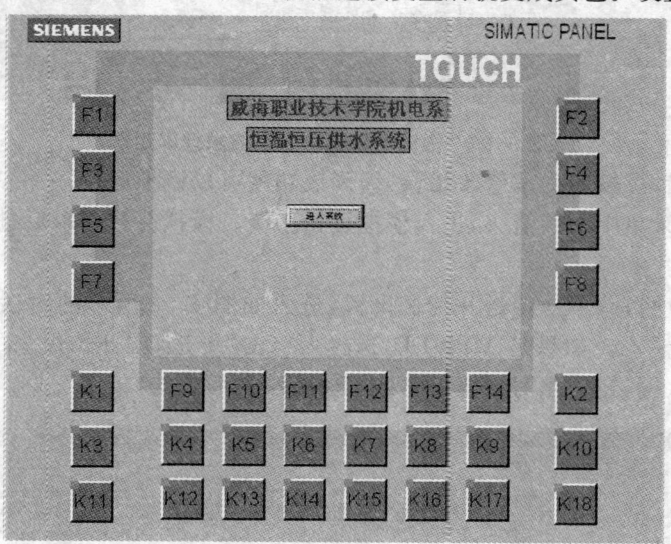

图 5.95　按键

(1)点击需要设置的按键，出现如图 5.96 所示的对话框。可以看到，按键设置窗口与按钮设置窗口基本相同。在对话框中选择切换画面函数或者退出相同函数即可。至此，恒温恒压供水系统触摸屏组态建立完毕，窗口如图 5.97 所示。

(2)下一步进行组态编译和模拟运行。点击项目菜单中的编译器→生成进行编

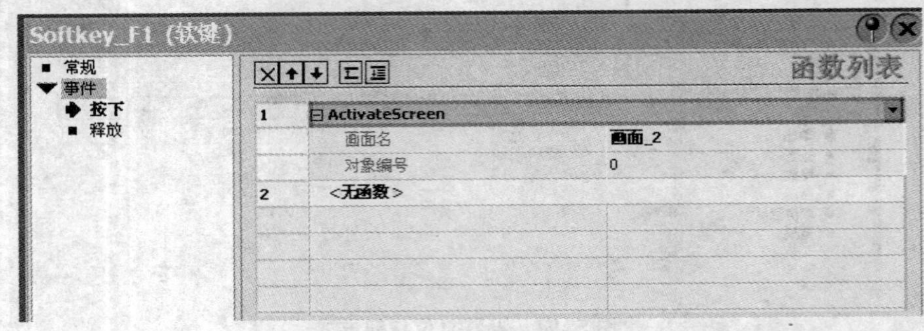

图 5.96　设置的按键

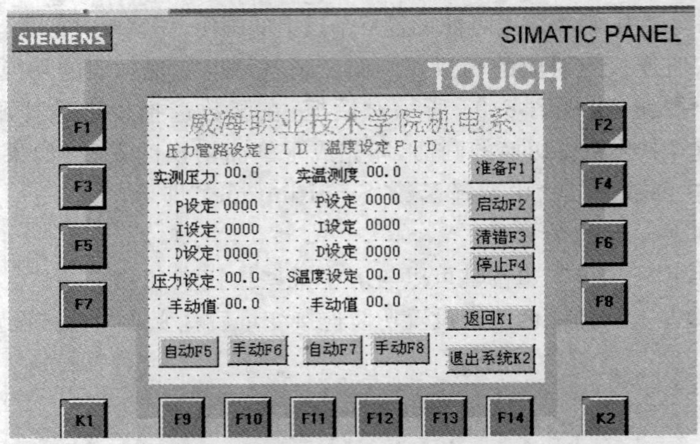

图 5.97　恒温恒压供水泵系统触摸屏组态

译。如果有错,可按照提示修改错误,编译成功就可以模拟运行。

(3)点击菜单中的斜箭头,进入模拟运行系统。模拟符合要求后进行组态程序的下载。

(4)点击项目菜单→传送→传送设置,进入如图 5.98 所示的对话框。在“模式”中,选择下载模式。如果是 MPI/DP,选择后点击“传送”就开始组态的下载;如果下载模式是以太网,还需填写计算机名或 IP 地址,然后点击“传送”。

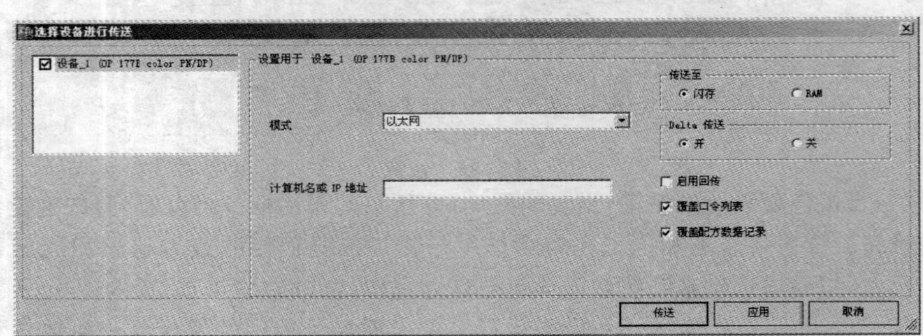

图 5.98　传送设置

附 图

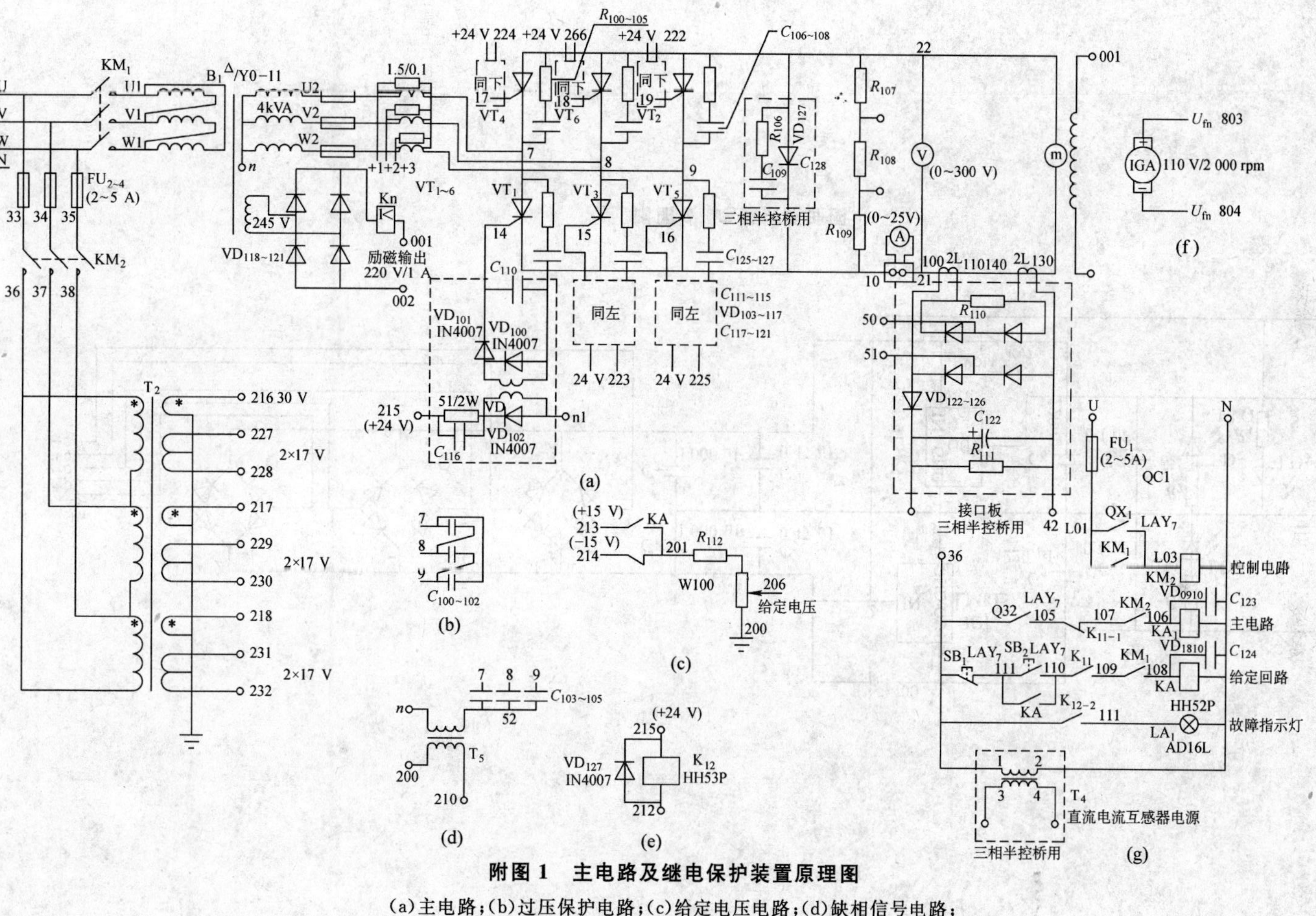

附图1 主电路及继电保护装置原理图

(a)主电路；(b)过压保护电路；(c)给定电压电路；(d)缺相信号电路；(e)保护继电器；(f)测速发电机；(g)继电控制电路

213
+15 V
200
0 V
214
−15 V
215
+24 V
S2
S1
S3
LD1
LD2
LD3
R3 2 kΩ
R2 2 kΩ
R3 4.1 kΩ
C7 0.1 μF
C8 0.1 μF
C5 220 μF
C6 220 μF
IC1 LM815
GND OUT
IN
IC2 LM7915
GND
OUT
IN
VD14 4007
400
C3 0.47 μF
C4 0.47 μF
C1 1 000 μF
C2 1 000 μF
Q1
Q2
Q3
+a
−a
+b
−b
+c
−c

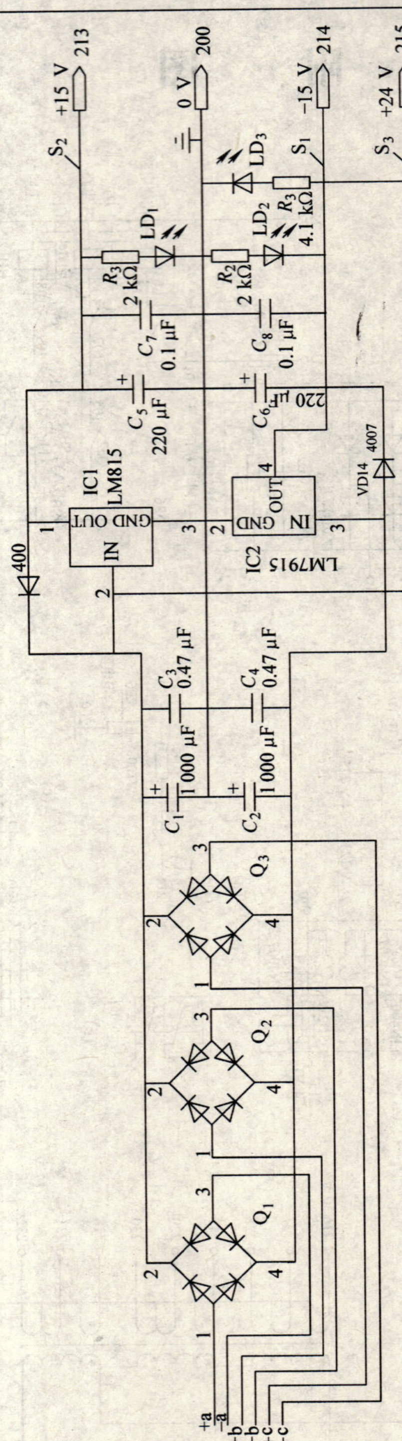

附图 2　电源板原理图

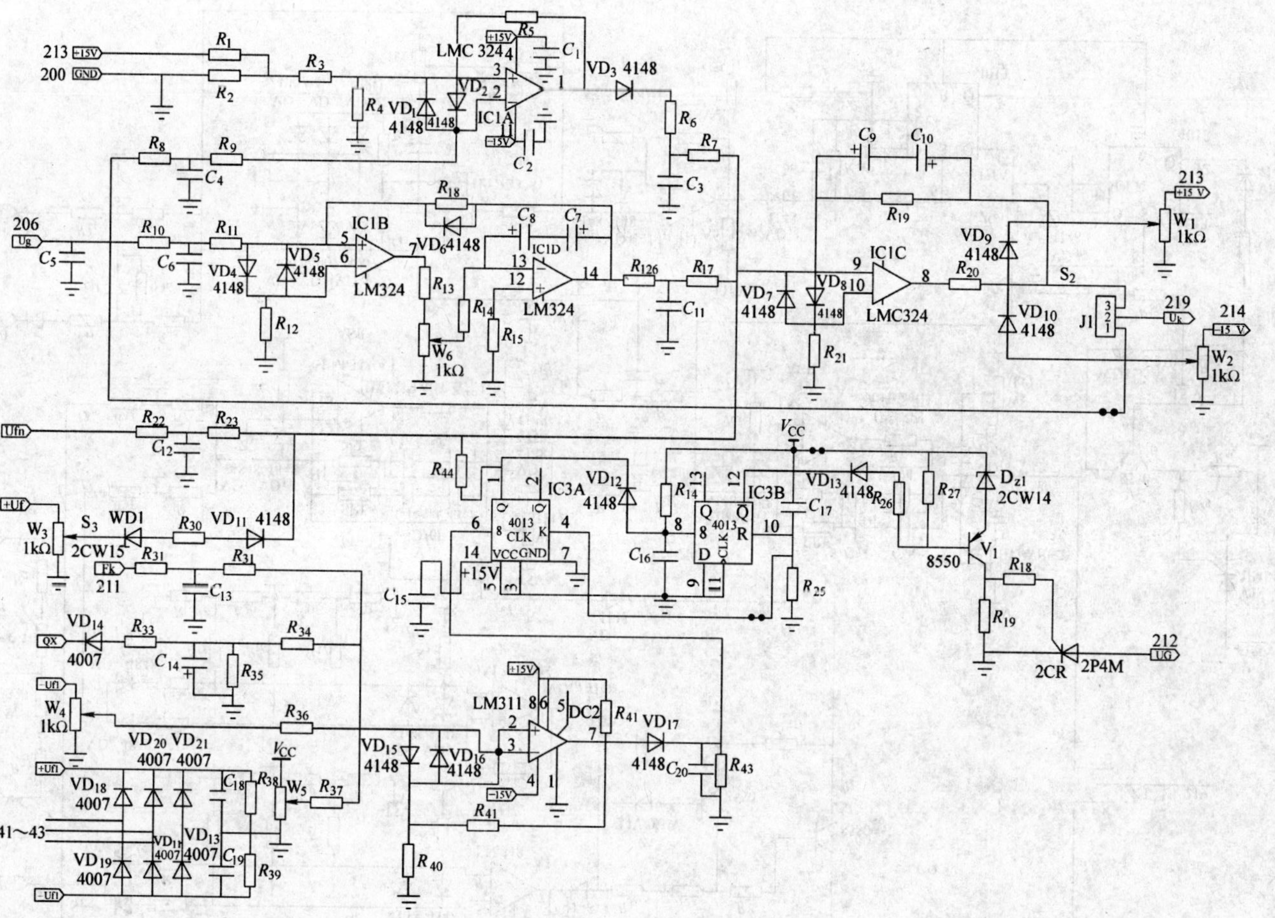

附图 3　单闭环调节板原理图

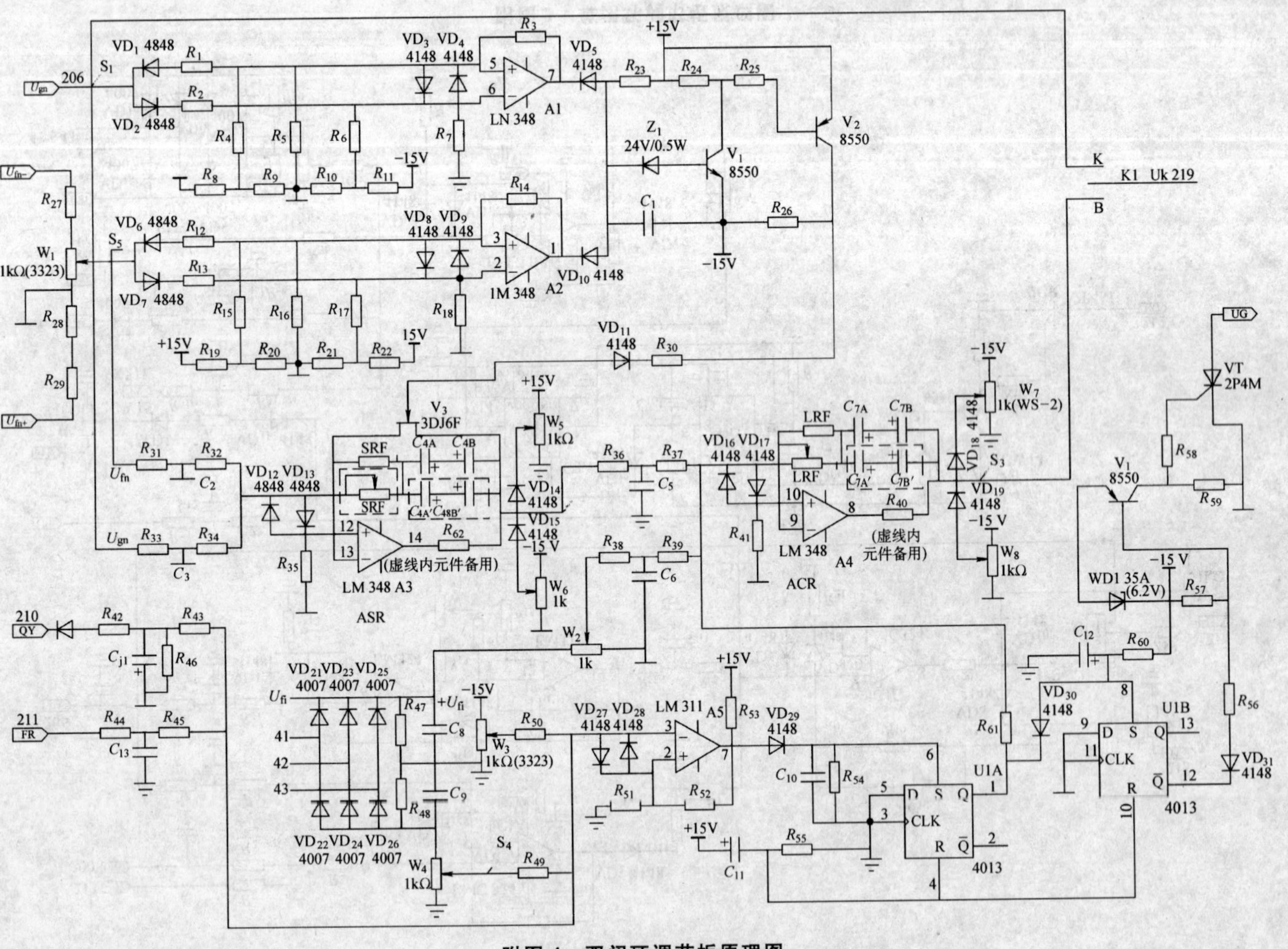

附图 4 双闭环调节板原理图

213
+15V
214
-15 V
W3
R29
R30
83
C8
C9
R31
IC3 RC04
R32
R33
218
R34
C10
R35
R36
W2
R17
R16
S2
C4
C5
C6
R17
R18
R19
217
R20
C7
R21
R22
W1
R1
R2
W4
S4
S1
C1
C5
R3
IC1 RC04
R4
R5
216
R6
C2
UK
R7
219
R8
C11
VD13 4148
VD14 4148
VD15 4148
VD16 4148
VD7 4148
VD8 4148
R23
R24
VD9 4148
VD10 4148
VD1 4148
VD2 4148
R9
R10
VD3
4148
VD4
4148
R39
R40
VD17
4148
V6 30K4D
226
R41
R42
VD18
4148
V5
30K4D
225
R15
R26
VD11
4148
V4
30K4D
224
R27
R18
VD12
4148
V3
30K4D
113
R11
R12
VD5
4848
V2
30K4D
111
R13
R14
VD6
4148
V1 3DK4D
221

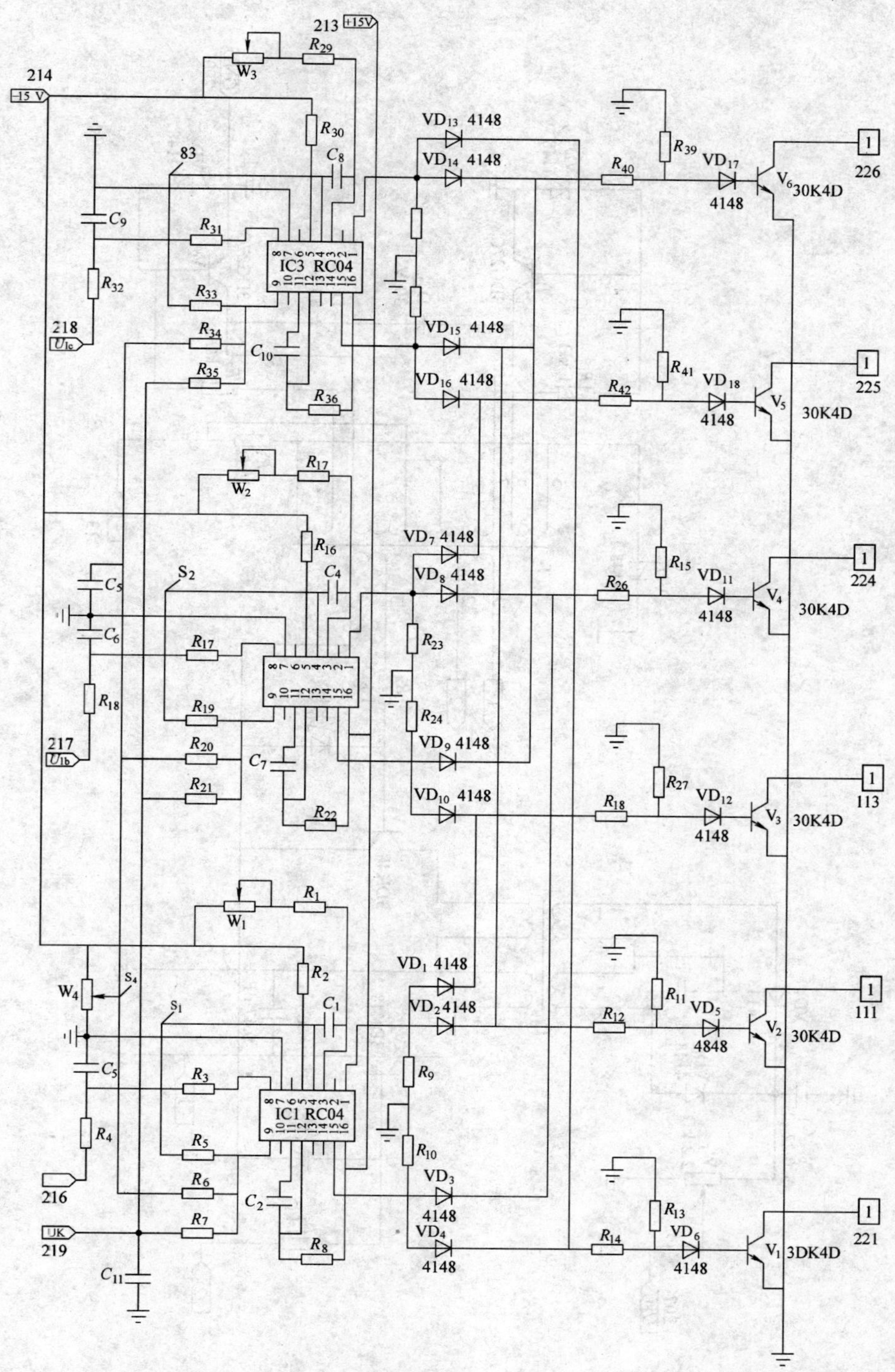

附图 5　触发板原理图

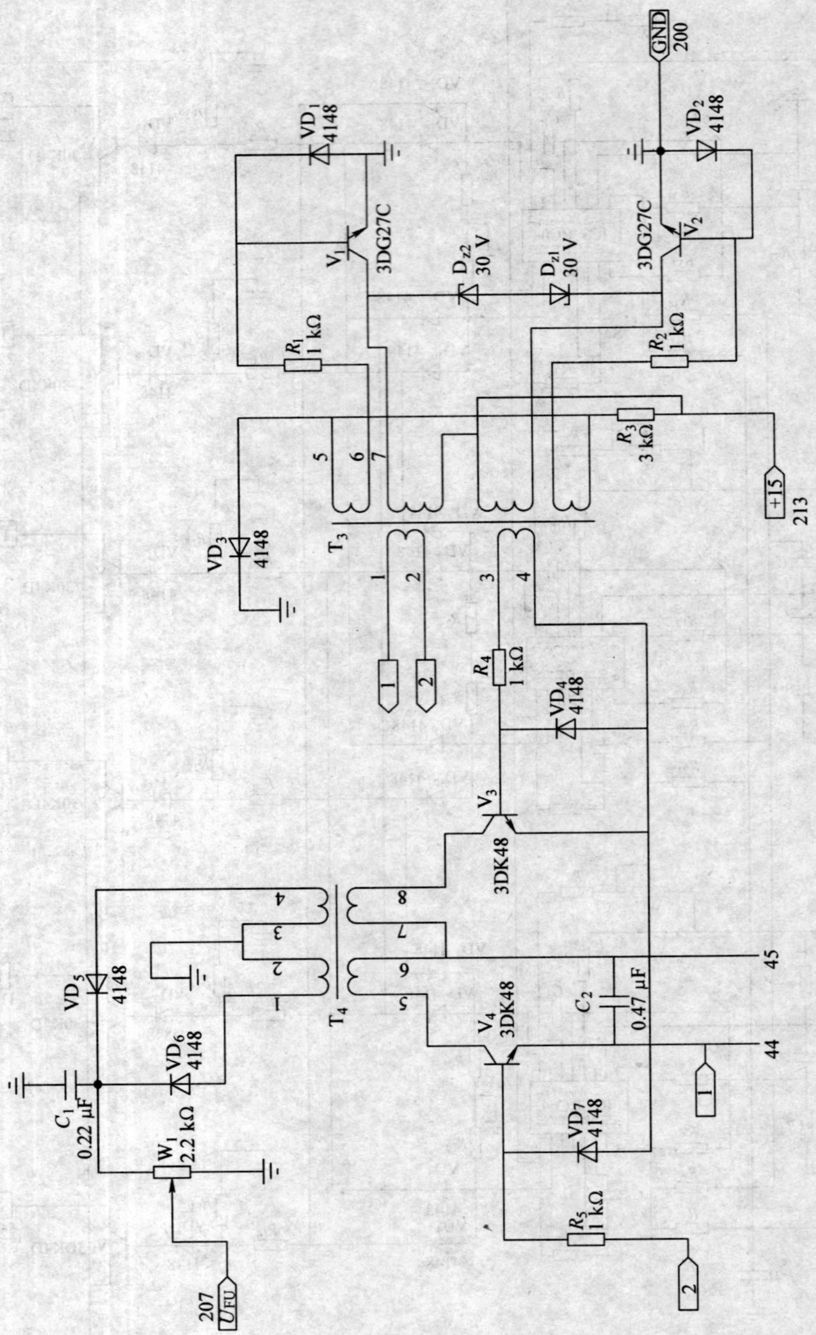

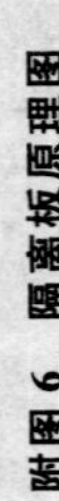

附图 6　隔离板原理图

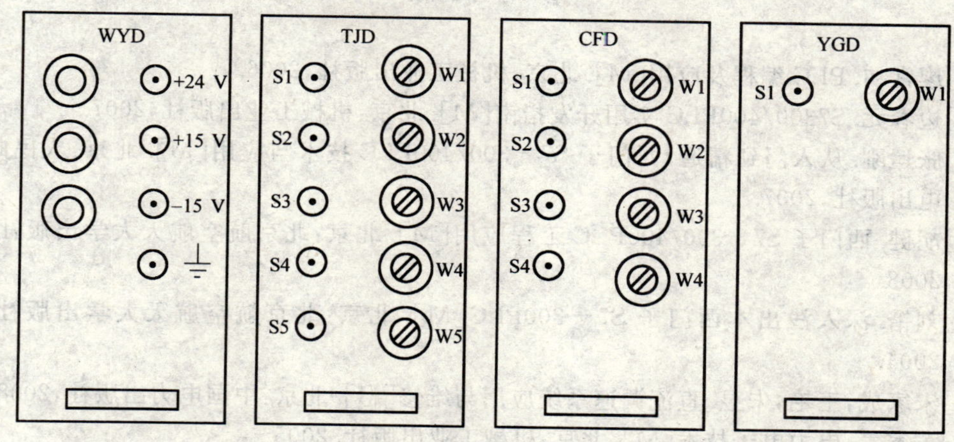

附图 7　控制盒前视图

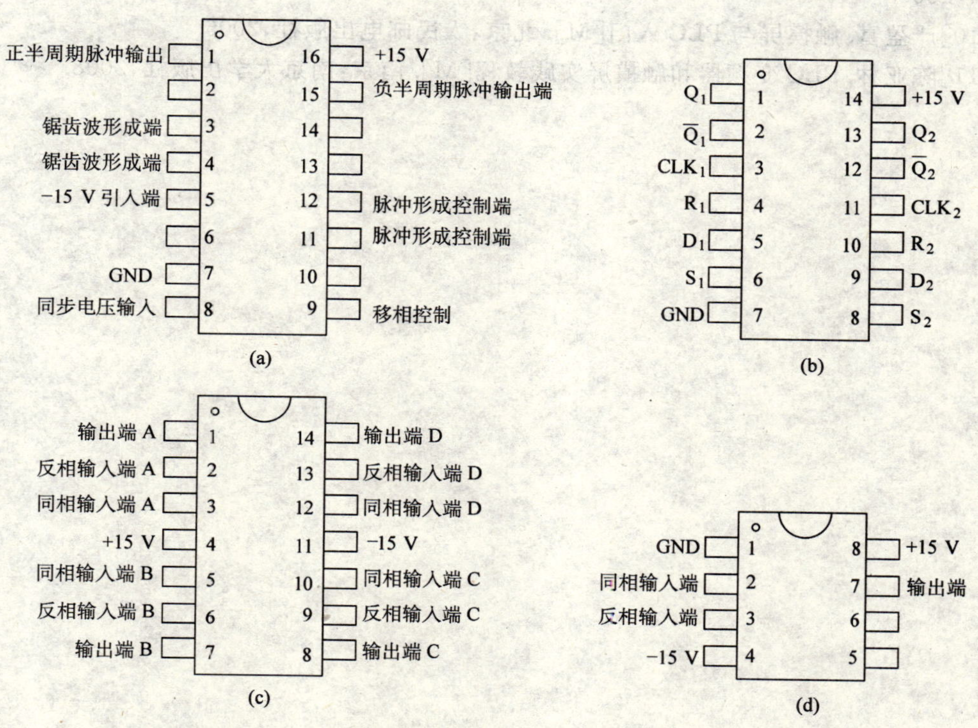

附图 8　系统用集成电路引脚图

(a)KC04 引脚图；(b)CD4013 引脚图；(c)LM324 引脚图；(d)LM311 引脚图

参考文献

[1]廖常初. PLC编程及应用[M]. 北京:机械工业出版社,2006.

[2]边春元. S7300/400PLC实用开发指南[M]. 北京:机械工业出版社,2007.

[3]张运刚. 从入门到精通:西门子S7－300/400PLC技术与应用[M]. 北京:人民邮电出版社,2007.

[4]胡健. 西门子S7－300/400PLC工程应用[M]. 北京:北京航空航天大学出版社,2008.

[5]刘锴. 深入浅出本西门子S7－300PLC[M]. 北京:北京航空航天大学出版社,2004.

[6]宋家成,王艳,朱昱. 直流调速系统应用与维修[M]. 北京:中国电力出版社,2008.

[7]黄家善. 电力电子技术[M]. 北京:机械工业出版社. 2005.

[8]杨文霞,孙青林. 数字逻辑电路[M]. 北京:科学出版社. 2007.

[9]廖常初. 西门子人机界面(触摸屏)组态与应用技术[M]. 北京:机械工业出版社,2008.

[10]严盈富. 触摸屏与PLC入门[M]. 北京:人民邮电出版社,2006.

[11]陈亚林. PLC变频器和触摸屏实践教程[M]. 南京:南京大学出版社,2008.